管理會計

主　編○馬英華
副主編○陳春艷

前 言

　　管理會計是20世紀20年代伴隨著泰羅的科學管理學說從財務會計中獨立出來的一門新學科。它不同於對外報告的財務會計，它主要為企業內部的經營管理者進行科學管理提供信息。經過近一個世紀的發展和實踐，管理會計作為企業會計兩大分支之一，發揮著不可替代的重要作用，其理論和內容也不斷得到發展和完善。進入21世紀，人們對管理會計的重要性有了新認識，理論界和實務界的一些專家和學者更是認為21世紀是管理會計的時代。

　　作為財經類專業的主幹課程之一，許多高等院校積極投入到管理會計的課程建設和教材建設中。基於此，我們在徵求高校教師、學生和實務界意見，反覆研究並參照了中外及各層次、各版本管理會計教材的基礎上，精心設計了本書的內容及結構體系，並組織多年來一直從事管理會計教學、具有豐富的教學經驗的教師編寫了本教材。本書既適用於高等院校管理類會計專業、財務管理專業、工商管理專業等相關專業的學生使用，也可以作為企事業單位培訓在職財會人員和社會培訓財會人員的參考用書。

　　本書共分為十章，系統介紹了管理會計的基礎理論、成本性態與變動成本法、本量利分析、預測分析、短期經營決策、成本控制、責任會計、人力資源管理會計、戰略管理會計的相關知識和理論。本書既包括對管理會計基礎知識理論的系統介紹，同時又吸收了管理會計的新知識和成果。同時，每章都附有學習目標、小結、關鍵術語、綜合練習題，以鞏固所學的知識，方便讀者進行學習。

感謝對本書提出寶貴意見的實務界的朋友和學校的各位同仁。我們對本書傾註了大量心血，但由於編者能力和水平有限，書中難免存在問題和不足，懇請廣大讀者批評指正。

編　者

目 錄

第一章 總論 (1)

 第一節 管理會計概述 (1)

  一、管理會計的概念 (1)

  二、管理會計的職能 (3)

  三、管理會計的基本內容 (4)

  四、管理會計的基本假設 (4)

  五、管理會計的基本原則 (5)

 第二節 管理會計的產生與發展 (6)

  一、管理會計的歷史沿革 (6)

  二、管理會計形成與發展的原因 (9)

 第三節 管理會計與財務會計的關係 (10)

  一、管理會計與財務會計的聯繫 (10)

  二、管理會計與財務會計的區別 (11)

第二章 成本性態與變動成本法 (16)

 第一節 成本性態概述 (16)

  一、固定成本 (16)

  二、變動成本 (17)

  三、混合成本 (18)

  四、相關範圍 (19)

  五、總成本的函數模型 (19)

 第二節 成本性態分析方法 (19)

  一、成本性態分析的意義 (20)

  二、成本性態分析存在的問題 (20)

  三、成本性態分析的程序 (21)

四、混合成本的分解方法 …………………………………… (21)
　第三節　變動成本法與完全成本法 ……………………………… (26)
　　一、變動成本法 …………………………………………………… (26)
　　二、完全成本法 …………………………………………………… (30)
　　三、變動成本法與完全成本法的結合 …………………………… (31)
　第四節　變動成本法的應用 ……………………………………… (33)
　　一、變動成本法的應用條件 ……………………………………… (33)
　　二、變動成本法的應用方法 ……………………………………… (34)
　　三、變動成本法的應用實例 ……………………………………… (35)

第三章　本量利分析 ……………………………………………… (42)
　第一節　本量利分析概述 ………………………………………… (42)
　　一、本量利分析基本模型的假設條件 …………………………… (42)
　　二、本量利分析的基本公式 ……………………………………… (43)
　　三、邊際貢獻和邊際貢獻率的計算公式 ………………………… (44)
　第二節　保本點和保利點分析 …………………………………… (45)
　　一、保本點分析 …………………………………………………… (45)
　　二、保利點分析 …………………………………………………… (51)
　第三節　保本點的敏感分析 ……………………………………… (53)
　　一、保本點敏感分析的含義 ……………………………………… (53)
　　二、保本點敏感性分析的假設 …………………………………… (54)
　　三、保本點敏感性分析的公式 …………………………………… (54)

第四章　預測分析 ………………………………………………… (59)
　第一節　預測分析概述 …………………………………………… (59)
　　一、預測分析的含義 ……………………………………………… (59)
　　二、預測分析的意義 ……………………………………………… (59)
　　三、預測分析的特徵 ……………………………………………… (60)

四、預測分析的程序 …………………………………………… (60)

　第二節　銷售預測 ………………………………………………… (61)

　　一、銷售預測的定義 …………………………………………… (61)

　　二、銷售預測的影響因素 ……………………………………… (61)

　　三、銷售預測的方法 …………………………………………… (62)

　第三節　成本預測 ………………………………………………… (67)

　　一、成本預測的定義及意義 …………………………………… (67)

　　二、成本預測的程序 …………………………………………… (67)

　　三、成本預測的方法 …………………………………………… (68)

　第三節　利潤預測 ………………………………………………… (72)

　　一、利潤預測的含義 …………………………………………… (72)

　　二、利潤預測的方法 …………………………………………… (72)

　第四節　資金需求預測 …………………………………………… (73)

　　一、資金需求預測的含義 ……………………………………… (73)

　　二、資金需求預測的方法 ……………………………………… (74)

第五章　短期經營決策 …………………………………………… (81)

　第一節　決策分析概述 …………………………………………… (81)

　　一、決策的概念及意義 ………………………………………… (81)

　　二、決策的種類 ………………………………………………… (82)

　　三、決策的基本程序 …………………………………………… (83)

　　四、決策中的有關成本的概念 ………………………………… (83)

　第二節　短期經營決策分析 ……………………………………… (85)

　　一、短期經營決策分析的相關概念 …………………………… (85)

　　二、短期經營決策分析的假設條件 …………………………… (85)

　　三、短期經營決策分析的評價標準 …………………………… (86)

　　四、短期經營決策分析方法 …………………………………… (86)

　第三節　生產決策 ………………………………………………… (89)

一、生產何種產品的決策 …………………………………………… (89)
　　二、虧損產品是否停產的決策 ………………………………………… (90)
　　三、虧損產品轉產的決策 ……………………………………………… (91)
　　四、接受追加訂貨的決策 ……………………………………………… (91)
　　五、零（部）件自制或外購的決策 …………………………………… (92)
　　六、半成品、聯產品立即出售或進一步加工的決策 ………………… (93)
　第四節　定價決策 ………………………………………………………… (94)
　　一、產品定價策略 ……………………………………………………… (94)
　　二、產品定價方法 ……………………………………………………… (96)
　　三、產品最優售價決策 ………………………………………………… (97)

第六章　企業全面預算管理 ………………………………………………… (104)
　第一節　全面預算管理概述 ……………………………………………… (104)
　　一、全面預算管理的概念和特徵 ……………………………………… (104)
　　二、全面預算管理的基本功能與作用 ………………………………… (105)
　　三、全面預算管理的分類 ……………………………………………… (106)
　　四、全面預算管理系統運行的組織機構 ……………………………… (108)
　　五、全面預算管理系統運行的制度保障 ……………………………… (111)
　　六、全面預算管理的制度體系 ………………………………………… (113)
　第二節　全面預算的編製方法 …………………………………………… (114)
　　一、固定預算法和彈性預算法 ………………………………………… (114)
　　二、增量預算法和零基預算法 ………………………………………… (117)
　　三、定期預算法和滾動預算法 ………………………………………… (118)
　　四、項目預算法和作業基礎預算法 …………………………………… (119)
　第三節　核心業務預算的編製 …………………………………………… (120)
　　一、業務預算 …………………………………………………………… (120)
　　二、資本預算的編製 …………………………………………………… (126)
　　三、現金流量（收支）預算及籌資預算的編製 ……………………… (128)

第四節　全面預算的編製模式 ………………………………（131）
　一、全面預算的編製程序和編製方式 ………………………（131）
　二、以銷售為核心的預算管理模式 …………………………（132）
　三、以目標利潤為核心的預算管理模式 ……………………（134）
　四、以現金流量為核心的預算管理模式 ……………………（137）
　五、以成本為核心的預算管理模式 …………………………（138）
第五節　全面預算的控制與考評 ………………………………（141）
　一、預算的控制 ………………………………………………（141）
　二、預算的分析和報告 ………………………………………（144）
　三、預算考評 …………………………………………………（145）
　四、預算考評的激勵措施 ……………………………………（147）

第七章　成本控制 ………………………………………………（153）

第一節　成本控制概述 …………………………………………（153）
　一、成本控制的概念 …………………………………………（153）
　二、成本控制的原則 …………………………………………（154）
　三、成本控制的程序 …………………………………………（155）
第二節　標準成本控制 …………………………………………（156）
　一、標準成本的概念和特點 …………………………………（156）
　二、標準成本控制的程序 ……………………………………（156）
　三、標準成本的制定 …………………………………………（157）
　四、成本差異的計算與分析 …………………………………（159）
第三節　質量成本控制 …………………………………………（163）
　一、質量成本和質量成本控制的含義 ………………………（163）
　二、質量成本控制程序 ………………………………………（164）
　三、最優質量成本觀 …………………………………………（164）
　四、質量成本管理 ……………………………………………（165）
　五、質量成本控制業績報告 …………………………………（166）

第八章　責任會計 (173)

第一節　責任會計及責任中心 (173)
一、責任會計的定義 (173)
二、責任會計的內容 (173)
三、責任會計的核算原則 (175)
四、責任中心的含義及特徵 (175)

第二節　內部轉移價格 (184)
一、內部轉移價格的內涵及意義 (184)
二、內部轉移價格的作用 (184)
三、內部轉移價格變動對有關方面的影響 (185)
四、制定內部轉移價格的原則 (185)
五、內部轉移價格的類型 (185)

第三節　責任預算與責任報告 (192)
一、責任預算 (192)
二、責任報告 (193)

第四節　業績考核及員工激勵機制 (194)
一、業績考核 (194)
二、員工激勵機制 (196)

第九章　人力資源管理會計 (203)

第一節　人力資源管理會計概述 (203)
一、人力資源管理會計的含義 (203)
二、人力資源管理會計產生的背景 (203)
三、建立人力資源管理會計的必要性 (204)
四、人力資源管理會計的職能 (206)
五、人力資源管理會計的目標 (206)
六、人力資源管理會計的原則 (207)

第二節　人力資源管理會計的內容及計量 (207)

一、人力資源管理會計的內容 ………………………………………… (207)
　　二、人力資源管理會計的計量方法 …………………………………… (212)

第十章　戰略管理會計 ……………………………………………………… (219)
第一節　戰略管理會計概述 ……………………………………………… (219)
　　一、戰略管理會計的概念 ……………………………………………… (219)
　　二、戰略管理會計的特徵 ……………………………………………… (221)
　　三、戰略管理會計的目標 ……………………………………………… (222)
　　四、戰略管理會計的原則 ……………………………………………… (223)
　　五、戰略管理會計的基本內容 ………………………………………… (224)
第二節　戰略管理會計的主要方法 ……………………………………… (224)
　　一、戰略定位分析 ……………………………………………………… (224)
　　二、價值鏈分析 ………………………………………………………… (226)
　　三、成本動因分析 ……………………………………………………… (227)
　　四、競爭對手分析 ……………………………………………………… (228)
　　五、作業成本管理 ……………………………………………………… (229)
　　六、產品生命週期分析 ………………………………………………… (230)
　　七、平衡計分卡 ………………………………………………………… (231)
　　八、經濟增加值 ………………………………………………………… (232)
第三節　戰略管理會計的應用體系 ……………………………………… (233)
　　一、戰略選擇階段的戰略管理會計 …………………………………… (233)
　　二、戰略實施階段的戰略管理會計 …………………………………… (235)
　　三、戰略評價階段的戰略管理會計 …………………………………… (236)

第一章　總論

【知識目標】
- 瞭解管理會計的產生和發展及形成原因
- 理解管理會計的概念、職能和內容

【能力目標】
- 理解管理會計假設原理及原則
- 掌握管理會計與財務會計的聯繫和區別

第一節　管理會計概述

一、管理會計的概念

(一) 管理會計的定義

　　管理會計（Management Accounting）是指以提高經濟效益為最終目的的會計信息處理系統。它運用一系列專門的方式方法，對整個企業及各個責任單位的經濟活動進行預測、決策、規劃、控制和評價，為管理和決策提供信息，並參與企業經營管理，是會計的一個分支。

　　(1) 管理會計的工作主體是現代企業，而后者又處在現代市場經濟條件下。從現代系統論的角度看，現代經濟的變化不僅對管理會計的產生起到了積極的作用，而且還不斷地提出新的要求，促進了管理會計的發展。

　　(2) 管理會計的奮鬥目標是確保企業實現最佳的經濟效益。

　　(3) 管理會計的對象是企業的經營活動及其價值表現。

　　(4) 管理會計的手段是對財務信息等進行深加工和再利用。

　　(5) 管理會計的職能必須充分體現現代企業管理的要求。

　　(6) 管理會計與企業管理的關係是部分與整體之間的從屬關係。

　　(7) 管理會計的本質既是一種側重於在現代企業內部經營管理中直接發揮作用的會計，又是企業管理的重要組成部分，因而也有人稱其為「內部經營管理會計」，简稱「內部會計（Internal Accounting）」。

(二) 管理會計定義的其他觀點

1. 西方學者的觀點

儘管管理會計的理論和實踐最先起源於西方社會，但迄今為止在西方尚未形成一個統一的管理會計定義。有人將管理會計描述為「向企業管理當局提供信息以幫助其進行經營管理的會計分支」，也有人認為「管理會計就是會計與管理的直接融合」。

美國會計學會（American Accounting Association，AAA）於 1958 年和 1966 年先后兩次為管理會計提出了如下定義：「管理會計是指在處理企業歷史和未來的經濟資料時，運用適當的技巧和概念來協助經營管理人員擬訂能達到合理經營目的的計劃，並做出能達到上述目的的明智的決策。」顯然，他們將管理會計的活動領域限定於微觀，即企業環境。

從 20 世紀 70 年代起，西方許多人將管理會計描述為「現代企業會計信息系統中區別於財務會計的另一個信息子系統」。

1981 年，全美會計師協會（National Accountants Association，NAA）下設的管理會計實務委員會指出，管理會計是向管理當局提供用於企業內部計劃、評價、控制，以及確保企業資源的合理使用和經管責任的履行所需財務信息的確認、計量、歸集、分析、編報、解釋和傳遞的過程，並指出管理會計同樣適用於非營利的機關團體。這一定義擴大了管理會計的活動領域，指明管理會計的活動領域不應僅限於「微觀」，還應擴展到「宏觀」。

1982 年，英國成本與管理會計師協會（Institute of Cost and Management Accountant，ICMA）給管理會計下了一個更為寬泛的定義，認為除了外部審計以外的所有會計分支（包括簿記系統、資金籌措、編製財務計劃與預算、實施財務控制、財務會計和成本會計等）均屬於管理會計的範疇。

1988 年 4 月，在國際會計師聯合會（International Federation of Accountants，IFAC）下設的財務和管理會計委員會發表的《論管理會計概念（徵求意見稿）》一文中明確表示：「管理會計可定義為：在一個組織中，管理部門用於計劃、評價和控制的（財務和經營）信息的確認、計量、收集、分析、編報、解釋和傳輸的過程，以確保其資源的合理使用並履行相應的經營責任。」

2. 中國學者的觀點

20 世紀 70 年代末 80 年代初，西方管理會計學的理論被介紹到中國。中國會計學者在解釋管理會計定義時，提出如下主要觀點：

(1) 管理會計是從傳統的、單一的會計系統中分離出來，與財務會計並列的獨立學科，是一門新興的綜合性的邊緣科學。（余緒纓，1982）

(2) 管理會計是西方企業為了加強內部經濟管理，實現利潤最大化這一企業經營目標的最終目的，靈活運用多種多樣的方式方法，收集、儲存、加工和闡明管理當局合理地計劃和有效地控制經濟過程所需要的信息，圍繞成本、利潤、資本三個中心，分析過去、控制現在、規劃未來的一個會計分支。（汪家裙，1987）

(3) 管理會計是通過一系列專門方法，利用財務會計、統計及其他有關資料進行

整理、計算、對比和分析，是企業內部各級管理人員能據以對各個責任單位和整個企業日常和未來的經濟活動及其發出的信息進行規劃、控製、評價與考核，並幫助企業管理當局做出最優決策的一整套信息系統。（李天民，1995）

（4）管理會計是將現代化管理與會計融為一體，為企業的領導者和管理人員提供管理信息的會計。它是企業管理信息系統的一個子系統，是決策支持系統的重要組成部分。（余緒纓，1999）

二、管理會計的職能

管理會計的職能是指管理會計實踐本身客觀存在的必然性所決定的內在功能。按照管理五項職能的觀點，可以將管理會計的主要職能概括為以下五個方面：預測經濟前景、參與經濟決策、規劃經營目標、控製經濟過程和考核評價經營業績。

（一）預測經濟前景

預測是指採用科學的方法預計推測客觀事物未來發展必然性或可能性的行為。管理會計發揮預測經濟前景的職能，就是按照企業未來的總目標和經營方針，充分考慮經濟規律的作用和經濟條件的約束，選擇合理的量化模型，有目的地預計和推測未來企業銷售、利潤、成本及資金的變動趨勢和水平，為企業經營決策提供第一手信息。

（二）參與經濟決策

決策是在充分考慮各種可能的前提下，按照客觀規律的要求，通過一定程序對未來實踐的方向、目標、原則和方法做出決定的過程。決策既是企業經營管理的核心，也是各級各類管理人員的主要工作。由於決策工作貫穿於企業管理的各個方面和整個過程的始終，因而作為管理有機組成部分的會計（尤其是管理會計）必然具有決策職能。企業的重大決策都應該有會計部門參加，因此，也有人將其稱為參與決策。

管理會計發揮參與經濟決策的職能，主要體現在根據企業決策目標收集、整理有關信息資料，選擇科學的方法計算有關長短期決策方案的評價指標，並做出正確的財務評價，最終篩選出最優的行動方案。

（三）規劃經營目標

管理會計的規劃職能是通過編製各種計劃和預算實現的。它要求在最終決策方案的基礎上，將事先確定的有關經濟目標分解落實到各有關預算中去，從而合理有效地組織協調產、銷及人、財、物之間的關係，並為控製和責任考核創造條件。

（四）控製經濟過程

控製經濟過程是管理會計的重要職能之一。這一職能的發揮要求將對經濟過程的事前控製同事中控製有機地結合起來，即事前確定科學可行的各種標準，並根據執行過程中的實際與計劃發生的偏差進行原因分析，以便及時採取措施進行調整，改進工作，確保經濟活動的正常進行。

（五）考核評價經營業績

現代管理十分注重充分調動人的積極性，貫徹落實責任制是企業管理的一項重要

任務。管理會計履行考核評價經營業績的職能，是通過建立責任會計制度來實現的。在各部門各單位及每個人均明確各自責任的前提下，逐級考核責任指標的執行情況，找出成績和不足，從而為獎懲制度的實施和未來工作改進措施的形成提供必要的依據。

三、管理會計的基本內容

管理會計的內容是指與其職能相適應的工作內容，包括預測分析、決策分析、全面預算、成本控制和責任會計等方面。其中，預測分析和決策分析合稱為預測決策會計，全面預算和成本控制合稱為規劃控製會計。預測決策會計、規劃控製會計和責任會計三者既相對獨立又相輔相成，共同構成了現代管理會計的基本內容。

（1）預測決策會計是指管理會計系統中側重於發揮預測經濟前景和實施經營決策職能的最具有能動作用的會計子系統。它處於現代管理會計的核心地位，又是現代管理會計形成的關鍵標誌之一。

（2）規劃控製會計是指在決策目標和經營方針已經明確的前提下，為執行既定的決策方案而進行有關規劃和控製，以確保預期奮鬥目標順利實現的管理會計子系統。

（3）責任會計是指在組織企業經營時，按照分權管理的思想劃分各個內部管理層次的相應職責、權限及所承擔義務的範圍和內容，通過考核評價各有關方面履行責任的情況，反應其真實業績，從而調動企業全體職工積極性的管理會計子系統。

四、管理會計的基本假設

所謂管理會計的基本假設，是指為實現管理會計目標合理界定管理會計工作的時空範圍，統一管理會計操作方法和程序，滿足信息收集與處理的要求，從紛繁複雜的現代企業環境中抽象概括出來的、組織管理會計工作不可缺少的一系列前提條件的統稱。管理會計基本假設的具體內容包括多層主體假設、理性行為假設、合理預期假設、充分佔有信息假設等。

（一）多層主體假設（又稱多重主體假設）

該假設規定了管理會計工作對象的基本活動空間。由於管理會計主要面向企業內部管理，而企業內部又可以劃分為許多層次，因此，管理會計假定其會計主體不僅包括企業整體，而且還包括企業內部各個層次的所有責任單位。

（二）理性行為假設

該假設包含兩重意義：一是由於管理會計在履行其職能時，往往需要在不同的程序或方法中進行選擇，就會使其工作結果在一定程度上受到人的主觀意志影響。因此，管理會計假定，管理會計師總是出於設法實現管理會計工作總體目標的動機，能夠採取理性行為，自覺地按照科學的程序與方法辦事。二是假定每一項管理會計具體目標的提出，完全出於理性或可操作性的考慮，能夠從客觀實際出發。既不將目標定得過高，也不至於含糊不清、無法操作。

（三）合理預期假設（又稱靈活分期假設）

該假設規定，為了滿足管理會計面向未來決策的要求，可以根據需要和可能，靈

活地確定其工作的時間範圍或進行會計分期，不必嚴格地受財務會計上的會計年度、季度或月份的約束；在時態上可以跨越過去和現在，一直延伸到未來。

（四）充分佔有信息假設

該假設從信息收集及處理的角度提出，一方面，管理會計採用多種計量單位，不僅充分佔有和處理相關企業內部、外部的價值量信息，而且還佔有和處理其他非價值量信息；另一方面，管理會計所佔有的各種信息在總量上能夠充分滿足現代信息處理技術的要求。

五、管理會計的基本原則

管理會計原則是指在明確管理會計基本假設的基礎上，為保證管理會計信息符合一定質量標準而確定的一系列主要工作規範的統稱。管理會計基本原則的內容包括最優化原則、效益性原則、決策有用性原則、及時性原則、重要性原則、靈活性原則等。

（一）最優化原則

它是指管理會計必須根據企業不同管理目標的特殊性，按照優化設計的要求，認真組織數據的收集、篩選、加工和處理，以提供能滿足科學決策需要的最優信息。

（二）效益性原則

該原則包括兩層含義：一是信息質量應有助於管理會計總體目標的實現，即管理會計提供的信息必須能夠體現管理會計為提高企業總體經濟效益服務的要求；二是堅持成本—效益原則，即管理會計提供信息所獲得的收益必須大於為取得或處理該信息所花費的信息成本。

（三）決策有用性原則

現代管理會計的重要特徵之一是面向未來決策，因此，是否有助於管理者正確決策，是衡量管理會計信息質量高低的重要標誌。決策有用性是指管理會計信息在質量上必須符合相關性和可信性的要求。

信息的相關性是指所提供的信息必須緊密圍繞特定決策目標，與決策內容或決策方案直接聯繫，符合決策要求。對決策者來說，不具備相關性的信息不僅毫無使用價值，而且會干擾決策過程、加大信息成本，必須予以剔除。由於不同決策方案的相關信息是不同的，這就要求具體問題具體分析，不能盲目追求所謂全面完整。

信息的可信性又包括可靠性和可理解性兩個方面。前者是指所提供的未來信息估計誤差不宜過大，必須控製在決策者可以接受的一定可信區間內；後者是指信息的透明度必須達到一定標準，不至於導致決策者產生誤解。前者規範的是管理會計信息內在質量的可信性，後者規範的是管理會計信息外在形式上的可信性。只有同時具備可靠性和可理解性的信息，才可以信賴並可能加以利用。

必須注意的是，不能將管理會計提供的未來信息應當具備的可靠性與財務會計提供的歷史信息應具備的準確性、精確性或真實性混為一談。

（四）及時性原則

這個原則要求規範管理會計信息的提供時間，講求時效，在盡可能短的時間內，迅速完成數據收集、處理和信息傳遞，確保有用的信息得以及時利用。不能及時發揮作用的、過時的管理會計信息，從本質上看也是沒有用處的。管理會計強調的及時性，其重要程度不亞於財務會計所看重的真實性、準確性。

（五）重要性原則

雖然管理會計並不需要像財務會計那樣，利用重要性原則來修訂全面性原則，但也強調在進行信息處理時，應當突出重點，抓住主要矛盾。對關鍵的會計事項，認真對待，採取重點處理的方法，分項單獨說明；對次要事項，可以簡化處理，合併反應；對於無足輕重或不具有相關性的事項，甚至可以忽略不計。貫徹重要性原則，必須考慮到成本—效益原則和決策有用性原則的要求；同時它也是實現及時性的重要保證。

（六）靈活性原則

儘管管理會計也十分講求其工作的程序化和方法的規範化，但必須增強適應能力，根據不同任務的特點，主動採取靈活多變的方法，提供不同信息，以滿足企業內部各方面管理的需要，從而體現靈活性原則的要求。

第二節　管理會計的產生與發展

管理會計自問世以來，已經有了一個世紀的歷史。在這個過程中，同其他任何新鮮事物一樣，管理會計從無到有、從小到大，經歷了由簡單到複雜、從低級到高級的發展階段。

一、管理會計的歷史沿革

從客觀內容上看，管理會計的實踐最初萌生於19世紀末20世紀初，其雛形產生於20世紀上半葉，正式形成和發展於第二次世界大戰之後，20世紀70年代後在世界範圍內得以迅速發展。

（一）西方管理會計的形成與發展

1. 傳統的管理會計階段（20世紀初至50年代）——以成本控制為基本特徵的管理會計階段（管理會計的萌芽階段）

自從會計產生以後，傳統的財務會計始終停留在計帳、算帳上，其主要的目標就是事後向與企業有經濟利害關係的團體和個人提供企業財務狀況、經營結果的會計信息。但隨著社會生產力水平的提高和商品經濟的迅速發展，傳統的因襲管理方式無法克服的粗放經營、資源浪費嚴重、企業基層生產效率低下等弊端同大機器工業生產的矛盾越來越尖銳。於是，取代舊的落後的「傳統管理」的「科學管理」方式在19世紀末20世紀初應運而生。在美國出現了以泰羅和法國的法約爾為代表人物的「古典管理

理論」。

泰羅的科學管理，其實質就是通過標準化的勞動工具、勞動動作、勞動定額等來進行標準化的管理。這時傳統的財務會計所提供的事後信息，已經不能滿足這種在管理上的變化。為了配合標準化管理的實施，將事先的計算和事後的分析即「標準成本制度」「預算控製」「差異分析」等方法引進原有的會計體系，強調會計不僅要為外界的所有者服務，也要為加強內部管理服務。使人們意識到泰羅創建的科學管理理論，對加強企業內部管理、減少浪費、降低成本、提高勞動生產率等起著不容忽視的作用。

20世紀初，在美國會計實務中開始出現了以差異分析為主要內容的「標準成本計算制度」和「預算控製」，這標誌著管理會計雛形的產生。但此時的管理會計是在市場供不應求，企業的發展戰略清晰的前提下，以協助企業在實際工作中如何提高生產效率和生產效果為基本出發點的。

在西方會計發展史上，美國會計學者奎因坦斯在1922年寫的《管理的會計：財務管理入門》的書中第一次提出了「管理會計」這個術語，當時被稱為「管理的會計」。此時的管理會計，還只是一種局部性、執行性的管理會計，「以成本控製為中心」是此階段的基本特徵。

2. 現代管理會計階段（20世紀50年代至現在）——以預測、決策為基本特徵的管理會計階段

（1） 20世紀50~70年代

20世紀50年代，世界經濟進入第二次世界大戰後發展的新時期以來，技術革命的浪潮日益高漲，迅速推動社會生產力的進步。主要表現在：新裝備、新工藝、新技術得到廣泛採用，產品更新換代週期普遍縮短；新興產業部門層出不窮，資本集中規模越來越大，跨國公司大批湧現；生產經營的社會化程度空前提高，企業內部各部門乃至職工個人之間的聯繫普遍增強。

在這個階段上，管理會計適應現代經濟管理的要求，不僅發展了規劃控製會計的理論與實踐，而且還產生了以「管理科學學派」為依據的預測決策會計，因而預測、決策分析成為此時期管理會計新的研究焦點。本量利分析、成本估算、投入產出法、線性規劃、存貨控製、數理統計推斷、控製論、系統論、信息經濟學的成本效益分析技術、不確定性分析、現代心理學和行為科學以及電腦技術被廣泛地應用於管理會計，從而大大提高了管理會計預測和決策的水平，豐富了管理會計的內容。

在現代管理會計階段，不僅管理會計的實踐內容及其特徵發生了較大的變化，其應用範圍日益擴大，作用越來越明顯，越來越受到重視，而且一些國家還相繼成立了專業的管理會計團體，這標誌著現代管理會計進入了成熟期。

早在20世紀50年代，美國會計學會就設立了管理會計委員會。1969年，NAA成立了專門研究管理會計問題的高級委員會——管理會計實務委員會（Management Accounting Practices Committee，MAPC），陸續頒布了一系列指導管理會計實務的公告（Statements on Management Accountings，SMAs），以「促進管理會計師的職業化和提高會計學的教學水平」。在這些公告中，涉及管理會計目標、術語、概念、慣例與方法、會計活動管理等諸多方面內容。這些團體大多出版專業性刊物，如《管理會計》月刊，

並在全世界發行。現在已有許多國家出版發行管理會計專業雜誌。

1952年會計學術界在倫敦舉行了會計師國際代表大會，在此大會上正式提出「管理會計」術語。1972年，NAA下面單獨設立了「管理會計協會」（IMA），並創辦了「管理會計證書」項目，舉行取得管理會計師資格的考試。與此同時英國也成立了「成本和管理會計師協會」，也安排了取得管理會計師資格的考試。從此，西方出現了有別於「註冊會計師」（CPA）的「註冊管理會計師」（CMA）。

（2）20世紀80年代

20世紀80年代初期，管理會計理論發展的最大推動力是經濟學的委託代理理論。這一理論為責任會計的產生和企業的內部控製奠定了基礎。隨著信息技術和社會經濟的飛速發展，特別是通過對管理會計實踐經驗的研究，逐步摸索出一套能夠與實踐相結合的理論和方法體系，從而迎來了一個以「作業」為核心的「作業管理會計」時代。

「作業管理會計」與美國管理學家波特提出的「價值鏈」觀念相呼應，並借助於「作業管理」致力於如何為企業「價值鏈」優化服務。

上述分析表明，此階段的管理會計以「預測決策會計為主、以規劃控製會計和責任會計為輔」為基本特徵。並緊緊圍繞著如何為企業「價值鏈」的優化和價值的增值提供相關信息而展開。

3. 管理會計的發展——以重視人與環境為基本特徵的戰略管理會計階段

20世紀90年代，隨著人文主義思潮的興起，管理理念由物本管理向人本管理轉變，引發了管理會計思想觀念的創新，平衡計分卡的設計與應用正是當代管理會計理論和實踐最重要的發展之一。

平衡計分卡所體現的「五個結合」，即戰略與戰術相結合、當前與未來相結合、內部條件與外部環境相結合、經營目標與業績評價相結合、財務衡量與非財務衡量相結合，無論從理論認識上還是從實際應用上，都實現了新的突破，它完全超越了傳統意義上會計的局限，而成為新的歷史條件下創建新的綜合性管理系統的一個重要里程碑。

近二十年來，越來越多的國家加大了應用和推廣管理會計的力度，越來越多的最新研究成果（如作業成本法、適時制等）被迅速應用到企業的管理實踐之中，一些國家成立了管理會計師職業管理機構，相繼頒布了管理會計工作規範和執業標準。國際會計標準委員會和國際會計師聯合會等國際性組織也成立了專門的機構，嘗試製定國際管理會計準則，頒布了有關管理會計師的職業道德規範等文件。近期，人們將研究的熱點集中在管理會計工作系統化和規範化、管理會計職業化和社會化，以及國際管理會計和戰略管理會計等課題上。可見，現代管理會計具有系統化、規範化、職業化、社會化和國際化的發展趨勢。

未來的管理會計將「以人為本」為基本特徵，其核心將從企業價值增值向企業核心能力培植轉變，並圍繞企業綜合業績評價制度來構建其基本的框架體系。如何構建「以人為本」，適應企業組織結構或體制的激勵機制與管理報酬計劃將成為未來管理會計實踐的重要內容。

（二）中國管理會計的發展

中國是從20世紀70年代末80年代初開始向發達國家學習並引進有關管理會計知識

的，至今已有三十余年的歷史，先後經歷了宣傳介紹、吸收消化和改革創新三個階段。

1. 宣傳介紹階段

這段時期大致經過了3~5年。在這個階段上，中國會計理論工作者積極從事外文管理會計教材的翻譯、編譯工作，1979年由機械工業部組織翻譯出版了第一部《管理會計》；國家有關部門委託國內著名專家、教授編寫的分別用於各種類型財經院校教學使用的兩部《管理會計》教材於1982年前後與讀者見面；此後，又大量出版了有關管理會計的普及性讀物；財政部、教育部先後在廈門大學、上海財經大學和大連理工大學等院校舉辦全國性的管理會計師資培訓班和有關講座，聘請外國學者來華主講管理會計課程。

2. 吸收消化階段

大約從1983年起，中國會計學界多次掀起學習管理會計、應用管理會計、建立具有中國特色的管理會計體系的熱潮。在全國範圍內，許多會計實務工作者積極參與「洋為中用，吸收消化管理會計」的活動，有的單位成功地運用管理會計的方法的確解決了一些實際問題，初步嘗到了甜頭。但是，由於當時中國經濟體制改革的許多措施尚未到位，尤其是中國財務會計管理體制仍舊沿用計劃經濟模式的那套辦法。到後期，管理會計中國化的問題實際上難以取得重大突破，甚至出現了懷疑管理會計能否在中國行得通的思潮，管理會計的發展出現了滑坡。

3. 改革創新階段

1993年財務會計管理體制轉軌變型，會計界開始走上與國際慣例接軌的正確道路，為管理會計在中國的發展創造了新的契機。迅速掌握能夠適應市場經濟發展需要的經濟管理知識、借鑑發達國家管理會計的成功經驗來指導在新形勢下的會計工作，不僅是廣大會計工作者的迫切要求，而且已變成他們的自覺行動。社會主義市場經濟的大環境、現代企業制度的建立健全，以及新的宏觀會計管理機制，為管理會計開闢了前所未有的用武之地。目前，已有許多有識之士不再滿足於照抄照搬外國書本上現成的結論，而是從中國實際出發，通過開展調查研究管理會計在中國企業應用的案例等方式，積極探索一條在實踐中行之有效的中國式管理會計之路，以便切實加強企業內部管理機制，提高經濟效益。從此，中國進入了管理會計改革創新和良性循環的新的發展階段。

二、管理會計形成與發展的原因

通過回顧管理會計產生與發展的歷史，我們不難得出以下結論：

(一) 社會生產力的進步、市場經濟的繁榮及其對經營管理的客觀要求，是導致管理會計形成與發展的內在原因

管理會計作為企業會計的一個組成部分或一個子系統，屬於會計本身的進化和發展的結果。因此，管理會計產生和發展必然與會計發展相聯繫。

會計和管理都不是從來就有的，它們都是社會生產力發展到一定階段的產物，並隨著社會生產力的進步而不斷發展。由於社會生產力的進步對經濟管理不斷提出新的要求，會計作為經濟管理的組成部分，必然要適應這種要求，不斷完善與進步。因此，

從本質上看，生產力的進步是管理會計產生與發展的根本原因。

同時，管理會計的產生與發展又必然與一定時期的社會歷史條件密切相關。進入 20 世紀以來，世界經濟形勢的變化尤其是信息社會條件下的現代化大生產，為現代會計發揮預測、決策、規劃、控製、責任考核評價職能創造了物質基礎；高度繁榮的商品經濟特別是全球範圍內市場經濟的迅速發展為管理會計開闢了用武之地。但是社會制度並不是管理會計產生和發展的決定性因素。雖然管理會計最初誕生於西方資本主義社會，但它本身絕非西方資本主義制度或資本主義經濟的必然產物。

（二）現代電子計算機技術的進步加速了管理會計的完善與發展

在現代經濟條件下，通過管理會計進行企業內部價值管理，不借助電子計算機手段是根本無法想像的。正是由於現代科學技術的發展，尤其是現代電子計算機技術的進步加速了管理會計的完善與發展。

（三）在管理會計形成與發展的過程中，現代管理科學理論起到了積極的促進作用

作為管理會計實踐的理論總結和知識體系，管理會計學的形成與現代管理科學的完善過程密切相關。現代管理科學不僅奠定了管理會計學的理論基礎，而且不斷為充實其內容提供了理論依據，從而使管理會計學逐步成為一門較為科學的學問，能夠更好地用於指導管理會計實踐。因此，管理科學的發展為管理會計形成與發展創造了有利的外部條件。但是，正如不能將管理會計同管理會計學混為一談一樣，我們也不能將管理會計說成是管理理論的產物。

第三節　管理會計與財務會計的關係

按照西方會計學的一般解釋，管理會計從傳統會計中分離出去之後，企業會計中相當於組織日常會計核算和期末對外報告的那部分內容就被稱為財務會計（Financial Accounting），成為與管理會計相對立的概念。通過研究新興的管理會計與傳統的財務會計之間的聯繫及區別，可以幫助我們深刻理解管理會計特點的關鍵所在。

一、管理會計與財務會計的聯繫

（一）管理會計源自財務會計

從邏輯上看，在管理會計產生之前，也無從談起財務會計，甚至連這個概念都沒有；從結構關係看，管理會計與財務會計兩者源於同一母體，都屬於現代企業會計，共同構成了現代企業會計系統的有機整體。兩者相互依存、相互制約、相互補充。

（二）管理會計與財務會計的最終目標相同

從總的方面看，管理會計和財務會計所處的工作環境相同，都是現代經濟條件下的現代企業；兩者都以企業經營活動及其價值表現為對象；它們都必須服從現代企業會計的總體要求，共同為實現企業和企業管理目標服務。因此，管理會計與財務會計

的最終奮鬥目標是一致的。

(三) 管理會計與財務會計互為信息提供者

在實踐中，管理會計所需要的許多資料來源於財務會計系統，它的主要工作內容是對財務會計信息進行深加工和再利用，因而受到財務會計工作質量的約束；同時，部分管理會計信息有時也列作對外公開發表的範圍。如現金流量表，最初只是管理會計長期投資決策使用的一種內部報表，后來陸續被一些國家（包括中國）列作財務會計對外報告的內容。

(四) 財務會計的改革有助於管理會計的發展

目前中國開展的會計改革，其意義絕不僅僅限於在財務會計領域實現與國際慣例趨同，而且還在於這一改革能夠將廣大財會人員從過去那種單純反應過去的、算「死帳」的會計模式下解放出來，開拓他們的眼界，使之能騰出更多的時間和精力去考慮如何適應不斷變化的經濟條件下企業經營管理的新環境，解決面臨的新問題，從而建立面向未來決策的、算「活帳」的會計模式，開創管理會計工作的新局面。

二、管理會計與財務會計的區別

(一) 會計主體（空間範圍）的層次不同

管理會計的工作主體可以分為多個層次，它既可以以整個企業（如投資中心、利潤中心）為主體，又可以將企業內部的局部區域或個別部門甚至某一管理環節（如成本中心、費用中心）作為其工作的主體。事實上，在多數情況下，管理會計主要以企業內部責任單位為主體。這樣做，可以更加突出以人為中心的行為管理。

財務會計的工作主體往往只有一個層次，即主要以整個企業為工作主體，從而能夠適應財務會計所特別強調的完整反應監督整個經濟過程的要求。

(二) 服務對象（具體目標）不同

管理會計工作的側重點在於針對企業經營管理遇到的特定問題，進行分析研究，以便向企業內部各級管理人員提供有關價值管理方面的預測決策和控製考核信息資料，其具體目標主要是為企業內部管理服務，從這個意義上講，管理會計又稱為「內部會計」。

而財務會計工作的側重點在於根據日常的業務記錄登記帳簿，定期編製有關的財務報表，向企業外界有經濟利害關係的團體和個人報告企業的財務狀況與經營成果，其具體目標主要是為企業外界利益相關人服務。因此，從這個意義上講，財務會計又稱為「外部會計」。

(三) 作用時效（時間範圍）不同

管理會計的作用時效不僅限於分析過去，而且還在於能動地利用已知的財務會計資料進行預測和規劃未來，同時控製現在，從而橫跨過去、現在和未來三個時態。管理會計面向未來的作用時效是擺在第一位的，而分析過去是為了更好地指導未來和控

製現在。因此，管理會計實質上屬於算「活帳」的「經營型會計」。

財務會計的作用時效主要在於反應過去，對此，無論從它強調客觀性原則，還是堅持歷史成本原則，都可以證明其反應的只能是過去實際已經發生的經濟業務。因此，財務會計實際上屬於算「呆帳」的「報帳型會計」。

(四) 遵循的原則、標準和依據的基本概念框架結構不同

財務會計工作必須嚴格遵守「公認的會計原則」，從憑證、帳簿到報表，對有關資料逐步進行綜合，要嚴格按照公認的會計程序進行，具有比較嚴密而穩定的基本結構，以保證其所提供的財務信息報表在時間上的前後期一致性和空間上的可比性，其基本概念的框架結構相對穩定。

儘管管理會計也要在一定程度上考慮到「公認的會計原則」或企業會計準則的要求，利用一些傳統的會計觀念，但並不受它們的完全限制和嚴格約束，在工作中還可以靈活應用預測學、控製論、信息理論、決策原理、目標管理原則和行為科學等現代管理理論作為指導，它所使用的許多概念都超出了傳統會計要素等的基本概念框架。例如：在長期投資決策中，可以不受權責發生制原則的限制而採用收付實現制；在短期經營決策中，可以不執行歷史成本原則和客觀性原則而充分考慮機會成本等因素；責任會計更是以人及其所承擔的經濟責任為管理對象，這大大突破了傳統會計核算只注重物不考慮人的狹隘觀念的限制。

(五) 職能和報告期間不同

財務會計的主要職能是核算和監督，其報告期為規定的期間，如月度、季度、年度；而管理會計的職能則側重於預測、決策、規劃、控製等，其報告期沒有統一的要求，完全根據實際的需要決定報告的期間。

(六) 計量的尺度及核算要求不同

財務會計以貨幣作為主要計量單位；管理會計不僅以貨幣進行計量，還要進行非貨幣計量。在核算的要求上，財務會計力求精確，而管理會計不要求絕對精確。

(七) 信息特徵不同

管理會計所提供的信息往往是為滿足內部管理的特定要求而有選擇的、部分的和不定期的管理信息。它們既包括定量資料也包括定性資料；凡涉及未來的信息不要求過於精確，只要求滿足及時性和相關性。由於它們往往不向社會公開發表，故不具有法律效能，只有參考價值。管理會計的信息載體大多為沒有統一格式的各種內部報告，而且對這些報告的種類也沒有統一的規定。

財務會計能定期地向與企業有利害關係的集團或個人提供較為全面的、系統的、連續的和綜合的財務信息。這些信息主要是以價值尺度反應的定量資料，對精確度和真實性的要求較高，至少在形式上要絕對平衡。由於它們往往要向社會公開發表，故具有一定的法律效能。

(八) 工作程序不同

由於管理會計工作的程序性較差，沒有固定的工作程序可以遵循，有較大的回旋

餘地，所以，企業可以根據自己的實際情況自行設計其管理會計工作流程。這必然導致不同企業間管理會計工作的較大差異性。

財務會計必須執行固定的會計循環程序。無論從憑證轉換到登記帳簿，直至編報財務報告，都必須自覺地按既定的程序處理，而且在通常情況下不得隨意變更其工作內容或顛倒工作順序。因而，這項工作具有一定的強制性和程序性。在實務中，我們不難發現：儘管不同企業間的實際會計管理水平可能存在較大的差異，但如果僅從財務會計工作程序的角度看，同類企業的財務會計工作程序往往是大同小異的。

(九) 方法體系及程序不同

管理會計可以選擇靈活多樣的方法對不同的問題進行分析處理，即使對相同的問題也可以根據需要和可能而採用不同的方法進行處理，在信息處理過程中大量運用現代數學方法。財務會計的方法比較穩定，核算時往往只需運用簡單的算術方法。

(十) 體系的完善程度不同

如前所述，目前管理會計體系尚不夠完整，正處於繼續發展和不斷完善的過程中，因而它缺乏統一性和規範性。

儘管財務會計工作也需要進一步改革，但就其體系的完善程度而言，現在已經達到相對成熟和穩定的地步，形成了通用的會計規範和統一的會計模式。

(十一) 關注的著眼點不同

現代管理會計不僅看重實施管理行為的結果，而且更為關注管理的過程。在管理會計觀念中，企業中的每一個人都是財富和效益的創造者，屬於可開發的人力資源，絕不能僅將其看成被管制的對象，一味機械地實行「管、卡、壓」。因此，一方面要注意合格人才的培養並核算人力資源成本；另一方面必須密切注意管理過程及結果對企業內部各方面人員心理和行為的影響，千方百計地調動起他們的積極性和工作熱情，設法充分發揮他們的主觀能動性。

財務會計則將其著眼點放在如何真實準確地反應企業生產經營過程中人、財、物要素在供、產、銷各個階段上分佈、使用及消耗情況上，十分重視定期報告企業的財務狀況和經營成果的質量。

(十二) 對會計人員素質的要求不同

鑒於管理會計的方法靈活多樣，又沒有固定的工作程序可以遵循，其體系缺乏統一性和規範性，這就決定了在很大程度上管理會計的水平取決於會計人員素質的高低。同時，由於管理會計工作需要考慮的因素比較多，涉及的內容比較複雜，也要求從事這項工作的人員必須具備較寬的知識面和較深厚的專業造詣，具有較強的分析問題、解決問題的能力和果斷的應變能力。再加上會計所涉及的問題大多關係重大，尤其是決策工作絕不允許素質較低的人員「瞎指揮」。因此，管理會計工作需要由複合型高級會計人才來承擔。可見，管理會計對會計人員素質的要求起點比較高。

雖然會計人員素質的高低也同樣會影響到財務會計工作的質量，但相比之下，對財務會計人員素質的要求不如對管理會計人員的要求高，而且側重點也不同。財務會

計工作需要操作能力較強、工作細緻的專門人才來承擔。

本章小結

管理會計是以提高經濟效益為最終目的的會計信息處理系統。它運用一系列專門的方式方法，對整個企業及各個責任單位的經濟活動進行預測、決策、規劃、控制和評價，為管理和決策提供信息，並參與企業經營管理，是會計的一個分支。管理會計的主要職能主要包括預測經濟前景、參與經濟決策、規劃經營目標、控制經濟過程和考核評價經營業績五個方面。管理會計原則是指在明確管理會計基本假設的基礎上，為保證管理會計信息符合一定質量標準而確定的一系列主要工作規範的統稱。管理會計基本原則的內容包括最優化原則、效益性原則、決策有用性原則、及時性原則、重要性原則、靈活性原則等。管理會計產生於財務會計，與其既有聯繫又有區別。其聯繫是：管理會計與財務會計的最終目標相同，二者互為信息提供者，財務會計的改革有助於管理會計的發展；其區別是：會計主體（空間範圍）的層次不同，服務對象（具體目標）不同，作用時效（時間範圍）不同，遵循的原則、標準和依據的基本概念框架結構不同，職能和報告期間不同，計量的尺度及核算要求不同，信息特徵不同，工作程序不同，方法體系及程序不同，體系的完善程度不同，對會計人員素質的要求不同。

關鍵術語

管理會計；預測；決策；規劃；控制；評價

綜合練習

一、單項選擇題

1. 下列項目中，對管理會計的理解不準確的是（　　）。
   A. 管理會計的奮鬥目標是確保企業實現最佳的經濟效益
   B. 管理會計的職能必須充分體現企業監督的要求
   C. 管理會計的對象是企業的經營活動及其價值表現
   D. 管理會計的手段是對財務信息等進行深加工和再利用
2. 下列項目中，不屬於管理會計基本假設內容的是（　　）。
   A. 多層主體假設　　　　　　　　B. 合理預期假設
   C. 實質重於形式假設　　　　　　D. 充分佔有信息假設
3. 管理會計信息在質量上必須符合相關性和可信性的要求是屬於管理會計（　　）原則。
   A. 最優化原則　　　　　　　　　B. 效益性原則
   C. 及時性原則　　　　　　　　　D. 決策有用性原則

4. 以預測、決策為基本特徵的管理會計階段屬於（　　）階段。
   A. 現代管理會計階段　　　　　　B. 傳統管理會計階段
   C. 管理會計的萌芽階段　　　　　D. 戰略管理階段

二、多項選擇題

1. 下列項目中，屬於管理會計職能的有（　　）。
   A. 預測　　　　　　　　　　　　B. 決策
   C. 控製　　　　　　　　　　　　D. 評價
2. 下列項目中，屬於管理會計基本原則的有（　　）。
   A. 決策有用性原則　　　　　　　B. 及時性原則
   C. 重要性原則　　　　　　　　　D. 靈活性原則
3. 管理會計產生和發展的原因包括（　　）。
   A. 社會生產力的進步　　　　　　B. 市場經濟的繁榮
   C. 現代電子計算機技術的進步　　D. 現代管理科學理論的發展
4. 管理會計與財務會計的聯繫主要體現在（　　）。
   A. 管理會計源自財務會計　　　　B. 二者最終目標相同
   C. 二者互為信息提供者　　　　　D. 編製的會計報告要求相同
5. 管理會計與財務會計的區別主要體現在（　　）。
   A. 服務對象不同
   B. 遵循的原則、標準和依據的基本概念框架結構不同
   C. 計量的尺度及核算要求不同
   D. 方法體系及程序不同

三、判斷題

1. 管理會計是與財務會計並列的一門新興的綜合性的邊緣科學。　　　（　　）
2. 管理會計的規劃職能是通過編製各種計劃和預算實現的。　　　　　（　　）
3. 責任會計處於現代管理會計的核心地位，又是現代管理會計形成的關鍵標誌之一。
   　　　　　　　　　　　　　　　　　　　　　　　　　　　　　　（　　）
4. 管理會計的作用時效不僅限於分析過去，而且還在於進行預測和規劃未來，同時控製現在，從而橫跨過去、現在和未來三個時態。　　　　　　　　（　　）
5. 相對而言，管理會計對會計人員素質的要求起點比財務會計要低。（　　）
6. 管理會計不僅以貨幣進行計量，還要進行非貨幣計量。　　　　　　（　　）

四、思考題

1. 什麼是管理會計？它有哪些職能？
2. 管理會計應遵循的原則是什麼？
3. 管理會計與財務會計的聯繫和區別是什麼？

第二章　成本性態與變動成本法

【知識目標】

- 瞭解成本性態的分類及變動成本法的應用
- 掌握變動成本法
- 掌握完全成本法

【能力目標】

- 理解變動成本法、完全成本法的特點
- 熟悉變動成本法及完全成本法的優缺點、使用條件
- 掌握變動成本法及完全成本法下的成本及損益確定

第一節　成本性態概述

任何組織的管理人員都希望知道成本是如何受該組織業務活動影響的，解決這類問題的第一步是分析成本性態。成本性態是指成本總額與業務活動之間的依存關係。而影響成本的業務活動稱為成本動因。引起成本發生的動因有很多，最常見的是與數量有關的成本動因，一般稱為業務量。業務量是指企業在一定的生產經營期內投入或完成的經營工作量的統稱。

根據具體業務性質的不同，業務量可以表現為實物量、價值量和時間量，如產品生產量或銷售量、產品銷售額、工人工作小時、機器工作小時、維修小時等。

成本按其性態，可分為固定成本、變動成本和混合成本三大類。

一、固定成本

固定成本是指在一定條件下，當業務量發生變動時總額保持不變的成本。固定成本具有以下特點：一是成本總額在相關範圍內不隨業務量而變，表現為固定不變的金額；二是單位業務量負擔的固定成本（單位固定成本）隨業務量的增減變動成反比例變動。

這裡的成本總額是個相對概念，可以是某一項成本的總額，也可以是若干項成本的合計。

【例2-1】假設某廠生產過程中所用的某種機器是向外租用的，其月租金為6,000元，該機器設備每月的最大生產能力為400件。所以，當該廠每月的產量在400件以內

時，其租金總成本一般不隨產量的增減而變動。現假定該廠每月的產量分別為 100 件、200 件、300 件、400 件，則單位產品分攤的固定成本（租金）如表 2-1 所示。

表 2-1　　　　　　　　　產品分攤的固定成本（租金）表

產量（件）	固定成本總額（元）	單位固定成本（元）
100	6,000	60
200	6,000	30
300	6,000	20
400	6,000	15

為了便於建立數學模型進行定量分析，我們用 y 代表成本，用 x 代表業務量，用 a 代表固定成本總額，則固定成本模型為 y=a，單位固定成本模型為 y=a/x。

固定成本大多體現在製造費用、管理費用和銷售費用中。固定成本還可以根據其支出數是否受管理層短期決策行為的影響，進一步分為約束性固定成本和酌量性固定成本。約束性固定成本是指不受企業管理層短期決策行為影響，在短期內不能改變其數額的固定成本。如提供和維持企業生產經營能力所需設施、機器等的最基本的生產能力支出。約束性固定成本通常由企業最高管理層根據企業戰略規劃和長遠目標來確定，一旦形成則在短期內很難改變，即使生產中斷，該種固定成本仍然要發生。如果削減該種支出，勢必影響企業的生產能力和長遠目標，因此，這種成本具有很大的約束性。酌量性固定成本是指受企業管理層短期決策行為影響，能改變其數額的固定成本。如廣告和促銷費、研究開發費、職工培訓費、管理人員薪金等。這些成本在某一預算執行期內固定不變，而在編製下期預算時，可以由管理層根據未來的需要和財務負擔能力進行調整。因此，要想降低酌量性固定成本，只有精打細算，厲行節約，在保證不影響生產經營的前提下盡量減少它們的支出總額。此外，當企業財務陷入困難時期，管理層通常可以將酌量性固定成本進行適當縮減，但不能減少約束性固定成本的發生。

二、變動成本

變成成本是指在一定條件下，總額隨著業務量的增減呈正比例變動的成本。變動成本具有以下特點：一是成本總額隨著業務量的增減變動呈正比例變動；二是單位業務量所對應的變動成本（即單位變動成本）在耗費水平不變的情況下不受業務量增減變動的影響而保持不變。

【例 2-2】假設某廠生產一種產品，單位產品的變動成本為 10 元，假設各項耗費水平不變，產量在一定範圍內變動對於成本的影響如表 2-2 所示。

表 2-2　　　　　　　　　產品變動成本表

產量（件）	變動成本總額（元）	單位變動成本（元）
100	1,000	10

表2-2(續)

產量（件）	變動成本總額（元）	單位變動成本（元）
200	2,000	10
300	3,000	10
400	4,000	10

從表2-2可以看出，當產量從100件增加到400件，變動成本總額也從1,000元增加到4,000元，但單位產品變動成本仍保持10元。

我們用b代表單位變動成本，則變動成本模型為 $y = bx$，單位變動成本模型為 $y = b$。

製造企業常見的變動成本一般包括產品成本中的直接材料成本和直接人工成本，製造費用中隨著業務量呈正比例變動的物料用品費、燃料費、動力費，按銷售量支付的銷售佣金、包裝費、裝運費、銷售稅金等。變動成本又可以進一步分為設計變動成本和酌量性變動成本。設計變動成本是由產品的工藝設計所確定的，只要工藝技術及產品設計不改變，成本就不會變動，所以不受企業管理層決策的影響。酌量性變動成本通常受管理層決策影響，有很大的選擇性，如在不影響產品質量和單耗不變的前提下，企業可以在不同地區或不同供貨單位採購到不同價格的某種原材料，其成本消耗就屬於酌量性變動成本。

三、混合成本

在實際工作中，有許多成本往往介於固定成本和變動成本之間，它們既非完全固定不變，但也不隨著業務量呈正比例變動，因而稱為混合成本。常見的混合成本包括階梯成本和半變動成本。

階梯成本的發生額在一定的業務量範圍內是固定的。當業務量超過這一範圍，其發生額就會跳躍上升到一個新的水平，並在新的業務量範圍內固定不變，直到出現另一個新的跳躍為止，如此重複下去，其成本隨著業務量的增長呈現出階梯狀增長趨勢。如企業的運貨員、質檢員等人員的工資，以及受一定業務量影響的固定資產租賃費等。

半變動成本由明顯的固定和變動兩部分成本組成。這種成本通常有一個基數，不受業務量的影響，相當於固定成本；在此基數之上，隨著業務量的增長，成本也呈正比例增加，這部分成本相當於變動成本。如公用事業費的煤氣費、電話費，以及機器設備的維修保養費等可能屬於這類成本。這類成本一般由供應單位每月固定一個收費基數，不管企業使用量為多少都必須支付，屬於固定成本性質。在此基礎上，再根據耗用量的大小乘以單價計算，屬於變動成本性質。

【例2-3】設某廠租用一臺數控機床，合同規定除每年支付租金8,000元外，機床每開機一天，還得支付營運費2元。該機床某年累計開機的天數為360天，則當年支付的租金總額為8,720元（8,000+360×2）。

可見，這臺機床的租金總額8,720元屬於半變動成本，其中固定成本部分為8,000

元,變動成本部分將隨各個年度機床的開機天數的變動而增減。

四、相關範圍

前面在解釋固定成本和變動成本的含義時,總要加上「在一定條件下」這句話。這就意味著固定成本和變動成本的區分不是絕對的,而是有條件的。這個條件在管理會計中稱為相關範圍。

對於固定成本來說,相關範圍有兩方面的含義:一是指特定的期間。從較長時期看,所有的成本都是可變的,即使是約束性固定成本,隨著時間的推移,企業的生產經營能力也會發生變化,其總額也必然會發生調整。因此,只有在一定期間內,固定成本才能保持不變的特徵。二是指特定的業務量水平。如果業務量超出這一水平,企業勢必要增加廠房、機器設備和人員的投入,導致固定成本的增加。由此可見,即使在某一特定期間內具有固定特徵的成本,其固定性也是針對某一特定業務量範圍而言的。如果超出這個業務量範圍,固定成本總額就可能發生變動。

變動成本同固定成本一樣,也存在著一定的相關範圍。超過相關範圍,變動成本也不再表現為完全的線性關係,而是非線性關係。

五、總成本的函數模型

為了便於進行預測和決策分析,在明確各種成本性態的基礎上,最終要將企業的全部成本區分為固定成本和變動成本兩大類,並建立相應的成本函數模型。由於成本與業務量之間存在一定的依存關係,所以總成本可以表示為業務量的函數,即假定總成本可以近似地用一元線性方程來描述。

在相關範圍內,總成本函數可以用公式表述如下:

$$y = a + bx$$

式中,y 代表總成本,x 代表業務量,a 代表固定成本總額(即真正意義上的固定成本與混合成本中的固定部分之和),b 代表單位變動成本(即真正意義上的單位變動成本與混合成本中的單位變動部分之和),bx 代表變動成本總額。

第二節　成本性態分析方法

成本性態分析是將成本表述為業務量的函數,分析它們之間的依存關係,然後按照成本對業務量的依存性,最終把全部成本區分為固定成本與變動成本兩大類。它聯繫成本與業務量的增減動態進行差量分析,是構成基礎性管理會計的一項重要內容。

進行成本性態分析,首先需要將成本按其與業務量之間的依存關係,劃分為固定成本、變動成本和混合成本三大類。在管理會計中,總成本與混合成本有著相同的性態,即二者同時都包含著固定成本與變動成本這兩種因素。只有將混合成本分解為固定成本和變動成本兩部分,才能滿足經營管理上多方面的需要。

一、成本性態分析的意義

（一）是採用變動成本法的前提條件

變動成本法在計算企業各期間的損益時必須首先將企業一定時期發生的所有成本劃分為固定成本和變動成本兩大類，再將與產量變動呈正比例變化的生產成本作為產品成本，並據以確定已銷產品的單位成本，以及作為期末存貨的基礎；而將與產量變動無關的所有固定成本作為期間成本處理，全額從當期的銷售收入中扣除。由此可見，進行成本性態分析、正確區分變動成本與固定成本，是採用變動成本法的基礎。

（二）為進行量本利分析提供方便

業務量-成本-利潤依存關係的分析作為管理會計的基礎分析方法，在分析中需要使用反應成本性態的成本函數（即反應成本性態的方程式），對過去的數據進行分析、研究，從而相對準確地將成本分解為固定成本和變動成本兩大類。

（三）是正確制定經營決策的基礎

要做出正確的短期經營決策必須區分相關成本和不相關成本。在「相關範圍」內，固定成本不隨業務量的變動而變動，在短期經營決策中大多屬於不相關成本；而變動成本在大多數情況下是屬於決策的相關成本。所以，正確進行短期經營決策的關鍵是將成本按其性態劃分為固定成本與變動成本。

（四）是正確評價企業各部門工作業績的基礎

變動成本與固定成本具有不同的成本性態。在一般情況下，變動成本的高低可以反應出生產部門和供應部門的工作業績，完成得好壞應由它們負責。例如，在直接材料、直接人工和變動性製造費用方面，如有所節約或超支，就可視為其業績好壞的反應，這樣就便於分清各部門的經濟責任。而固定成本的高低一般不是基層生產單位所能控製的，通常應由管理部門負責，可以通過制定費用預算加以控製。因此，採用科學的成本分析方法和正確的成本控製方法，也有利於正確評價各部門的工作業績。

二、成本性態分析存在的問題

（一）沒有全面考慮影響成本變動的主要因素

成本的變動不僅受到業務量變動的影響，還受到其他來自內部和外部各種因素變動的影響，如企業領導的各種決策活動、競爭者的策略以及原材料價格等各方面因素的影響。即使只考慮業務量變動，影響成本各要素的業務量也不盡相同。如影響製造成本的業務量是產量，影響銷售費用的業務量應為銷售量，影響管理費用的為管理工作量，而影響財務費用的則是融資量的大小等。這些業務量在成本性態分析中往往無法統一，只考慮一種因素而忽略其他因素，結果往往存在較大的誤差。

（二）不能完全滿足決策者的要求

成本分析是為企業管理者的決策服務的，所以其分析結果一定要滿足企業管理者

的要求。而管理者往往希望知道的是其每一種決策對總成本造成的影響，成本性態分析只提供了企業業務量的變動對總成本的影響，而這種業務量是否為企業管理者所能控製，或是其決策是否會導致其他影響總成本的因素的變動等均無法予以反應。

(三)「成本與業務量之間完全線性聯繫」的假定不盡切合實際

成本性態分析的假設前提是成本的變動率是線性的。但在許多情況下，成本與業務量之間的聯繫是非線性的。

(四) 混合成本的分解方法含有估計的成分

分解混合成本一般包括歷史成本分析方法、工程研究法、帳戶分類法和合同認定法等。但不管是哪一種分解方法都帶有一定程度的假定性，都是借助某一種相關要素來估計成本。所以，其分解的結果均不可能完全準確。

三、成本性態分析的程序

成本性態分析的程序是指完成成本性態分析任務所經過的步驟。共有兩種分析程序：多步驟分析程序和單步驟分析程序。

(一) 多步驟分析程序

多步驟分析程序又稱分步分析程序，屬於先定性分析后定量分析的程序。

首先將總成本按其性態分為變動成本、固定成本和混合成本三部分；然後再採用一定的技術方法將混合成本分解為變動成本和固定成本，在此基礎上，分別將它們與固定成本和變動成本合併；最后建立相關的總成本性態分析模型。

(二) 單步驟分析程序

單步驟分析程序又稱同步分析程序，屬於定性分析與定量分析同步進行的程序。該程序將總成本直接一次性地區分為變動成本和固定成本兩部分，並建立有關的總成本性態分析模型。

這種程序不考慮混合成本的依據是：①按照一元線性假定，無論是總成本還是混合成本都是一個業務量 x 的函數，因此，按分步分析程序與同步分析程序進行成本性態分析的結果應當是相同的；②在混合成本本身的數額較少，前后期變動幅度較小，對企業影響十分有限的情況下，可以將其視為固定成本，以便簡化分析過程。

四、混合成本的分解方法

在管理會計中，研究成本對業務量的依存性，也即從數量上具體掌握成本與業務量之間的規律性的聯繫，具有重要意義。根據成本性態將企業的全部成本區分為固定成本和變動成本兩大類，是管理會計規劃與控制企業經濟活動的基本前提。但在實際工作中，許多成本項目同時兼有固定和變動的性質，並不能直接區分固定成本或變動成本，而是表現為混合成本模式。因此，需要採用不同的專門方法將其中的固定和變動因素分解出來，分別納入固定成本和變動成本兩大類中，這就是混合成本的分解。

常用的混合成本分解方法通常有工程分析法、帳戶分析法、合同確認法和歷史成

本分析法等。其中歷史成本分析法較具代表性，將重點加以介紹。

(一) 工程分析法

工程分析法又稱技術測定法，是指由工程技術人員根據生產過程中投入與產出之間的關係，對各種物質消耗逐項進行技術測定，在此基礎上來估算單位變動成本和固定成本的一種方法。

工程分析法的基本要點是：在一定的生產技術和管理水平條件下，根據投入的成本與產出數量之間的聯繫，將生產過程中的各種原材料、燃料、動力、工時的投入量與產出量進行對比分析，以確定各種耗用量標準，再將這些耗用量標準乘以相應的單位價格，即可得到各項標準成本。把與業務量相關的各項標準成本匯集則為單位變動成本，把與業務量無關的各種成本匯集則為固定成本總額。採用工程分析法可以獲得較為精確的結果，但應用起來比較複雜、工作量很大。因此，該方法通常適用於缺乏歷史數據可供參考的新產品。

(二) 帳戶分析法

帳戶分析法是指分析人員根據各有關成本明細帳的發生額，結合其與業務量的依存關係，對每項成本的具體內容進行直接分析，使其分別歸入固定成本或變動成本的一種方法。

此方法屬於定性分析，即根據各個成本明細帳戶的成本性態，通過經驗判斷，把那些與固定成本較為接近的成本歸入固定成本；而把那些與變動成本較為接近的成本歸入變動成本。至於不能簡單地歸入固定成本或變動成本的項目，則可以通過一定比例將它們分解為固定和變動兩個部分。帳戶分析法具有簡便易行的優點，適用於會計基礎工作較好的企業。但由於此方法要求分析人員根據自己的主觀判斷來決定每項成本是固定成本還是變動成本，因而分類結果比較主觀。

(三) 合同確認法

合同確認法是指根據企業與供應單位所訂立的經濟合同中的費用支付規定和收費標準，分別確認哪些費用屬於固定成本，哪些費用屬於變動成本的方法。合同確認法一般適用於水電費、煤氣費、電話費等公用事業費的成本性態分析。

(四) 歷史成本分析法

歷史成本分析法是指根據混合成本在過去一定期間內的成本與業務量的歷史資料，採用適當的數學方法對其進行數據處理，從而分解出固定成本和單位變動成本的一種定量分析法。

該方法要求企業歷史資料齊全，成本數據與業務量的資料要同期配套，具備相關性。因此，此方法適用於生產條件比較穩定、成本水平波動不大以及有關歷史資料比較完備的企業。歷史成本法的精確程度，取決於用以分析的歷史數據的恰當程度。歷史成本法又可以具體分為高低點法、散布圖法和迴歸分析法三種。其中，高低點法和散布圖法得到的都是近似值，只有迴歸分析法得到的結果較為精確。

1. 高低點法

高低點法是指從過去一定時期內相關範圍的資料中，選出最高業務量和最低業務量及相應的成本這兩組數據，來推算出固定成本和單位變動成本的一種方法。

基本原理：任何一項混合成本都是由固定成本和變動成本兩種因素構成的，因而混合成本的函數也可以用 y＝a＋bx 來表示。由於固定成本在相關範圍內是固定不變的，若單位變動成本在相關範圍內是個常數，則變動成本總額就隨著高低點業務量的變動而變動。

最高業務量的成本函數為：

$$y_1 = a + bx_1 \tag{2-1}$$

最低業務量的成本函數為：

$$y_2 = a + bx_2 \tag{2-2}$$

（2-1）－（2-2），結果得：$y_1 - y_2 = b(x_1 - x_2)$，可以求出單位變動成本 b：

$$b = \frac{y_1 - y_2}{x_1 - x_2} \quad \text{（高低點混合成本之差）} \quad \text{（高低點業務量之差）}$$

將 b 代入（2-1）式或（2-2）式，可以求出固定成本 a，$a = y_1 - bx_1$ 或 $a = y_2 - bx_2$。

高低點法在使用中簡便易行，但由於它只選擇了諸多歷史資料中的兩期數據作為計算依據，因而代表性較差，結果不太準確。這種方法一般適用於成本變化趨勢比較穩定的企業。

【例2-4】某企業只生產一種產品，1~6月的實際產銷量和部分成本資料見表2-3。

表 2-3

月份	1	2	3	4	5	6
總成本（元）	2,000	2,900	2,500	3,000	2,200	2,100
產銷量（件）	100	200	180	200	120	100

要求：
（1）用高低點法進行成本性態分析；
（2）寫出該企業總成本性態函數模型表達式。

解：
（1）高點坐標為（200，3,000）；低點坐標為（100，2,000）
b＝（3,000-2,000）／（200-100）＝10
a＝2,000-10×100＝1,000 或 a＝3,000-10×200＝1,000
（2）y＝1,000+10x

2. 散布圖法

散布圖法又稱目測法，是指將收集到的一系列業務量和混合成本的歷史數據，在直角坐標圖上逐一標出，以縱軸表示成本，以橫軸表示業務量，這樣歷史數據就形成若干個點散布在直角坐標圖上，然後通過目測，畫出一條反應成本變動趨勢的直線，該直線應較合理地接近大多數點。將這條直線延長並與縱軸相交，則該直線在縱軸上

的截距就是固定成本，該直線的斜率就是單位變動成本。

散布圖法考慮了所獲得的全部歷史數據，因而比高低點法更為準確、可靠，並且該法形象直觀、易於理解。但由於直線位置主要靠目測確定，往往因人而異，且固定成本和變動成本的計量仍是主觀的，從而影響了計算的客觀性。

3. 最小平方法（迴歸直線法）

最小平方法是一種數理統計法，它根據過去若干期業務量與成本的資料，應用數學上的最小平方法原理精確計算混合成本中的固定成本和單位變動成本。其原理是從散布圖中找到一條直線，使該直線與由全部歷史數據形成的散布點之間的誤差平方和最小，這條直線在數理統計中稱為「迴歸直線」或「迴歸方程」，因而這種方法又稱迴歸直線法。

與前述其他混合成本分解方法相比，最小平方法的計算結果更為科學準確，而且通過迴歸分析可以得到關於成本預測可靠性的重要統計信息，使得分析人員可以評價成本計量的可信度。但由於該法計算工作量較大，因而適合於用計算機迴歸軟件來解決。

利用迴歸直線法時，首先要確定自變量（業務量）X 與因變量（混合成本）Y 之間是否線性相關及其相關程度，判別的方法主要有散布圖法與相關係數法。所謂散布圖法，就是將有關的數據繪製成散布圖，然后依據散布圖的分佈情況判斷 x 與 y 之間是否存在線性關係；所謂相關係數法，就是通過計算相關係數 r 判別 x 與 y 之間的關係。相關係數可以按下列公式進行計算：

$$r = \frac{\sum x_i y_i - n\bar{x}\bar{y}}{\sqrt{[\sum x_i^2 - n(\bar{x})^2][\sum y_i^2 - n(\bar{y})^2]}}$$

判斷相關係數的相關性標準見表 2-4。

表 2-4　　　　　　　　　　相關係數的相關性判斷表

相關係數的數值	$\|r\| > 0.7$	$0.3 < \|r\| < 0.7$	$\|r\| < 0.3$	$\|r\| = 0$
因變量與自變量的關係	強相關	顯著相關	弱相關	不相關

在確認因變量與自變量之間存在線性關係之后，便可以建立迴歸直線方程，y 為因變量，x 為自變量，a、b 為迴歸系數。

根據最小平方法原理，可以得到求 a、b 的公式：

$$a = \frac{(\sum x_i^2)\bar{y} - \bar{x}\sum x_i y_i}{\sum x_i^2 - n(\bar{x})^2}$$

$$b = \frac{\sum x_i y_i - n\bar{x}\bar{y}}{\sum x_i^2 - n(\bar{x})^2}$$

【例 2-5】設某公司模具車間 20××年各月份實際發生的機器工作小時和機器維修成本如表 2-5 所示。要求：用最小平方法（迴歸直線法）進行成本性態分析，寫出該

車間機器維修成本的性態函數模型表達式。

表 2-5　　　　　　　　　某公司模具車間生產數據資料匯總

月份	機器工作時間（x）（小時）	機器運行成本（y）（元）
1	500	364
2	460	358
3	380	330
4	420	340
5	360	320
6	480	356
7	390	354
8	394	362
9	430	352
10	460	344
11	396	360
12	504	370

解：第一步，設 y 代表機器維修成本、x 代表機器工作時間，根據上表 2-5 提供的資料計算列表如表 2-6 所示。

表 2-6　　　　　　　　　　　　計算列表

月份	X_i	y_i	$x_i y_i$	y_i^2	x_i^2
1	500	364	182,000	132,496	250,000
2	460	358	164,680	128,164	211,600
3	380	330	125,400	108,900	144,400
4	420	340	142,800	115,600	176,400
5	360	320	115,200	102,400	129,600
6	480	356	170,880	126,736	230,400
7	390	354	138,060	125,316	152,100
8	394	362	142,628	131,044	155,236
9	430	352	151,360	123,904	184,900
10	460	344	158,240	118,336	211,600
11	396	360	142,560	129,600	156,816
12	504	370	186,480	136,900	254,016
合計	5,174	4,210	1,820,288	1,479,396	2,257,068

第二步，為判斷 x 與 y 之間是否存在著線性關係，應計算相關係數：

$$r = \frac{1,820,288 - 12 \times 431.17 \times 350.83}{\sqrt{(2,257,068 - 12 \times 431.17^2)(1,479,398 - 12 \times 350.83^2)}}$$

$$= \frac{5,079.55}{7,952.17}$$

$$= 0.638,87$$

根據前述的判斷標準，可以判定 x 與 y 之間呈顯著相關狀態。

第三步，利用公式計算該車間固定成本及單位變動成本，建立迴歸直線方程：

$$a = \frac{2,257,068 \times 350.83 - 431.17 \times 1,820,288}{2,257,068 - 12 \times 431.17^2}$$

$$= \frac{6,993,589.5}{26,177.17}$$

$$= 267.16$$

$$b = \frac{1,820,288 - 12 \times 431.17 \times 350.83}{2,257,068 - 12 \times 431.17^2}$$

$$= \frac{5,079.55}{26,177.17}$$

$$= 0.19$$

∴ y = 267.16 + 0.19x

該車間固定成本為 267.16 元，單位機器工時對應的變動成本為 0.19 元，其總成本性態函數模型為 y = 267.16 + 0.19x。

第三節　變動成本法與完全成本法

一、變動成本法

（一）變動成本法的概念

變動成本法又稱變動成本計算法。在這種成本計算法下，產品成本實際上就是其變動生產成本，即在某種產品製造（生產）過程中直接發生的、同產量保持正比例關係的各種費用，包括直接材料、直接人工和變動性製造費用。當期發生的固定性製造費用，全部以「期間成本」的名義計入當期損益中，作為邊際貢獻的扣減項目。變動成本法的理論依據如下：

1. 產品成本只應包括變動生產成本

在管理會計中，產品成本是指那些隨產品實體的流動而流動，只有當產品實現銷售時才能與相關收入實現配比、得以補償的成本。這裡的「隨產品實體的流動而流動」的「成本流動」，是指構成產品成本的價值要素，最終要在廣義的產品的各種實物形態（包括本期銷貨和期末產成品存貨）上得以體現，即物化於廣義的產品，表現為本期銷

售成本與期末存貨成本。由於產品成本只有在產品實現銷售時才能轉化為與相關收入相配比的費用，因此，本期發生的產品成本得以補償的歸屬期有兩種可能：一種是以銷售成本的形式計入當期損益，成為與當期收入相配比的費用；另一種是以當期完工但尚未售出的產成品和當期尚未完工的在產品等存貨成本的形式計入期末資產負債表遞延下期，與在以後期間實現的銷售收入相配比。按照變動成本法的解釋，產品成本必然與產品產量密切相關，在生產工藝沒有發生實質變化、成本水平不變的條件下，所發生的產品成本總額應當隨著完成的產品產量成正比例變動。若不存在產品這個物質承擔者，就不應當有產品成本存在。顯然，在變動成本法下，只有變動成本才能構成產品成本的內容。

2. 固定成本應當作為期間成本處理

在管理會計中，期間成本是指那些不隨產品實體的流動而流動，而是隨企業生產經營持續期間長短而增減，其效益隨期間的推移而消逝，不能遞延到下期，只能於發生的當期計入損益且由當期收入補償的成本。這類成本的歸屬期只有一個，即於發生的當期直接轉作本期費用，因而與產品實體流動的情況無關，不能計入期末存貨成本。按照變動成本法的解釋，並非在生產領域內發生的所有成本都是產品成本。如生產成本中的固定性製造費用，在相關範圍內，它的發生與各期的實際產量的多少無關，它只是定期地創造了可利用的生產能力，因而與期間的關係更為密切。在這一點上它與銷售費用、管理費用和財務費用等非生產成本只是定期地創造了維持企業經營的必要條件一樣具有時效性。不管這些能力和條件是否在當期被利用或被利用得是否有效，這種成本發生額都不會受到絲毫影響，其效益隨著時間的推移而逐漸喪失，不能遞延到下期。因此，固定性製造費用（即固定生產成本）應當與非生產成本同樣作為期間成本處理。

(二) 變動成本法的特點

變動成本法的特點是和完全成本法相比較而言的。與完全成本法相比較，變動成本法的特點如下：

（1）從成本劃分的標準與類別以及產品所包含的內容來看，變動成本法是根據成本性態把企業全部成本劃分為變動成本和固定成本兩大類；其產品成本的內容只包括變動的直接材料、直接人工與變動製造費用三大成本項目。而完全成本法則根據成本的經濟用途把企業全部成本劃分為製造成本和非製造成本兩大類；其產品成本的內容則是指整個製造成本，包括直接材料、直接人工與全部製造費用（包括變動性製造費用與固定性製造費用）三大成本項目。詳見表2-7。

表 2-7　變動成本法與完全成本法在成本劃分標準和成本構成內容方面的比較

區分標誌	變動成本法	完全成本法
成本劃分標準	按成本習性	按經濟用途

表2-7（續）

區分標誌	變動成本法			完全成本法	
成本劃分類別	變動成本	變動性製造成本	直接材料	製造成本	直接材料
			直接人工		直接人工
			變動性製造費用		製造費用
		變動銷售費用			
		變動管理及財務費用			
	固定成本	固定性製造費用		非製造成本	銷售費用
		固定銷售費用			管理費用
		固定管理費用及財務費用			財務費用
產品成本包含的內容	變動製造成本	直接材料		全部製造成本	直接材料
		直接人工			直接人工
		變動性製造費用			全部製造費用

（2）從期末產成品和在產品的存貨計價來看，採用變動成本法，只包括變動製造費用，而不包括固定製造費用；若採用完全成本法，則由於在已銷售的產成品、庫存的產成品和在產品之間都分配了全部製造成本，因此，它的期末產成品和在產品的存貨計價也應以全部製造成本為準，其數額必然大於採用變動成本法的計價。

（3）在利潤的計算結果方面，由於變動成本法與完全成本法兩種方法對存貨的估價不同，故在產銷不平衡時，計算出的利潤也就不一樣。

①在變動成本法下：

生產邊際貢獻＝銷售收入－產品變動生產成本

產品邊際貢獻＝生產邊際貢獻－變動性銷售和管理及財務費用

營業利潤＝產品邊際貢獻－固定性製造費用－固定性銷售和管理及財務費用

其中：產品變動生產成本＝直接材料＋直接人工＋變動性製造費用

②在完全成本法下：

銷售毛利＝銷售收入－產品銷售成本

營業利潤＝銷售毛利－銷售費用－管理費用－財務費用

其中：產品銷售成本＝直接材料＋直接人工＋全部製造費用

當期末存貨成本＝期初存貨成本（或本期產量＝銷售量）時，兩者計算出的營業利潤相等；

當期末存貨成本＞期初存貨成本（或本期產量＞銷售量）時，完全成本法計算的營業利潤＞變動成本法計算的營業利潤；

當期末存貨成本＜期初存貨成本（或本期產量＜銷售量）時，完全成本法計算的營業利潤＜變動成本法計算的營業利潤。

兩者差異＝期末存貨中的固定製造費用－期初存貨中的固定製造費用

＝（期末單位固定製造費用×期末存貨量）－（期初單位固定製造費用×期初存貨量）

【例2-6】假設某廠只生產單一產品，有關資料如下：全年生產5,000件，銷售4,000件，無期初產成品庫存；生產成本為每件變動成本（包括直接材料、直接人工和變動性製造費用）4元，每件變動性銷售和管理及財務費用1元，固定性製造費用共10,000元，固定性銷售和管理及財務費用共2,000元。每單位產品的售價為10元。根據上述資料，採用變動成本計算法，據以確定產品的單位成本和全年的營業利潤如下：

單位產品變動生產成本＝4元
生產邊際貢獻總額＝10×4,000－4×4,000＝24,000（元）
產品邊際貢獻＝24,000－1×4,000＝20,000（元）
營業利潤＝20,000－10,000－2,000＝8,000（元）

(三) 變動成本法的優缺點

1. 變動成本法的優點

變動成本計算法突破了完全成本法傳統、狹隘的成本觀念，為正確計算企業利潤、強化企業的內部經營管理、提高經濟效益開拓了新途徑。具體表現為以下幾個方面：

(1) 更符合費用和收益相配比這一公認會計原則的要求。

(2) 能提供更有用的管理信息，便於進行預測和短期經營決策。有了固定成本和變動成本的資料，就能以邊際貢獻分析為基礎，進行盈虧平衡點和量本利分析，進而揭示出產量與成本變動的內在規律，使預測、決策和控制建立在科學可靠的基礎之上，達到預期的目標。

(3) 便於分清各部門、各單位的經濟責任，有利於進行成本控制與業績考核和評價。一般來講，變動成本的高低反應出生產部門和供應部門的業績，而固定成本的高低通常由管理部門負責，所以應採取不同的方法分別進行控制。對於變動成本，可以採用制定標準成本和建立彈性預算的方法進行日常控製；對於固定成本，則應通過製造費用預算加以控製。變動成本法分清了變動成本與固定成本，為實施以上方法提供了良好的基礎。

(4) 能夠提醒管理當局重視銷售環節，防止盲目生產。在完全成本法下，只要大量生產，單位產品中的固定成本就會降低，因而營業利潤也會增加，這樣就把銷售拋在一邊，導致有些企業為了追求短期效益而盲目增加產量、輕銷售而造成產品積壓的弊端。而在變動成本法下，產量變動對產品單位成本的影響不大，企業的生產只會以銷售為基礎，從而避免了產品的積壓。

(5) 避免間接費用的分攤，簡化了核算工作，有利於會計人員集中精力對經濟活動進行日常控製。採用變動成本法由於將固定成本直接計入當期損益，免去了每期期末固定成本在各產品及在製品之間進行分配的繁重工作，因而使成本核算工作變得簡便、高效且減少了成本計算中的主觀隨意性，相應地提高了產品成本信息的準確性和可信度。

2. 變動成本法的缺點

（1）不符合傳統的成本概念以及對外報告的要求；

（2）只適用於短期決策，不適用於長期決策。

二、完全成本法

(一) 完全成本法的概念

所謂完全成本法，是指構成產品成本的內容包括直接材料、直接人工和全部製造費用（包括固定性製造費用和變動性製造費用）的成本計算方法。也就是說，每生產一單位產品，其成本不僅包括產品生產過程中直接消耗的直接材料、直接人工和變動性製造費用，而且還包括一定份額的固定性製造費用，本期已銷售的產品中的固定性製造費用轉作本期銷售生產成本，本期未銷售產品的固定性製造費用則遞延到以後期間。

(二) 完全成本法的特點

1. 完全成本法下的產品成本的構成

如前所述，完全成本法根據成本的經濟用途把全部成本劃分為製造成本和非製造成本兩大類；其產品成本的內容是指整個製造成本，包括直接材料、直接人工與全部製造費用（包括變動性製造費用與固定性製造費用）三大成本項目。從而在完全成本法下，產品成本的計算公式為：

產品成本＝直接材料＋直接人工＋全部製造費用

　　　　＝直接材料＋直接人工＋變動性製造費用＋固定性製造費用

2. 完全成本法下的利潤計算

通過前面變動成本法的介紹，我們知道兩種計算方法最大的差別是對固定性製造費用的處理不同，變動成本法把固定性製造費用當成期間成本直接計入當期損益；而完全成本法則把固定性製造費用計入產品成本。因此，在完全成本法下，不管已實現銷售的產品還是期末未實現銷售的產成品或在產品的成本都包括一定的固定性製造費用，導致在產銷不平衡的情況下，計算出的利潤也不一樣。

【例2-7】承前例，採用完全成本法計算的單位產品成本和營業利潤如下：

產品的單位生產成本＝4＋10,000÷5,000＝4＋2＝6（元）

銷售毛利＝10×4,000－6×4,000＝16,000（元）

營業利潤＝16,000－（4,000×1＋2,000）＝10,000（元）

從計算結果得知，當產量大於銷量時，採用完全成本法計算的營業利潤大於變動成本計算法計算的營業利潤（10,000＞8,000）。差額可以計算如下：

差異額＝2×（5,000－4,000）－0＝2,000（元）

即為年末存貨的固定製造費用。

(三) 完全成本法的優缺點

1. 完全成本法的優點

（1）比較符合公認會計準則成本概念的要求。

（2）產品成本和存貨的計價比較完整，便於直接編製對外財務報告。

2. 完全成本法的缺點

（1）計算出來的單位產品成本不僅不能反應生產部門的真實成績，反而掩蓋或誇大了它們的生產業績；

（2）計算出來的營業利潤結果往往令人費解，甚至還會促使企業片面追求產量、盲目生產，造成產品積壓，造成社會資源的浪費；

（3）無法據以進行預測分析和決策分析，或編製彈性預算；

（4）固定費用需要經過人為分配后才能進入產品成本。

（四）採用完全成本法的必要性

完全成本法目前之所以仍然得到公認會計準則的認可並在實務工作中廣泛應用，是因為既然變動成本與固定成本都是產品生產時所必須發生的耗費，兩種成本就應計入產品成本中。除此之外，在企業的經營管理中採用完全成本法，還有以下兩個方面的原因：

（1）有助於刺激企業加速發展生產的積極性。這是因為按照完全成本法，產量越大，則單位固定成本就越低，從而整個單位產品成本也隨之降低，超額利潤也越大。正是這一原因，在客觀上有助於刺激生產的發展。

（2）有利於企業編製對外報表。正因為完全成本法得到公認會計準則的認可和支持，所以企業只能以完全成本法為基礎編製對外報表。

三、變動成本法與完全成本法的結合

通過前面的內容我們知道，完全成本法和變動成本法都有自身的優點，同時也存在有各自的不足之處，主要是側重的方面不同。

（1）變動成本法的數據有利於管理，便於理解；而完全成本法的資料不便於管理，易引起盲目生產，積壓資金。

（2）變動成本法的利潤與銷量相聯繫，銷量越大，利潤也越大；反之，銷量越小，利潤也越小。完全成本法的利潤與產量相聯繫，在銷量不變的情況下，產量越大，利潤也越大；反之，產量越小，利潤也越小。

總之，變動成本法是為了滿足面向未來決策、強化內部管理的要求而產生的。由於它能夠提供反應成本與業務量之間、利潤與銷售量之間有關的變化規律的信息，因而有助於加強成本管理，強化預測、決策、計劃、控製和業績考核等職能，促進以銷定產，減少或避免因盲目生產而帶來的損失。為充分發揮變動成本法的優點，必須兼顧現行統一會計準則所規定的完全成本法，使二者結合起來，不能搞兩套平行的成本計算資料，以免造成人力、物力、財力和時間的浪費。合理的做法應該是：將日常核算工作建立在變動成本法的基礎上，同時把日常所發生的固定製造費用先記入「存貨中的固定性製造費用」帳戶內，每期期末，把屬於本期已銷售部分的固定成本從該帳戶轉入「主營業務成本」帳戶，並列入損益表內作為本期銷售收入的扣減項目；余下的固定成本，仍留在原帳戶內，並將其餘額按實際比例分攤給產成品和在產品項目，

使它們仍按完全成本列示。

【例2-8】某廠生產甲產品，產品售價為 10 元/件，單位產品變動生產成本為 4 元，固定性製造費用總額為 24,000 元，銷售及管理費用為 6,000 元，全部是固定性的。存貨按先進先出法計價，最近三年的產銷量如表 2-8 所示。

表 2-8　　　　　　　　　　　　　　　　　　　　　　　　　　　　　　　　　　　單位：元

資料	第一年	第二年	第三年
期初存貨量	0	0	2,000
本期生產量	6,000	8,000	4,000
本期銷貨量	6,000	6,000	6,000
期末存貨量	0	2,000	0

要求：
（1）分別按變動成本法和完全成本法計算單位產品成本；
（2）分別按變動成本法和完全成本法計算三年的營業利潤。

解：（1）

表 2-9　　　　　　　　　　　　　　　　　　　　　　　　　　　　　　　　　　　單位：元

單位產品成本	第一年	第二年	第三年
變動成本法	4	4	4
完全成本法	4+24,000÷6,000=8	4+24,000÷8,000=7	4+24,000÷4,000=10

（2）營業利潤計算

在變動成本法下：營業利潤＝（收入－變動成本）－固定成本＝邊際貢獻－固定成本
第一年＝6,000×（10－4）－（6,000＋24,000）＝6,000（元）
第二年＝6,000×（10－4）－（6,000＋24,000）＝6,000（元）
第三年＝6,000×（10－4）－（6,000＋24,000）＝6,000（元）

在完全成本法下：營業利潤＝（收入－銷售成本）－期間成本＝毛利－期間成本
第一年＝6,000×（10－8）－6,000＝6,000（元）
第二年＝6,000×（10－7）－6,000＝12,000（元）
第三年＝6,000×10－（2,000×7＋4,000×10）－6,000＝0

從【例2-8】的計算可以看出，在各期單位變動成本、固定性製造費用相同的情況下：當生產量等於銷售量時，兩種成本法所確定營業利潤相等（如第一年的情況）；當生產量小於銷售量時，採用完全成本法所確定營業利潤小於採用變動成本法所確定營業利潤（如第三年的情況）；當生產量大於銷售量時，採用完全成本法所確定營業利潤大於採用變動成本法所確定營業利潤（如第二年的情況）。這是因為，在變動成本法下，計入當期損益表的是當期發生的全部固定性製造費用。而採用完全成本法時，產成品成本中包括固定性製造費用，當存在有期初、期末庫存產成品存貨時，這些存貨會釋放或吸收固定製造費用，即計入當期損益表的固定性製造費用數額，不僅受到當

期發生的全部固定性製造費用水平的影響，而且還要受到期初、期末存貨水平的影響。

在其他條件不變的情況下，只要某期完全成本法下期末存貨的固定性製造費用與期初存貨的固定製造費用的水平相同，就意味著兩種成本法計入當期損益表的固定性製造費用的數額相同，兩種成本法的當期營業利潤必然相等；如果某期完全成本法下期末存貨的固定性製造費用與期初存貨的固定性製造費用的水平不同，就意味著兩種成本法計入當期損益表的固定性製造費用的數額不等，此時兩種成本法確定的當期營業利潤不相等。

第四節　變動成本法的應用

隨著中國改革開放的進一步深入，企業的市場競爭日趨激烈，市場機會瞬息萬變。在企業外部環境優化、產品差異化程度不大的前提下，誰擁有成本優勢，誰就擁有主動權，就能在市場中站穩腳跟，並得到進一步發展。在這種情況下，企業財務部門的成本信息就成為企業加強對經濟活動的事前規劃和日常控製的重要依據。而隨著生產技術的不斷進步，資本有機構成的提高，使得固定成本的比重呈逐漸上升的趨勢。這樣，按傳統的完全成本法提供的會計資料就越來越不能滿足企業預測、決策、考核、分析和控製的需要了，於是變動成本法的應用就有了廣闊的空間。

變動成本法與完全成本法的主要區別在於對固定性製造費用的處理不同：變動成本法將其作為期間成本直接計入當期損益，而完全成本法則將其與變動性製造費用一起在產品中進行分配，當產品實現銷售時計入損益。由此可見，固定性製造費用是兩種方法的焦點，完全成本法對固定性製造費用不單獨做處理，而變動成本法則需將其單獨列出。隨著中國市場經濟體制不斷完善、科學技術日趨發達，固定性製造費用所占的比例越來越高，採用變動成本法提供成本資料將對企業的經營管理起到巨大的作用。

一、變動成本法的應用條件

變動成本法的應用條件包括以下內容：①國家財政有較強的承受能力。在開始普遍推行變動成本法的較長一段時間，由於全部固定成本直接計入損益，將導致國家財政收入陡然減少，因此，它要求國家財政有較強的承受能力，能夠承受財政收入暫時減少帶來的影響。這是實行變動成本法的堅實基礎。②企業會計核算基礎工作較好，會計人員素質較高。實行變動成本法所需的資料較多，並且要求資料的規範性較好，這就需要企業會計核算基礎工作必須紮實，以便隨時提供所需的資料。變動成本法是一種新的成本核算方法，要求參與的會計人員既精通舊方法，又能很快掌握新方法，特別是對固定成本和變動成本的劃分，一定要做到科學和準確，這就要求會計人員應具備較高的素質。③企業固定成本的比重較大且產品更新換代的速度較快。當企業中的固定資產價值較大或管理成本較高時，分攤計入產品成本中的固定成本比重大，這時如不將其單獨列出，就不能正確反應產品的盈利狀況。當產品更新換代的速度較快時，需經常對是否投產新產品、新產品的價格以及新產品的生產量等一系列問題做出短期決策，而這些決

策的做出就依賴於完整準確的變動成本資料。第①條是實行變動成本法的宏觀條件，即國家和社會應具備的條件；第②③條是實行變動成本法的微觀條件，即企業應具備的條件。只有當這些條件同時得到滿足，變動成本法才能普遍推行。

二、變動成本法的應用方法

（一）單軌制

即用變動成本法徹底替代完全成本法進行成本核算。這種方法既滿足了企業內部管理的需要，又使得用變動成本法提供對外報表合法化。這當然是最理想的一種應用方法。然而，由於種種原因，現階段企業外部的信息使用者仍然要求企業按完全成本法計算提供報表，再加上變動成本法自身也存在一定缺陷，在相當長時間內還不能從會計法規上使其合法化。

（二）雙軌制

即企業在按完全成本法提供對外報表的同時，在企業內部另設一套按變動成本法計算的內部帳。這種方法的工作量非常大，要增加專門的人員按變動成本法做帳。

（三）結合制

即將變動成本法與完全成本法結合使用，日常核算建立在變動成本法的基礎之上，對產品成本、存貨成本、邊際貢獻和稅前利潤都按變動成本法計算，以滿足企業內部經營管理的需要；定期將按變動成本法確定的成本與利潤等會計資料調整為按完全成本法反應的會計資料，以滿足企業外部投資者等各方面的需要。

通過對以上三種觀點進行分析，並權衡利弊，一般認為「結合制」較為合理。其原因是：在變動成本法的應用上，既可以充分發揮變動成本法的優點，又不與現行會計法規、制度等衝突，同時也能夠兼顧內部管理者和外部投資者兩方面的需要，而且不會破壞國家財政收入數據資料的準確性。可見，它是一種切實可行的有效方法。結合制的具體操作步驟如下：

（1）認真進行成本性態分析，將製造費用正確劃分為固定性製造費用和變動性製造費用。這一步是採用變動成本法的基礎和前提，其關鍵是做到兩種費用劃分的科學性與正確性。如果劃分不準確，預測就不會準確，由此所進行的決策必然失誤。純粹的固定性製造費用和變動性製造費用的區分較為容易，主要看該項費用是否同產品產量呈正比例變化，如呈正比例變化，則計入變動成本，如與產品產量無比例關係，則劃入固定成本。這時關鍵是要做好混合成本的分解。

（2）在「製造費用」科目下增設「變動性製造費用」與「固定性製造費用」兩個二級科目，同時還在這兩個科目下設具體的費用明細科目，這樣就做到了在平常記帳過程中就分清了變動性製造費用和固定性製造費用的界限。

（3）設計計算表格，進行變動成本的計算。

（4）提供產品成本信息用於預測、決策與控制。

三、變動成本法的應用實例

　　某公司從 20×2 年起採用變動成本法進行成本核算，兩年多來，為公司管理層進行正確預測、決策和控製活動提供了大量更為科學的產品成本信息，產生了很好的效果。

　　20×1 年下半年，由於公司所處的電子信息行業市場份額萎縮，市場競爭加劇，產品大幅降價，公司出現了虧損。從財務部門提供的成本資料來看，產品的製造成本普遍很高，有的甚至超過售價。在這種情況下，一系列關於產品的決策問題深深困擾著公司領導層：是拱手讓出那些得之不易，但成本過高的產品？還是繼續組織生產？以怎樣的方式組織生產？以怎樣的份額和價格佔有市場？公司領導召集各部門召開緊急會議研究對策，經認真分析，大家都覺得產品成本信息有問題。公司在財務成本核算中，一直採用完全成本法，對內提供成本信息用於決策時也是運用該方法。但由於公司屬高科技企業，主要設備均為進口高精尖設備，其價值很高，淘汰年限又非常短，因而固定性製造費用很高，導致產品成本普遍偏高。在這種情況下，原來採用的完全成本法已不能從數量上揭示產品與產銷量之間的內在聯繫，不能為企業的經營預測和決策提供科學正確的成本信息。因此，公司最后決定採用變動成本法提供的成本資料重新對產品的生產和銷售進行預測。

　　首先，對產品生產成本進行測算。其具體做法是：一是正確劃分變動成本和固定成本。如何將構成產品的生產成本劃分為變動成本和固定成本，這是運用此法的關鍵。將與生產量有關並且生產車間可控的成本確定為變動成本，如產品的直接材料費、直接人工費、水電費等，而把與生產量無關且生產車間不能控制的成本確定為固定成本，如廠房、設備折舊、車間管理人員的工資等。目的是使車間能有的放矢地控製產品的生產成本。二是確定單位變動成本。根據現有生產情況，按生產工藝流程及質量標準，逐步測算產品單位變動成本，並與市場銷售價進行對比，以確定產品的盈利能力。三是確定保本生產量和銷售量。根據市場價格和測算的單位變動成本，計算收支平衡時的生產量和銷售量。

　　其次，對產品市場進行認真分析。通過分析清楚地看到，公司現有市場情況已完全能夠實現保本銷售量。

　　公司制定了以下措施：一是確定目標成本，加強成本監督和控製。把測算的單位變動成本作為目標成本，按生產過程層層分解到班組、機臺、個人，公司與生產車間、生產車間與班組、班組與機臺或個人層層簽訂崗位任務書，使生產過程的每個環節職責清楚，任務明確；二是確定目標銷售量，擴大市場佔有率。在變動成本法下，利潤的高低與銷售量的增減是相一致的。因此，必須在確保完成保本銷售量的同時，加大市場開發力度，爭取最大經濟效益。通過運用變動成本法對產品成本和市場銷售進行預測與分析，使生產經營者明確了工作目標，使產品生產從下半年開始穩步增長，取得了較好的經濟效益。

　　通過公司的實際應用，充分說明應用變動成本法對加強企業內部經營管理具有積極作用，有力地支持了企業的預測和決策，提高了企業的經濟效益。

　　但變動成本法也有一些固有的缺點，它更加適用於在變幻莫測的市場中做短期決

策，而完全成本法則更有助於企業長期決策的要求。因為就企業長期決策而言，生產能力會發生增減變動，固定成本也會相應變動，所以長期決策應建立在補償所有成本的基礎上，即採用完全成本法此時更為恰當。

本章小結

本章在介紹成本性態及成本按性態分類的基礎上，提出成本性態的分析方法，解決混合成本的分解問題；成本按性態的分類促使新的成本計算方法——變動成本法的產生，探討變動成本法的計算原理、作用及局限性，並將變動成本法與完全成本法加以比較，兩者在計算成本上的差異體現在對固定性製造費用的處理上不同，完全成本法包括產品製造或勞務提供過程發生的全部生產要素的耗費；而變動成本法將產品製造或勞務提供過程發生的固定費用列作當期損益，不計入產品或勞務的成本。變動成本法在企業經營管理中的應用方法包括單軌制、雙軌制及結合制。

關鍵術語

成本性態；固定成本；變動成本；混合成本；完全成本法；變動成本法；固定製造費用；變動製造費用；單軌制；雙軌制；結合制

綜合練習

一、單項選擇題

1. 將全部成本分為固定成本、變動成本和混合成本所採用的分類標誌是（　　）。
   A. 成本的目標　　　　　　　　B. 成本的可辨認性
   C. 成本的經濟用途　　　　　　D. 成本的性態
2. 在歷史資料分析法的具體應用中，計算結果最為精確的方法是（　　）。
   A. 高低點法　　　　　　　　　B. 散布圖法
   C. 迴歸直線法　　　　　　　　D. 直接分析法
3. 在管理會計中，狹義的相關範圍是指（　　）。
   A. 成本的變動範圍　　　　　　B. 業務量的變動範圍
   C. 時間的變動範圍　　　　　　D. 市場容量的變動範圍
4. 在應用高低點法進行成本性態分析時，選擇高點坐標的依據是（　　）。
   A. 最高的業務量　　　　　　　B. 最高的成本
   C. 最高的業務量和最高的成本　D. 最高的業務量或最高的成本
5. 在變動成本法中，產品成本是指（　　）。
   A. 製造費用　　　　　　　　　B. 生產成本
   C. 變動生產成本　　　　　　　D. 變動成本

6. 在變動成本法下,銷售收入減去變動成本等於( )。
   A. 銷售毛利　　　　　　　　B. 稅後利潤
   C. 稅前利潤　　　　　　　　D. 邊際貢獻
7. 如果完全成本法期末存貨吸收的固定性製造費用大於期初存貨釋放的固定性製造費用,則完全成本法與變動成本法計算的營業利潤比較的結果是( )。
   A. 相等　　　　　　　　　　B. 完全成本法計算的營業利潤較大
   C. 變動成本法計算的營業利潤較大　　D. 不確定
8. 下列項目中,不能列入變動成本法下產品成本的是( )。
   A. 直接材料　　　　　　　　B. 直接人工
   C. 變動性製造費用　　　　　D. 固定性製造費用
9. 下列項目中,能反應變動成本法局限性的說法是( )。
   A. 導致企業盲目生產　　　　B. 不利於成本控製
   C. 不利於短期決策　　　　　D. 不符合傳統的成本觀念
10. 用變動成本法計算產品成本時,對固定性製造費用的處理時( )。
    A. 不將其作為費用
    B. 將其作為期間費用,全額列入利潤表
    C. 將其作為期間費用,部分列入利潤表
    D. 在各單位產品間分攤

二、多項選擇題

1. 固定成本具有的特徵是( )。
   A. 固定成本總額的不變性
   B. 單位固定成本的反比例變動性
   C. 固定成本總額的正比例變動性
   D. 單位固定成本的不變性
2. 下列成本項目中,屬於酌量性固定成本的是( )。
   A. 新產品開發費　　　　　　B. 房屋租金
   C. 管理人員工資　　　　　　D. 廣告費
3. 成本性態分析最終將全部成本區分為( )。
   A. 固定成本　　　　　　　　B. 變動成本
   C. 混合成本　　　　　　　　D. 半變動成本
4. 下列成本項目中,可能屬於半變動成本的有( )。
   A. 電話費　　　　　　　　　B. 煤氣費
   C. 水電費　　　　　　　　　D. 折舊費
5. 歷史資料分析法具體包括的方法有( )。
   A. 高低點法　　　　　　　　B. 散布圖法
   C. 迴歸直線法　　　　　　　D. 階梯法
6. 在完全成本法下,期間費用包括( )。

A. 製造費用　　　　　　　　B. 財務費用
C. 銷售費用　　　　　　　　D. 管理費用

7. 在變動成本法下，屬於產品成本構成項目的有（　　）。
　A. 變動製造費用　　　　　　B. 直接材料
　C. 固定製造費用　　　　　　D. 直接人工

8. 變動成本法與完全成本法的區別表現在（　　）。
　A. 產品成本的構成內容不同　　B. 存貨成本水平不同
　C. 損益確定程序不同　　　　　D. 編製的損益表格式不同

9. 如果完全成本法與變動成本法計算的營業利潤差額不等於零，則完全成本法期末存貨吸收的固定性製造費用與期初存貨釋放的固定性製造費用的數量關係可能是（　　）。
　A. 前者等於后者　　　　　　B. 前者大於后者
　C. 前者小於后者　　　　　　D. 兩者為零

10. 完全成本法計入當期利潤表的期間成本包括（　　）。
　A. 固定性製造費用　　　　　B. 變動性製造費用
　C. 固定性銷售和管理費用　　D. 變動性銷售和管理費用

三、判斷題

1. 單位固定成本在一定相關範圍內不隨業務量發生任何數額變化。（　　）

2. 約束性固定成本是指受管理當局短期決策行為影響，可以在不同時期改變其數額的那部固定成本。（　　）

3. 成本性態分析是指在明確各種成本性態的基礎上，按照一定的程序和方法，最終將全部成本分為固定成本和變動成本兩大類，建立相應成本函數模型的過程。（　　）

4. 成本性態分析的最終結果是將企業的全部成本區分為變動成本、固定成本和混合成本三大類。（　　）

5. 在變動成本法下，本期利潤不受期初、期末存貨變動的影響；而在完全成本法下，本期利潤受期初、期末存貨變動的影響。（　　）

6. 變動成本法是指在組織常規的成本計算過程中，以成本性態分析為前提條件，只將變動生產成本作為產品成本的構成內容，而將固定生產成本及非生產成本作為期間成本，並按貢獻式損益確定程序計量損益的一種成本計算模式。（　　）

7. 採用變動成本法易導致盲目增產，造成社會資源浪費。（　　）

8. 在目前的現實情況下，變動成本法應用中的「雙軌制」是一種較為合理、切實可行的有效方法。（　　）

四、實踐練習題

實踐練習 1

某企業生產一種機床，最近五年的產量和歷史成本資料如表 2-10 所示。

表 2-10

年份	產量（千臺）	產品成本（萬元）
2006	60	500
2007	55	470
2008	50	460
2009	65	510
2010	70	550

要求：

（1）採用高低點法進行成本性態分析；

（2）採用迴歸直線法進行成本性態分析。

實踐練習 2

已知：某企業本期有關成本資料如下：單位直接材料成本為 10 元，單位直接人工成本為 5 元，單位變動性製造費用為 7 元，固定性製造費用總額為 4,000 元，單位變動性銷售和管理費用為 4 元，固定性銷售和管理費用為 1,000 元。期初存貨量為零，本期產量為 1,000 件，銷量為 600 件，單位售價為 40 元。

要求：分別按變動成本法和完全成本法的有關公式計算下列指標：①單位產品成本；②期間成本；③銷貨成本；④營業利潤。

實踐練習 3

已知：某廠只生產一種產品，第一、二年的產量分別為 30,000 件和 24,000 件，銷售量分別為 20,000 件和 30,000 件；存貨計價採用先進先出法。產品單價為 15 元/件，單位變動生產成本為 5 元/件；每年固定性製造費用的發生額為 180,000 元。銷售及管理費用都是固定性的，每年發生額為 25,000 元。

要求：分別採用變動成本法和完全成本法兩種成本計算方法確定第一、二年的營業利潤。

實踐練習 4

已知：某廠生產甲產品，產品售價為 10 元/件，單位產品變動生產成本為 4 元，固定性製造費用總額為 20,000 元，變動性銷售和管理費用為 1 元/件，固定性銷售和管理費用為 4000 元，存貨按先進先出法計價。最近三年的產銷量資料如表 2-11 所示。

表 2-11　　　　　　　　　　　　資料　　　　　　　　　　單位：件

項目	第一年	第二年	第三年
期初存貨量	0	0	2,000
本期生產量	5,000	8,000	4,000
本期銷售量	5,000	6,000	5,000
期末存貨量	0	2,000	1,000

要求：
（1）分別按變動成本法和完全成本法計算單位產品成本；
（2）分別按變動成本法和完全成本法計算期末存貨成本；
（3）分別按變動成本法和完全成本法計算期初存貨成本；
（4）分別按變動成本法和完全成本法計算各年營業利潤（編製利潤表）。

實踐練習 5

某公司生產一種產品，2007 年和 2008 年的有關資料如表 2-12 所示。

表 2-12

項目	2007 年	2008 年
銷售收入（元）	1,000	1,500
產量（噸）	300	200
年初產成品存貨數量（噸）	0	100
年末產成品存貨數量（噸）	100	0
固定生產成本（元）	600	600
銷售和管理費用（全部固定）（元）	150	150
單位變動生產成本（元）	1.8	1.8

要求：

（1）用完全成本法為該公司編製這兩年的比較利潤表，並說明為什麼銷售增加 50%，營業淨利潤反而大為減少。

（2）用變動成本法根據相同的資料編製比較利潤表，並將它同（1）中的比較利潤表進行對比，指出哪一種成本法比較重視生產，哪一種成本法比較重視銷售。

實踐練習 6——成本分解案例

上海某化工廠是一家大型企業。該廠在從生產型轉向生產經營型的過程中，從廠長到車間領導和生產工人都非常關心生產業績。過去，往往要到月底才能知道月度的生產情況，這顯然不能及時掌握生產信息，特別是成本和利潤兩大指標。如果心中無數，便不能及時地在生產過程的各階段進行控制和調整。該廠根據實際情況，決定採用量本利分析的方法來預測產品的成本和利潤。

首先以主要生產環氧丙錠和丙乙醇產品的五車間為試點。按成本與產量變動的依存關係，把工資費用、附加費、折舊費和大修理費等列作固定成本（約占總成本的 10%）。把原材料、輔助材料、燃料等其他要素作為變動成本（約占總成本的 65%），同時把水電費、蒸汽費、製造費用、管理費用（除折舊以外）列作半變動成本，因為這些費用與產量無直接比例關係，但也不是固定不變的（約占總成本的 25%）。

按照 1~5 月的資料，總成本、變動成本、固定成本、半變動成本和產量如表 2-13 所示。

表 2-13

月份	總成本 (萬元)	變動成本 (萬元)	固定成本 (萬元)	半變動成本 (萬元)	產量 (噸)
1	58.633	36.363	5.94	16.33	430.48
2	57.764	36.454	5.97	15.34	428.49
3	55.744	36.454	5.98	13.43	411.20
4	63.319	40.189	6.21	16.92	474.33
5	61.656	40.016	6.54	15.19	462.17
合計	297.116	189.476	30.52	77.21	2,206.67

1~5 月的半變動成本組成如表 2-14 所示。

表 2-14

月份	修理 (元)	扣下腳 (元)	動力 (元)	水費 (元)	管理費用 (元)	製造費用 (元)	合計 (萬元)
1	33,179.51	-15,926.75	85,560.82	19,837.16	35,680	4,995.28	16.33
2	26,286.10	-15,502.55	86,292.62	25,879.73	24,937	8,571.95	15.34
3	8,169.31	-2,682.75	80,600.71	16,221.10	26,599	5,394.63	13.43
4	12,540.31	-5,803.45	81,802.80	26,936.17	47,815	5,943.39	16.92
5	33,782.25	-26,372.5	83,869.45	24,962.00	30,234	5,423.88	15.19

會計人員用高低點法對半變動成本進行分解，結果是：單位變動成本為0.055,3萬元，固定成本為-9.31萬元。

固定成本是負數，顯然是不對的。用迴歸分析法求解，單位變動成本為0.0321萬元，固定成本為1.28萬元。

經驗算發現，1~5月固定成本與預計數1.28萬元相差很遠（1月：1萬元；2月：1.585萬元；3月：0.230萬元；4月：1.694萬元；5月：0.354元）。

會計人員感到很困惑，不知道問題出在哪裡。問應該採用什麼方法來劃分變動成本和固定成本？

第三章 本量利分析

【知識目標】

- 瞭解本量利分析的概念和前提假設
- 熟悉本量利分析的基本關係式、企業經營安全程度的評價指標
- 掌握保本點、保利點、保淨利點的有關公式及其運用

【能力目標】

- 理解本量利分析的含義和作用
- 熟練掌握保本點、保利點的計算，正確計算有關因素的變動對保本點、保利點影響和企業經營安全程度評價指標

第一節 本量利分析概述

本量利分析（Cost Volume Profit Analysis，CVP），是成本-產量（或銷售量）-利潤依存關係分析的簡稱，是在成本性態分析和變動成本計算法的基礎上進一步展開的一種分析方法。本量利分析是以數學化的會計模型與圖文來揭示固定成本、變動成本、銷售量、單價、銷售額、利潤等變量之間的內在規律性的聯繫，為會計預測、決策和規劃提供必要的財務信息的一種定量分析方法。它所提供的原理、方法在管理會計中有著廣泛的用途，可用於保本預測、銷售預測、生產決策、全面預算、成本控制、不確定分析、經營風險分析、責任會計等方面。

一、本量利分析基本模型的假設條件

任何科學的理論體系都要依靠公理和假設才能建立。同樣，本量利分析的理論也是建立在若干個基本假設之上的。

（一）銷售收入與銷售量呈完全線性關係的假設

在本量利分析中，通常都假設銷售單價是個常數，銷售收入與銷售量成正比，二者存在一種線性關係，即：銷售收入＝銷售量×單價。但這個假設只有在滿足以下條件時才能成立：產品基本上處於成熟期，其售價比較穩定；通貨膨脹率很低。

（二）變動成本與產量呈完全線性聯繫的假設

在本量利分析中，變動成本與產量（業務量）成正比例關係。這個假設只有在一

定的產量範圍內才能成立，若產量過低或超負荷生產，變動成本會增加。

(三) 固定成本保持不變的假設

本量利分析的線性關係假設，首先是指固定成本與產量無關，能夠保持穩定。這個假設也是在一定的相關範圍內成立。一般來說，在生產能力利用的一定範圍內，固定成本是穩定的。但超出這個範圍后，由於新增設備等原因，固定成本會突然增加。

(四) 品種結構不變的假設

這一假設假定一個銷售多種產品的企業，在銷售中各種產品的比例關係不會發生變化。但實際上很難做到始終按一個固定的品種結構模式均勻地銷售各種產品。一旦品種結構變動較大，而各種產品盈利水平又不一致時，計劃利潤與實際利潤就必然會有較大的出入。

(五) 產銷平衡的假設

產量的變動會影響到成本的高低，而銷量的變動則影響到收入的多少。基於產銷平衡的假設，在本量利分析模型中，通常不考慮「產量」而只考慮「銷量」這一數量因素。但在實際上，產銷常常是不平衡的，一旦二者有較大的差別，就需要考慮產量因素對本期利潤的影響。

(六) 會計數據可靠性的假設

這個假設認為，在進行本量利分析時，所使用的會計數據都是真實可靠的，不但會計提供的歷史成本數據是真實可靠的，而且根據這些歷史成本數據所確定的固定成本和變動成本也是真實可靠的。而這一切，又都是建立在會計人員可以把所有成本合理地分解成固定成本和變動成本，並且能確知它們與業務量的數量關係這個假設之上的。但實際上情況並非完全如此。首先，會計提供的歷史成本數據不一定真實可靠。其次，會計主管人員由於受到認識水平的限制和其他方面的制約，他們對成本性態的判定和混合成本的分解，也難免帶有或多或少的主觀隨意性。既然會計數據本身就可能不夠真實，那麼，根據它們所確定的固定成本和變動成本的數額自然也不可能是完全真實的。但是，指出會計數據並非完全可靠這一事實，並不是要使人們感到無所適從，而是要讓人們充分認識到有關假設的條件性與相對性。

二、本量利分析的基本公式

本量利分析是以成本性態分析和變動成本法為基礎的，其基本公式是變動成本法下技術利潤的公式。本量利分析的基本公式反應了固定成本（用 a 表示）、單位變動成本（用 b 表示）、產量或銷售量（用 x 表示）、單價（用 p 表示）、銷售收入（用 px 表示）和營業利潤（用 P 表示）等各因素之間的相互關係，即：

營業利潤＝銷售收入－總成本
　　　　＝銷售收入－變動成本－固定成本
　　　　＝單價×銷售量－單位變動成本×銷售量－固定成本
　　　　＝（單價－單位變動成本）×銷售量－固定成本

本量利分析方法的數學模型是在上述公式的基礎上建立起來的，上式被稱為本量利分析的基本公式。

三、邊際貢獻和邊際貢獻率的計算公式

本量利是成本管理會計的重要方法，其基本內容包括：①將總成本劃分為變動成本和固定成本；②計算產品的邊際貢獻；③確定產品生產銷售的保本點；④分析產品銷售的安全邊際等。邊際貢獻和邊際貢獻率是本量利分析中的核心指標。計算產品的邊際貢獻和邊際貢獻率是本量利分析的前提條件。

（一）邊際貢獻

邊際貢獻是指產品的銷售收入與相應變動成本的差額，也稱貢獻毛益、貢獻邊際。邊際貢獻首先應該用於補償固定成本，補償固定成本之後的餘額，即為企業的利潤。邊際貢獻有單位產品邊際貢獻和邊際貢獻總額兩種表現形式。其計算公式分別為：

單位邊際貢獻＝銷售單價－單位變動成本

$$=\frac{邊際貢獻總額}{銷售量}$$

＝銷售單價×邊際貢獻率

邊際貢獻總額＝銷售收入總額－變動成本總額

＝單位邊際貢獻×銷售量

＝銷售收入×邊際貢獻率

根據本量利基本公式，邊際貢獻、固定成本和營業利潤三者之間的關係可用下式表示：

營業利潤＝邊際貢獻－固定成本

產品提供的邊際貢獻首先用於補償企業的固定成本。只有當邊際貢獻大於固定成本時才能為企業提供利潤，否則企業將會出現虧損。邊際貢獻是反應企業盈利能力的一個重要指標，當企業進行短期經營決策時，一般都以提供邊際貢獻總額最大的備選方案為最優。

【例3-1】某公司生產的內存卡每件售價為100元，每件變動成本為70元，固定成本總額為75,000元，全年業務量（產銷一致）為3,000件。則內存卡的單位邊際貢獻與邊際貢獻總額分別為：

單位邊際貢獻＝100-70=30（元）

邊際貢獻總額＝30×3,000=90,000（元）

（二）邊際貢獻率

邊際貢獻率是指單位邊際貢獻於銷售價格之間的比率，或邊際貢獻總額與銷售總額之間的比率，它表示每百元銷售收入能提供的邊際貢獻。其計算公式為：

$$邊際貢獻率=\frac{單位邊際貢獻}{銷售單價}\times100\%$$

$$=\frac{邊際貢獻總額}{銷售收入總額}\times 100\%$$

【例 3-2】承上例，內存卡的邊際貢獻率 $=\frac{30}{100}\times 100\%=30\%$，即每產銷百元的產品，可以產生 30 元的邊際貢獻。

根據邊際貢獻指標，還可以測算出銷售額的變動對利潤的影響。假定該公司預測計算期增加銷售收入 60,000 元，固定成本總額不變，則根據邊際貢獻率可以預計利潤將增加 18,000 元（60,000×30%）。

與邊際貢獻率密切關聯的指標是變動成本率。所謂變動成本率，是指變動成本占銷售收入的百分比，或指單位變動成本占單價的百分比。其計算公式為：

$$變動成本率 = \frac{變動成本}{銷售收入} \times 100\%$$

$$= \frac{單位變動成本}{單價} \times 100\%$$

邊際貢獻率與變動成本率指標的關係為：

變動成本率 + 邊際貢獻率 = 1

變動成本率與邊際貢獻率屬於互補性質，凡是變動成本率低的企業，邊際貢獻率高，創利能力也強；反之，凡是變動成本率高的企業，邊際貢獻率低，創利能力弱。所以，邊際貢獻率的高低，在企業的經營決策中具有舉足輕重的作用。

【例 3-3】某企業只生產甲產品，單價為 1,000 元，單位變動成本為 550 元，固定成本為 400,000 元。2013 年生產經營能力為 25,000 件。要求：計算單位邊際貢獻、邊際貢獻總額、邊際貢獻率、變動成本率。

解：單位邊際貢獻 = 1,000 − 550 = 450（元）

邊際貢獻總額 = 450×25,000 = 11,250,000（元）

邊際貢獻率 = 11,250,000÷（25,000×1000）×100% = 45%

或　邊際貢獻率 = 450÷1,000×100% = 45%

變動成本率 = 550÷1,000×100% = 55%

第二節　保本點和保利點分析

保本點分析是本量利分析的核心內容，其計算方法由美國著名學者諾伊貝爾在 20 世紀 30 年代提出，它推動會計學的分析研究方法由事後向事前邁進了一大步。

一、保本點分析

所謂保本是指企業在一定時期內的收支相等、盈虧平衡、不盈不虧、利潤為零。保本分析是研究當企業恰好處於保本狀態時量本利關係的一種定量分析方法，是確定企業經營安全程度和進行保利分析的基礎，也叫做盈虧臨界分析、損益平衡分析。

保本點是企業管理中一項很重要的管理信息，它能幫助企業管理人員正確地把握產品銷售量（額）與企業盈利之間的關係。通常情況下，企業要盈利，其實際銷售量（額）一定要超過其保本點，而且，超過保本點后銷售越多，企業利潤增長就越快，這也是刺激企業生產經營不斷向規模經濟發展的一個重要的內在要素。

（一）保本點的含義

保本點也稱為盈虧臨界點、盈虧平衡點、損益平衡點等，是指企業經營達到不盈不虧的狀態的業務量的總稱。企業的銷售收入扣減變動成本后得到邊際貢獻，它首先要用於補償固定成本，只有補償固定成本後還有剩余，才能為企業提供最終的利潤；否則，就會發生虧損。如果邊際貢獻剛好等於固定成本，那就是不盈不虧的狀態。此時的銷售量就是保本點。

（二）單一品種的保本點的分析

單一品種的保本點確定可以根據本量利的基本公式、保本圖等方法確定。

1. 根據本量利的基本公式計算保本點

單一品種的保本點計算有兩種形式，可以根據保本點的定義，利用本量利的基本公式，求出保本量及保本額。

（1）按實物單位計算，即保本點銷售量（簡稱保本量）：

$$\text{保本點的銷售量（實物單位）} = \frac{\text{固定成本}}{\text{單價}-\text{單位變動成本}}$$

$$= \frac{\text{固定成本}}{\text{單位產品貢獻邊際}}$$

（2）按金額綜合計算，即保本點銷售額（簡稱保本額）：

$$\text{保本點的銷售量（金額）} = \frac{\text{固定成本}}{\text{邊際貢獻率}}$$

$$= \text{保本點的銷售量} \times \text{單價}$$

在多品種條件下，由於不同產品的銷售量不能直接相加，因而只能去確定總的保本額，不能確定總保本量。

【例3-4】按例3-1的資料。

要求：計算該企業的保本點指標。

解：保本量 $= \dfrac{75,000}{100-70} = 2,500$（件）

保本額 $= 2,500 \times 100 = 250,000$（元）

即該公司至少需生產2,500件內存卡、銷售收入達250,000元時，才能保證企業不盈不虧。

2. 根據保本圖確定保本點

圖解法是指通過繪製保本圖來確定保本點位置的方法。該方法是基於總收入等於總成本時企業恰好保本的原理。保本圖是將保本點反應在坐標系中。

保本點的位置，取決於固定成本、單位變動成本和銷售單價這幾個因素。圖3-1形象直觀地描述了這種關係：

图 3-1 保本图

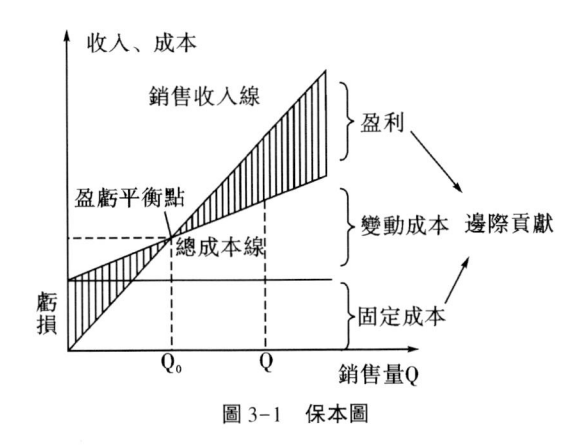

保本图的具体表现：

(1) 在固定成本、单位变动成本、销售单价不变的情况下，保本点是固定的。销售量越大，当销售量超过保本点时，实现的利润就越多；当销售量不足保本点，则亏损越少。反之，则是亏损越多或利润越少。

(2) 在总成本不变的情况下，临界点的位置随销售单价的升高而降低，随销售单价的降低而升高。

(3) 在销售单价、单位变动成本不变的情况下，固定成本越大，临界点的位置越高；反之，临界点的位置就越低。

(4) 在销售单价和固定成本不变的情况下，单位变动成本越高，盈亏临界点越高；反之亦然。

此方法的优点在于形象、直观，容易理解。但由于绘图比较麻烦，而且保本量和保本额数值的确定都需要在数轴上读取，容易造成结果的不准确。

(三) 多品种的保本点分析

对于只生产销售一种产品的企业而言，其保本点的预测是比较简单的，实际上大部分企业不可能只生产销售一种产品，往往有几种、几十种乃至几百种产品销售。多品种保本点分析是现代企业内部经营管理实现定量化和科学化的主要内容。

多品种保本点计算的主要方法有：加权平均边际贡献率法、加权平均单位贡献率法、分别计算法、主要品种法、联合单位法、顺序法等。在产销多种产品的情况下，由于产品的盈利能力不同，产品销售的品种结构的变化会导致企业利润水平出现相应变动，也会有不同的保本点。下面主要介绍两种常用方法：

1. 加权平均边际贡献率法

在企业同时产销多种产品的情况下，如果固定成本较难合理地分配，且难以区分主次产品时，一般多采用加权平均边际贡献率法。该方法是先确定整个企业的综合保本额，然后按销售比重确定各产品的保本点。其计算公式为：

$$综合保本销售额 = \frac{固定成本总额}{加权平均边际贡献率}$$

該方法計算的關鍵在於計算各種產品綜合邊際貢獻率,即以各種產品銷售比重為權數對其個別邊際貢獻率的加權平均。其計算步驟如下:

(1) 計算各種產品的銷售比重:

$$某種產品銷售比重 = \frac{該產品預計銷售額}{\sum 各種產品預計銷售額}$$

(2) 計算各種產品的加權平均邊際貢獻率:

$$加權平均邊際貢獻率 = \sum (某種產品銷售比重 \times 該產品邊際貢獻率)$$

(3) 計算企業綜合的保本點:

$$綜合保本銷售額 = \frac{固定成本總額}{加權平均邊際貢獻率}$$

(4) 計算各種產品的保本點:

$$某種產品保本銷售額 = 綜合保本銷售額 \times 該產品銷售比重$$

【例3-5】某企業計劃期擬產銷甲、乙、丙三種產品,固定成本為60,000元,預計銷售量及成本、單價資料如表3-1所示。

表3-1

產品	銷售單價(元)	單位變動成本(元)	銷售量(件)
甲產品	20	17	10,000
乙產品	40	32	2,500
丙產品	100	50	1,000

要求:計算保本點。

解:(1) 計算各種產品的銷售比重,見表3-2。

表3-2

產品	銷售量(件)	銷售單價(元)	銷售收入(元)	銷售比重(%)
甲產品	10,000	20	200,000	50
乙產品	2,500	40	100,000	25
丙產品	1,000	100	100,000	25
合計			400,000	100

(2) 計算各種產品的加權平均邊際貢獻率,見表3-3。

表3-3

產品	銷售單價(元)	單位變動成本(元)	單位邊際貢獻(元)	邊際貢獻率
甲產品	20	17	3	3÷20=15%
乙產品	40	32	8	8÷40=20%
丙產品	100	50	50	50÷100=50%

加權平均邊際貢獻率＝15%×50%＋20%×25%＋50%×25%＝25%
（3）計算企業綜合的保本點：
綜合保本銷售額＝60,000÷25%＝240,000（元）
（4）計算各種產品的保本點，見表3-4。

表 3-4

產品	保本銷售額	保本銷售量
甲產品	240,000×50%＝120,000 元	120,000÷20＝6,000 件
乙產品	240,000×25%＝60,000 元	60,000÷40＝1,500 件
丙產品	240,000×25%＝60,000 元	60,000÷100＝600 件

2. 聯合單位法

聯合單位法是指在事先掌握多品種之間客觀存在的相對穩定產銷實物量比例的基礎上，確定每一聯合單位的單價和單位變動成本，進行多品種條件下本量利分析的一種方法。這種方法一般適用於利用同一種原料生產性質相近的聯產品、且產品結構較穩定的企業，如化工企業等，其預測結構一般與加權平均邊際貢獻率法相同。

聯合單位是指由各產品按其銷售比重構成的一組產品，可用它來統一計量多品種生產企業的業務量，相應地可以借助單一產品的方法進行保本點預測。

如果企業生產的多個品種之間的實物產出量之間存在較穩定的數量關係，而且所有產品的銷路都很好，就可以用聯合單位代表按時間實物量比例構成的一組產品。聯合單位法的計算步驟如下：

（1）確定用銷售量表示的銷售組合。如企業生產的甲、乙、丙三種產品的銷量比例為3：2：1，則一個聯合單位就相當於三個甲、兩個乙和一個丙的集合。

（2）計算聯合單位的邊際貢獻：
聯合單位的邊際貢獻＝聯合單位的銷售單價－聯合單位變動成本
$= \sum$（某種產品的構成數量×該產品單價）
$-\sum$（某種產品的構成數量×該產品單位變動成本）
$= \sum$（每聯合單位包含某產品數量×該產品單位邊際貢獻）

（3）計算保本點聯合單位數量：

$$保本點聯合單位數量 = \frac{固定成本總額}{聯合單位的邊際貢獻}$$

（4）計算各種產品在保本點的銷售量：
某產品保本點的銷售量＝保本點聯合單位數量×聯合單位包含該產品數量

【例3-6】沿用例3-5的資料，要求：採用聯合單位法預測保本點。
（1）確定用銷售量表示的銷售組合：
每一聯合單位銷售量構成比例＝10,000：2,500：1,000＝10：2.5：1
即每聯合單位由10件甲產品、2.5件乙產品和1件丙產品構成。
（2）計算聯合單位的邊際貢獻：

聯合單位邊際貢獻 = 10×(20-17)+2.5×(40-32)+1×(100-50) = 100(元)

(3) 計算保本點聯合單位數量：

保本點聯合單位數量 = 60,000÷100 = 600 （件）

(4) 計算各種產品在保本點的銷售量：

甲產品的保本點銷售量 = 600×10 = 6,000 （件）

乙產品的保本點銷售量 = 600×2.5 = 1,500 （件）

丙產品的保本點銷售量 = 600×1 = 600 （件）

(四) 企業經營安全程度的評價指標

1. 安全邊際指標

與保本點相關的還有一個概念，即安全邊際。安全邊際是根據實際或預計的銷售業務量與保本業務量的差量確定的定量指標。它表明銷售量下降多少企業仍不至於虧損。它標誌著從現有銷售量或預計可達到的銷售量到盈虧臨界點還有多大的差距。此差距說明現有或預計可達到的銷售量再降低多少，企業才會發生損失。差距越大，則企業發生虧損的可能性就越小，企業的經營就越安全。

安全邊際可以用絕對數和相對數兩種形式來表現。其計算公式分別為：

安全邊際量 = 現有（實際）或預計（計劃）的銷售量 - 保本量

安全邊際額 = 現有（實際）或預計（計劃）的銷售額 - 保本額

$\quad\quad\quad\quad$ = 安全邊際量 × 單價

$$\text{安全邊際率} = \frac{\text{安全邊際量}}{\text{現有或預計銷售量}} \times 100\%$$

$$\quad\quad\quad = \frac{\text{安全邊際額}}{\text{現有或預計銷額}} \times 100\%$$

【例3-7】按【例3-1】、【例3-4】的資料。

要求：計算企業的安全邊際各項指標。

解：安全邊際量 = 3,000 - 2,500 = 500 （件）

安全邊際額 = 500×100 = 50,000 （元）

安全邊際率 = 500÷3,000×100% = 16.67%。

安全邊際量和安全邊際率都是正指標，即越大越好。一般用安全邊際率來評價企業經營的安全程度。西方企業評價安全程度的經驗標準如表3-5所示。

表3-5　　　　　　　　　　企業安全性經驗標準

安全邊際率	10%以下	11%~20%	21%~30%	31%~40%	41%以上
安全程度	危險	值得注意	比較安全	安全	很安全

安全邊際能夠為企業帶來利潤。我們知道，盈虧臨界點的銷售額除了彌補產品自身的變動成本外，剛好能夠彌補企業的固定成本，不能給企業帶來利潤。只有超過盈虧臨界點的銷售額，才能在扣除變動成本後，不必再彌補固定成本，而是直接形成企業的稅前利潤。用公式表示如下：

税前利润＝销售单价×销售量－单位变动成本×销售量－固定成本
　　　　＝（安全边际销售量＋盈亏临界点销售量）×单位贡献毛益－固定成本
　　　　＝安全边际销售量×单位贡献毛益
　　　　＝安全边际销售额×贡献毛益率

将上式两边同时除以销售额可以得出：

税前利润率＝安全边际率×贡献毛益率

2. 达到保本点的作业率

达到保本点的作业率是指保本点销售量或销售额占企业正常销售量的比重。它表明在保本的情况下，企业生产经营能力的利用程度。正常销售量是指在正常市场下和正常开工下企业的产销量。其计算公式为：

$$达到保本点的作业率 = \frac{保本点销售量}{现有或预计销量} \times 100\%$$

$$= \frac{保本点销售额}{现有或预计销额} \times 100\%$$

【例3-8】按【例3-1】、【例3-4】的资料。

要求：计算企业达到保本点的作业率。

解：达到保本点的作业率＝2,500÷3,000×100%＝83.33%。

即企业作业率至少要达到正常销售量的83.33%才能盈利，否则将发生亏损。

从上面的计算还可以看出：

达到保本点的作业率＋安全边际率＝1

达到保本点的作业率对安排企业生产具有一定的指导意义。

二、保利点分析

当企业的销售量超过保本点时，可以实现利润。企业的目标是尽可能地多超过保本点来实现利润目标，所以保利点分析是保本点分析的延伸和拓展。保利点分析即盈利条件下的本量利分析，其实质是逐一描述业务量、成本、单价、利润等因素相对于其他因素存在的定量关系的过程。

（一）保利点及其计算

保利点也叫做实现目标利润的业务量，是指在单价和成本水平确定的情况下，为确保预先确定的目标利润能够实现而应达到的销售量和销售额的统称。它包括保利量和保利额两项指标。

根据本量利的基本公式，可以推导出保利点的计算公式：

$$保利（销售）量 = \frac{固定成本＋目标利润}{单价－单位变动成本}$$

$$= \frac{固定成本＋目标利润}{单位边际贡献}$$

保利（销售）额＝单价×保利量

$$=\frac{固定成本+目標利潤}{邊際貢獻率}$$

$$=\frac{固定成本+目標利潤}{1-變動成本率}$$

【例3-9】某公司產品單價為800元，單位變動成本為650元，固定成本為90,000元。

要求：假設公司要實現的目標利潤為120,000元，求保利量和保利額。

保利（銷售）量＝（90,000+120,000）÷（800-650）＝1,400（件）

保利（銷售）額＝800×1,400＝1,120,000（元）

（二）保淨利點及其計算

當進行保本點分析時，不必考慮所得稅的影響。但是如果要計算特定淨利潤的銷售量，就要考慮所得稅的影響。如果目標利潤用稅後利潤表示，需要加上所得稅後才能得出營業收益。保淨利點又稱為實現目標淨利潤的業務量，是企業在一定時期繳納所得稅後實現的利潤目標，是利潤規劃的一個重要指標。

保淨利點包括保淨利量和保淨利額兩種形式。在計算保淨利點的過程中，需要考慮目標淨利潤及所得稅等因素。

在保利點公式的基礎上，可以推導出保淨利點的以下公式：

$$保淨利（銷售）量＝\frac{固定成本+\frac{目標淨利潤}{1-所得稅稅率}}{單價-單位變動成本}$$

保淨利（銷售）額＝單價×保淨利量

$$=\frac{固定成本+\frac{目標淨利潤}{1-所得稅稅率}}{邊際貢獻率}$$

【例3-10】承【例3-9】，假定企業的目標淨利潤為157,500元，所得稅稅率為25%，價格和成本水平維持不變。

要求：計算保淨利量和保淨利額。

解：

$$保淨利（銷售）量＝\frac{90,000+\frac{157,500}{1-25\%}}{800-650}＝2,000（件）$$

保淨利（銷售）額＝800×2,000＝1,600,000（元）

（三）相關因素變動對目標利潤的影響

在本量利分析中，某個變量的變動通常會影響到其他變量值，由於企業是在動態環境中從事經營，所以必須要瞭解價格、變動成本和固定成本所發生的變動。下面討論價格、單位變動成本和固定成本這三者變動對盈虧臨界點的影響。

1. 固定成本變動對實現目標利潤的影響

從實現目標利潤的模型中可以看出，若其他條件不變，固定成本與目標利潤之間是此消彼長的關係。固定成本降低，則目標利潤增大，使得實現目標利潤的銷售量降

低，盈虧臨界點降低。

2. 單位變動成本變動對實現目標利潤的影響

若其他條件既定，單位變動成本與目標利潤之間也是此消彼長的關係。單位變動成本降低，則目標利潤增大，使得實現目標利潤的銷售量降低，盈虧臨界點降低。

3. 單位售價對實現目標利潤的影響

單位售價的變動對盈虧臨界點的影響是最直接的，對實現目標利潤的影響也一樣。若其他條件既定，售價降低，則目標利潤減少，使得實現目標利潤的銷售量增大，盈虧臨界點增高；反之，售價增高，目標利潤增加，實現目標利潤的銷售量降低，盈虧臨界點降低。

4. 多種因素同時變動對實現目標利潤的影響

在現實經濟生活中，上述影響利潤的各個因素之間是有關聯性的。例如：為了提高產量，可能需要增加生產設備，導致固定成本的上升；為了銷售產品，可能會增加廣告費用等。企業往往採取降低固定成本、單位變動成本或者提高單價等綜合措施來增加利潤，在增加利潤的前提下，需要對所採取的措施進行權衡和測算。

第三節　保本點的敏感分析

在進行敏感性分析時，敏感性指的是所研究方案的影響因素發生改變時對原方案的經濟效果發生影響和變化的程度。如果引起的變化幅度很大，說明這個變動的因素對方案經濟效果的影響是敏感的；如果引起變動的幅度很小，說明這個因素是不敏感的。

敏感性分析是一種「如果……會怎麼樣」的分析技術，它要研究的是，當模型中的自變量發生變動時，因變量將會發生怎樣的變化。即在一定條件下，求得模型的滿意（可行）解之后，模型中的一個或幾個參數允許發生多大的變化，仍能使原來的滿意（可行）解不變；或當某個參數的變化已經超出允許的範圍，原來的滿意（可行）解已經不是滿意（可行）解時如何用最簡便的方法，求得新的滿意（可行）解。

一、保本點敏感分析的含義

保本點敏感性分析是指在現有或預計銷售量的基礎上測算影響保本點的各個因素單獨達到什麼水平時仍能確保企業不虧損的一種敏感性分析方法。

從本量利的基本公式可知，影響利潤的主要因素有產品單位售價、產品單位變動成本、銷售量和固定成本總額。追求利潤是企業的根本目標。因此，當企業處於不贏不虧的保本狀態時，其單位售價和銷售量達到了最小的臨界值，而其單位成本和固定成本總額達到了最大臨界值。當其他條件不變時，若某一條件超越了臨界值，企業就會出現虧損。計算確定這些因素的臨界值對於企業管理者做出何種決策是具有指導性作用的。

保本點敏感性分析的實質是在銷售量水平不變和其他兩個因素不變的前提下，分

別計算保本單價、保本單位變動成本和保本固定成本，從而確定影響企業保本點的單價、單位變動成本和固定成本等因素在現有水平的基礎上還有多大的變動餘地，以便企業及時採取對策。

二、保本點敏感性分析的假設

在進行保本點敏感性分析時，通常是以下幾個假設條件為前提的：①企業正常盈利的假設。假定已知的銷售量大於按照原有的單價、單位變動成本和固定成本確定的保本點，企業的安全邊際指標大於零，能夠實現盈利。②產品的銷售量為已知常數的假設。③各因素單獨變動的假設。利用保本點的計算公式，按照已知的銷售量分別計算新的保本單價、保本變動成本和固定成本時，假設其他兩個影響因素是不變的。

三、保本點敏感性分析的公式

保本固定成本總額＝（現有單價－現有單位變動成本）×現有銷售量

$$保本單位變動成本 = 現有單位售價 - \frac{現有固定成本}{現有銷售數量}$$

$$保本單位售價 = 現有單位變動成本 + \frac{現有固定成本}{現有銷售數量}$$

【例3-11】某企業只生產一種產品，2013年銷售量為30,000件，單位售價為100元，單位變動成本為70元，全年固定成本總額為600,000元，實現利潤600,000元。

要求：假定2014年各種條件不變，①計算概念的保本銷售量；②進行2014年的保本點敏感性分析。

解：①保本銷售量＝600,000÷（100－70）＝20,000（件）

②保本點的固定成本總額＝（100－70）×30,000＝900,000（元）

這意味著在其他條件不變的情況下，企業的固定成本總額的最大允許值為900,000元，超過900,000元企業將發生虧損。

保本點的單位變動成本＝100－（600,000÷30,000）＝80（元）

這意味著在其他條件不變的情況下，企業產品的單位變動成本的最大允許值為80元，即當企業的單位變動成本從2013年的60元升高到80元時，利潤將從600,000元降低為0，當企業的單位變動成本超過80元時，企業將發生虧損。

保本點的銷售單價＝70＋（600,000÷30,000）＝90（元）

這意味著在其他條件不變的情況下，產品的銷售單價的最小允許值為90元，單價低於90元企業將發生虧損。

本章小結

本章介紹了本量利分析的相關知識。其要點包括以下幾個方面：

1. 本量利分析的假設條件及基本公式。其一，假設條件包括：①銷售收入與銷售量呈完全線性關係的假設；②變動成本與產量呈完全線性聯繫的假設；③固定成本保

持不變的假設；④品種結構不變的假設；⑤產銷平衡的假設；⑥會計數據可靠性的假設。其二，基本公式：營業利潤（P）＝銷售收入－總成本。

2. 邊際貢獻和邊際貢獻率的公式。其一，邊際貢獻是指產品的銷售收入與相應變動成本的差額，也稱貢獻毛益、貢獻邊際。邊際貢獻首先應該用於補償固定成本，補償固定成本之后的餘額，即為企業的利潤。邊際貢獻有單位產品邊際貢獻和邊際貢獻總額兩種表現形式。其計算公式如下：①單位邊際貢獻＝銷售單價－單位變動成本；②邊際貢獻總額＝銷售收入總額－變動成本總額。其二，邊際貢獻率是指單位邊際貢獻於銷售價格之間的比率，或邊際貢獻總額與銷售總額之間的比率，它表示每百元銷售收入能提供的邊際貢獻。其計算公式為：邊際貢獻率＝$\frac{單位邊際貢獻}{銷售單價}\times 100\%$。

3. 保本點分析。保本點也稱為盈虧臨界點、盈虧平衡點、損益平衡點等，是指企業經營達到不盈不虧的狀態的業務量的總稱。可以根據本量利基本公式計算保本點，也可以根據保本圖確定保本點。

4. 保利點分析。保利點也叫做實現目標利潤的業務量，是指在單價和成本水平確定的情況下，為確保預先確定的目標利潤能夠實現而應達到的銷售量和銷售額的統稱。它包括保利量和保利額兩項指標。

5. 保本點的敏感性分析。保本點的敏感性分析是指在現有或預計銷售量的基礎上測算影響保本點的各個因素單獨達到什麼水平時仍能確保企業不虧損的一種敏感性分析方法。注意其假設前提及計算分析公式。

關鍵術語

本量利分析；保本點；保利點；敏感性分析；邊際貢獻；安全邊際

綜合練習

一、單項選擇題

1. 在本量利分析中，必須假定產品成本的計算基礎是（　　）。
   A. 完全成本法　　　　　　　　B. 製造成本法
   C. 吸收成本法　　　　　　　　D. 變動成本法
2. 進行本量利分析，必須把企業全部成本區分為固定成本和（　　）。
   A. 稅金成本　　　　　　　　　B. 材料成本
   C. 人工成本　　　　　　　　　D. 變動成本
3. 下列項目中，可據以判定企業經營安全程度的指標是（　　）。
   A. 保本量　　　　　　　　　　B. 貢獻邊際
   C. 保本作業率　　　　　　　　D. 保本額
4. 當單價單獨變動時，安全邊際（　　）。

A. 不會隨之變動　　　　　　　　B. 不一定隨之變動

C. 將隨之發生同方向變動　　　　D. 將隨之發生反方向變動

5. 已知企業只生產一種產品，單位變動成本為每件45元，固定成本總額60,000元，產品單價為120元。為使安全邊際率達到60%，該企業當期至少應銷售的產品為（　　）件。

A. 2,000　　　　　　　　　　　B. 1,333

C. 800　　　　　　　　　　　　D. 1,280

6. 已知企業只生產一種產品，單價5元，單位變動成本3元，固定成本總額600元，則保本銷售量為（　　）件。

A. 200　　　　　　　　　　　　B. 300

C. 120　　　　　　　　　　　　D. 400

7. 根據本量利分析原理，只提高安全邊際而不會降低保本點的措施是（　　）。

A. 提高單價　　　　　　　　　　B. 增加產量

C. 降低單位變動成本　　　　　　D. 降低固定成本

8. 已知某企業本年目標利潤為2,000萬元，產品單價為600元，變動成本率為30%，固定成本總額為600萬元，則企業的保利量為（　　）元。

A. 61,905　　　　　　　　　　　B. 14,286

C. 50,000　　　　　　　　　　　D. 54,000

9. 下列因素單獨變動時，不對保利點產生影響的是（　　）。

A. 成本　　　　　　　　　　　　B. 單價

C. 銷售量　　　　　　　　　　　D. 目標利潤

10. 在銷售量不變的情況下，保本點越高，能實現的利潤（　　）。

A. 越多　　　　　　　　　　　　B. 越少

C. 不變　　　　　　　　　　　　D. 越不確定

二、多項選擇題

1. 本量利分析的基本假設包括（　　）。

A. 相關範圍假設　　　　　　　　B. 線性假設

C. 產銷平衡假設　　　　　　　　D. 品種結構不變假設

2. 下列項目中，屬於本量利分析研究內容的有（　　）。

A. 銷售量與利潤的關係　　　　　B. 銷售量、成本與利潤的關係

C. 成本與利潤的關係　　　　　　D. 產品質量與成本的關係

3. 安全邊際指標包括（　　）。

A. 安全邊際量　　　　　　　　　B. 安全邊際額

C. 安全邊際率　　　　　　　　　D. 保本作業率

4. 保本點的表現形式包括（　　）。

A. 保本額　　　　　　　　　　　B. 保本量

C. 保本作業率　　　　　　　　　D. 貢獻邊際率

5. 下列項目中，可據以判定企業是否處於保本狀態的標誌有（　　）。
   A. 安全邊際率為零　　　　　　　B. 貢獻邊際等於固定成本
   C. 保本作業率為零　　　　　　　D. 貢獻邊際率等於變動成本率
6. 下列關於安全邊際及安全邊際率的說法中，正確的有（　　）。
   A. 安全邊際是正常銷售額超過盈虧臨界點銷售額的部分
   B. 安全邊際率是安全邊際量與正常銷售量之比
   C. 安全邊際率和保本作業率之和為1
   D. 安全邊際率數值越大，企業發生虧損的可能性越大
7. 下列各式中，計算結果等於貢獻邊際率的有（　　）。
   A. 單位貢獻邊際/單價　　　　　B. 1-變動成本率
   C. 貢獻邊際/銷售收入　　　　　D. 固定成本/保本銷售量
8. 貢獻邊際除了以總額的形式表現外，還包括以下表現形式（　　）。
   A. 單位貢獻邊際　　　　　　　　B. 稅前利潤
   C. 營業收入　　　　　　　　　　D. 貢獻邊際率
9. 下列項目中，其水平提高會導致保利點升高的有（　　）。
   A. 單位變動成本　　　　　　　　B. 固定成本總額
   C. 目標利潤　　　　　　　　　　D. 銷售量
10. 下列項目中，其變動可以改變保本點位置的因素包括（　　）。
    A. 單價　　　　　　　　　　　　B. 單位變動成本
    C. 銷售量　　　　　　　　　　　D. 目標利潤

三、判斷題

1. 本量利分析的各種模型既然是建立在多種假設的前提條件下，因而我們在實際應用時，不能忽視它們的局限性。（　　）
2. 若單位產品售價與單位變動成本發生同方向同比例變動，則盈虧平衡點的業務量不變。（　　）
3. 安全邊際率和保本作業率是互補的，安全邊際率高則保本作業率低，其和為1。（　　）
4. 銷售利潤率可以通過貢獻邊際率乘以安全邊際率求得。（　　）
5. 單價、單位變動成本及固定成本總額變動均會引起保本點、保利點同方向變動。（　　）
6. 在標準本量利關係圖中，當銷售量變化時，盈利三角區和虧損三角區都會變動。（　　）
7. 在貢獻式本量利關係圖中，銷售收入線與固定成本線之間的垂直距離是貢獻邊際。（　　）
8. 安全邊際和銷售利潤指標均可在保本點的基礎上直接套公式計算出來。（　　）
9. 保本圖的橫軸表示銷售收入和成本，縱軸表示銷售量。（　　）
10. 企業的貢獻邊際應當等於企業的營業毛利。（　　）

四、實踐練習題

實踐練習 1

已知：甲產品單位售價為 30 元，單位變動成本為 21 元，固定成本為 450 元。

要求：

(1) 計算保本點銷售量；

(2) 若要實現目標利潤 180 元，其銷售量是多少？

(3) 若銷售淨利潤為銷售額的 20%，其銷售量是多少？

(4) 若每單位產品變動成本增加 2 元，固定成本減少 170 元，計算此時的保本點銷售量；

(5) 就上列資料，若銷售量為 200 件，其單價應調整到多少才能實現利潤 350 元。假定單位變動成本和固定成本不變。

實踐練習 2

已知某企業組織多品種經營，本年的有關資料見表 3-6。

表 3-6

品種	銷售單價（元）	銷售量（件）	單位變動成本（元）
A	600	100	360
B	100	1000	50
C	80	3000	56

假定本年全廠固定成本為 109500 元。

要求：

(1) 計算綜合貢獻邊際率；

(2) 計算綜合盈虧臨界點銷售額；

(3) 計算每種產品的盈虧臨界點銷售額；

(4) 計算每種產品的盈虧臨界點銷售額。

實踐練習 3

已知：某公司只產銷一種產品，銷售單價為 10 元，單位變動成本為 6 元，全月固定成本為 20,000 元，本月銷售 8,000 件。

要求：

(1) 計算盈虧臨界點；

(2) 計算盈虧臨界點作業率、安全邊際、安全邊際率；

(3) 計算稅前利潤。

第四章　預測分析

【知識目標】

- 瞭解預測分析的意義及程序
- 理解預測分析的定義及特徵
- 掌握銷售預測的定性預測法
- 理解成本分析的程序、利潤預測、資金需求預測的方法

【能力目標】

- 掌握銷售預測的定量分析方法
- 掌握可比產品和非可比產品的成本預測
- 掌握利潤預測方法
- 掌握資金需求預測的銷售百分比法

第一節　預測分析概述

一、預測分析的含義

所謂預測是指根據過去或現在的資料和信息，運用已有的知識、經驗和科學的方法，對事物的未來發展趨勢進行預計和推測的過程。由此可見，預測是對未來不確定的或不知道的事件做出預計和推測，它不僅可以提高決策的科學性，而且可以使企業的經營目標同整個社會經濟的發展和消費者的需求相適應。預測分析是在企業經營預測過程中，根據過去和現在預計未來，以及根據已知推測未知的各種科學的專門分析方法。管理會計重點研究的是企業生產經營活動中的經營預測。

經營預測是指根據歷史資料和現在的信息，運用一定的科學預測方法，對未來經濟活動可能產生的經濟效益和發展趨勢做出科學的預計和推測的過程。管理會計中的預測分析，是指運用專門的方法進行經營預測的過程。

二、預測分析的意義

預測分析在提高企業經營管理水平和改善經濟效益等方面有著十分重要的意義。

（一）預測分析是進行經營決策的主要依據

企業的經營活動必須建立在正確的決策的基礎上，而科學的預測是進行正確決策

的前提和依據。通過預測分析，可以科學地確定商品的品種結構、最佳庫存結構等，合理安排和使用現有的人、財、物，全面協調整個企業的經營活動。

(二) 預測分析是編製全面預算的前提

為了減少生產經營活動的盲目性，企業要定期編製全面預算。而預算的前提，就是預測工作所提供的信息資料。科學的預測能夠避免主觀預計或任意推測，使企業計劃與全面預算合理、科學且切實可行。

(三) 預測分析是提高企業經濟效益的手段

以最少的投入取得最大的收益是企業的基本經營原則。通過預測分析，及時掌握國內外市場信息、市場銷售變動趨勢和科學技術發展動態，合理組織和使用各種資源，可以使企業降低消耗，增加銷售收入，提高經濟效益。

三、預測分析的特徵

在市場經濟體制下，企業的生產經營因受多方面的因素影響，所以必須深刻認識預測分析的特徵，遵循科學的原則，不斷改善預測方法，使其發揮應有的重要作用。

(一) 預測具有一定的科學性

因為預測是根據實地調查和歷史統計資料，通過一定的程序和計算方法，推算未來的經營狀況，所以基本上能反應經營活動的發展趨勢。從這一角度來看，預測具有一定的科學性。

(二) 預測具有一定的誤差性

預測是事先對未來經營狀況的預計和推測，而企業經營活動受各種因素的影響，未來的經營活動又不是過去的簡單重複，所以預測值與實際值之間難免存在一定的誤差，不可能完全一致。從這一角度來看，預測具有一定的誤差性。

(三) 預測具有一定的局限性

因為人們對未來經營活動的認識和預見，總帶有一定的主觀性和局限性，而且預測所掌握的資料有時不全、不太準確或者在計算過程中省略了一些因素，所以使得預測的結果不可能完整地、全面地表述未來的經營狀況，因而具有一定的局限性。

四、預測分析的程序

預測是一項複雜細緻的工作，必須有計劃有步驟地進行。預測分析一般包括以下步驟：

(一) 確定預測目標

即首先要弄清楚預測什麼，然後才能根據預測的具體對象和內容，確定預測的範圍，並規定預測的時間期限和數量單位等。

(二) 收集資料和信息

經營預測有賴於系統、準確和全面的資料和信息，所以，收集全面、可靠的信息

是開展經營預測的前提條件之一。

（三）選擇預測方法

預測方法多種多樣，既有定性預測方法，又有定量預測方法。我們應該結合預測對象的特點及收集到的信息，選擇恰當的、切實可行的預測方法。

（四）進行實際預測

運用所收集的信息和選定的預測方法，對預測對象提出實事求是的預測結果。

（五）對預測結果進行修正

隨著時間的推移，實際情況會發生各種各樣的變化，我們還應該根據情況的變化和採取的對策，對初步的預測結果進行修正，以保證預測結果盡可能符合變化的實際情況。

第二節　銷售預測

一、銷售預測的含義

廣義的銷售預測包括市場調查和銷售量預測，狹義的銷售預測僅指後者。市場調查是銷售量預測的基礎，是指通過瞭解與特定產品有關的供銷環境和各類市場的情況，做出該產品有無現實市場或潛在市場以及市場大小的結論的過程。銷售量預測也稱為產品需求量預測，是指根據市場調查所得的有關資料，通過對有關因素的分析研究，預計和測算特定產品在未來一定時期內的市場銷售量水平及其變化趨勢，進而預測企業產品未來銷售量的過程。

二、銷售預測的影響因素

儘管銷售預測十分重要，但進行高質量的銷售預測並非易事。在進行預測和選擇最合適的預測方法之前，瞭解對銷售預測產生影響的各種因素是非常重要的。

一般來講，在進行銷售預測時需要考慮兩大類因素：

（一）外部因素

1. 需求動向

需求是外部因素之中最重要的一項，如流行趨勢、愛好變化、生活形態變化、人口流動等，均可以成為產品（或服務）需求的質與量方面的影響因素，因此，必須加以分析與預測。企業應盡量收集有關對象的市場資料、市場調查機構資料、購買動機調查等統計資料，以掌握市場的需求動向。

2. 經濟變動

銷售收入深受經濟變動的影響，經濟因素是影響商品銷售的重要因素。為了提高銷售預測的準確性，應特別關注商品市場中的供應和需求情況。尤其近幾年來科技、

信息快速發展，更帶來無法預測的影響因素，導致企業銷售收入波動。因此，為了正確預測，需特別注意資源問題的未來發展、政府和財經界對經濟政策的見解以及基礎工業、加工業生產、經濟增長率等指標的變動情況。尤其要關注突發事件對經濟的影響。

　　3. 同業競爭動向

　　銷售額的高低深受同業競爭者的影響。古人雲「知己知彼，百戰不殆」，為了生存，必須掌握對手在市場的所有活動。例如，競爭對手的目標市場在哪裡、產品價格高低、促銷與服務措施等。

　　4. 政府、消費者團體的動向

　　考慮政府的各種經濟政策、方案措施以及消費者團體所提出的各種要求等。

(二) 內部因素

　　1. 營銷策略

　　市場定位、產品政策、價格政策、渠道政策、廣告及促銷政策等變更對銷售額所產生的影響。

　　2. 銷售政策

　　考慮變更管理內容、交易條件或付款條件、銷售方法等對銷售額所產生的影響。

　　3. 銷售人員

　　銷售活動是一種以人為核心的活動，所以人為因素對於銷售額的實現具有相當深遠的影響。

　　4. 生產狀況

　　貨源是否充足、能否保證銷售需要等。

三、銷售預測的方法

　　銷售預測的方法一般包括定性分析和定量分析兩大類，企業可以根據企業的實際情況採用適宜的方法進行銷售預測。

(一) 銷售預測的定性分析法

　　定性預測法是在預測人員具備豐富的實踐經驗和廣泛的專業知識的基礎上，根據其對事物的分析和主觀判斷能力對預測對象的性質和發展趨勢做出推斷的預測方法，如市場調研法和判斷分析法。這類方法主要是在企業所掌握的數據資料不完備、不準確的情況下使用，以通過對經濟形勢、國內外科學技術發展水平、市場動態、產品特點和競爭對手情況等情況資料的分析研究，對本企業產品的未來銷售情況做出質的判斷。

　　1. 市場調研法

　　市場調研法是指通過對某種產品在市場上的供需情況變動的詳細調查，瞭解各因素對該產品市場銷售的影響狀況，並據以推測該種產品市場銷售量的一種分析方法。

　　在這類方法下，其預測的基礎是市場調查所取得的各種資料，然後根據產品銷售的具體特點和調查所得資料的情況，採用具體的預測方法進行預測。

2. 判斷分析法

判斷分析法主要是根據熟悉市場未來變化的專家的豐富實踐經驗和綜合判斷能力，在對預測期銷售情況進行綜合分析研究以後所做出的產品銷售趨勢的判斷。參與判斷預測的專家既可以是企業內部人員（如銷售部門經理和銷售人員），也可以是企業外界的人員（如有關推銷商和經濟分析專家等）。

判斷分析法的具體方式一般可以分為下列三種：

（1）意見匯集法

意見匯集法也稱為主觀判斷法，它是由本企業熟悉銷售業務、對於市場的未來發展變化的趨勢比較敏感的領導人、主管人員和業務人員，根據其多年的實踐經驗集思廣益，分析各種不同意見並對之進行綜合分析評價後所進行的判斷預測。這一方法產生的依據是，企業內部的各有關人員由於工作崗位和業務範圍及分工有所不同，儘管他們對各自的業務都比較熟悉，對市場狀況及企業在競爭中的地位也比較清楚，但其對問題理解的廣度和深度往往受到一定的限制。在這種情況下，需要各有關人員既能對總的社會經濟發展趨勢和企業的發展戰略有充分的認識，又能全面瞭解企業當前的銷售情況，進行信息交流和互補，在此基礎上經過意見匯集和分析，就能做出比較全面、客觀的銷售判斷。

①高級經理意見法。高級經理意見法是依據銷售經理（經營者與銷售管理者為中心）或其他高級經理的經驗與直覺，通過一個人或所有參與者的平均意見求出銷售預測值的方法。

②銷售人員意見法。銷售人員意見法是利用銷售人員對未來銷售進行預測的方法。有時是由每個銷售人員單獨做出這些預測，有時則與銷售經理共同討論而做出這些預測。預測結果以地區或行政區劃匯總，一級一級匯總，最後得出企業的銷售預測結果。

③購買者期望法。許多企業經常關注新顧客、老顧客和潛在顧客未來的購買意向情況，如果存在少數重要的顧客佔據企業大部分銷售量這種情況，那麼購買者期望法是很實用的。這種預測方法首先是通過徵詢顧客或客戶的潛在需求或未來購買商品計劃的情況，瞭解顧客購買商品的活動、變化及特徵等；然後在收集消費者意見的基礎上分析市場變化，預測未來市場需求。

（2）專家小組法

專家小組法也屬於一種客觀判斷法。它是由企業組織各有關方面的專家組成預測小組，通過召開各種形式座談會的方式，進行充分廣泛的調查研究和討論；然後運用專家小組的集體科研成果做出最後的預測判斷。

（3）德爾菲法

德爾菲法又稱為專家調查法，它是一種客觀判斷法，由美國蘭德公司在20世紀40年代首先倡導使用。它主要是採用通信的方式，通過向見識廣、學有專長的各有關專家發出預測問題調查表的方式來搜集和徵詢專家們的意見，並經過多次反覆，綜合、整理、歸納各專家的意見以後，做出預測判斷。

【例4-1】某公司準備推出一種新產品，由於該新產品沒有銷售記錄，公司準備聘請專家共7人，採用德爾菲法進行預測，連續三次預測的結果見表4-1。

表 4-1　　　　　　　　　　　　　　　產品預測表　　　　　　　　　　　　單位：件

專家編號	第一次判斷			第二次判斷			第三次判斷		
	最高	最可能	最低	最高	最可能	最低	最高	最可能	最低
1	2,300	2,000	1,500	2,300	2,000	1,700	2,300	2,000	1,600
2	1,500	1,400	900	1,800	1,500	1,100	1,800	1,500	1,300
3	2,100	1,700	1,300	2,100	1,900	1,500	2,100	1,900	1,500
4	3,500	2,300	2,000	3,500	2,000	1,700	3,000	1,700	1,500
5	1,200	900	700	1,500	1,300	900	1,700	1,500	1,100
6	2,000	1,500	1,100	2,000	2,000	1,200	2,000	1,700	1,100
7	1,300	1,100	1,000	1,500	1,500	1,000	1,700	1,500	1,300
平均值	1,986	1,557	1,214	2,100	1,743	1,286	2,086	1,686	1,343

該公司在此基礎上，按最后一次預測的結果，採用算術平均法確定最終的預測值是1,705件即〔(2,086+1,686+1,343)／3〕。

(二) 銷售預測的定量分析法

定量預測法主要是根據有關的歷史資料，運用現代數學方法對歷史資料進行分析加工處理，並通過建立預測模型來對產品的市場變動趨勢進行研究並做出推測的預測方法，如趨勢預測分析法和因果預測分析法。這類方法是在擁有盡可能多的數據資料的前提下運用，以便能通過對數據類型的分析，確定具體適用的預測方法對產品的市場需求做出量的估計。

1. 趨勢預測分析法

趨勢預測分析法是應用事物發展的延續性原理來預測事物發展趨勢的一種方法。首先把本企業的歷年銷售資料按時間的順序排列下來，然後運用數理統計的方法來預計、推測計劃期間的銷售數量或銷售金額，故也稱時間序列預測分析法。這類方法的優點是收集信息方便、迅速；其缺點是對市場供需情況的變動因素未加考慮。

(1) 算術平均法

算術平均法是指以過去若干期的銷售量或銷售額的算術平均數作為計劃期的銷售預測數的一種方法。其計算公式為：

$$計劃期銷售預測值 = \frac{各期銷售量（額）之和}{期數}$$

【例4-2】某企業2013年上半年銷售A產品的情況如表4-2所示。

表 4-2　　　　　　　　某企業 A 產品銷售情況表　　　　　　　　單位：件

月份	1	2	3	4	5	6
銷售量	3,300	3,400	3,100	3,500	3,800	3,600

要求：採用算術平均法確定2012年7月份的銷售量。

解：7月份的銷售量預測值＝（3,300+3,400+3,100+3,500+3,800+3,600）
　　　　　　　　　　＝3,450（件）

算數平均法的優點是計算簡單；其缺點是沒有考慮近期銷售量的變化趨勢對預測值的影響，可能造成一定的預測誤差，所以適用於各期銷售量基本穩定的產品預測。

（2）移動平均法

移動平均法是指根據過去期間內的銷售量（額），按時間先後順序計算移動平均數以作為未來期間銷售預測值的一種方法。例如，若以3期為一個移動期，則預測6月份的銷售量以3、4、5月份的歷史資料為依據；若預測7月份的銷售量，則以4、5、6月份的資料為準。

計算移動平均數時一般採用簡單算術平均法。

【例4-3】沿用【例4-2】的資料。要求：採用移動平均法對銷售量進行預測。

表4-3　　　　　　　　　　產品銷售量資料及預測計算表　　　　　　　　單位：件

月份	產品實際銷售量	產品銷售量預測值	
		移動期為3	移動期為5
1	3,300	-	-
2	3,400	-	-
3	3,100	-	-
4	3,500	3,267	-
5	3,800	3,333	-
6	3,600	3,467	3,420
-	-	3,633	3,480

在計算移動平均數時，移動期數的長短要視具體情況而定。一般來說，若各期銷售量（額）波動不大，則宜採用較長的移動期進行平均；若各期銷售量波動較大，則宜採用較短的移動期進行平均。

（3）加權平均法

加權平均法是指對過去若干期間內的銷售量（額）按照近大遠小的原則分別確定出不同的權數，並計算銷售量（額）加權算術平均數以作為未來期間銷售預測值的一種方法。其計算公式為：

$$計劃期銷售預測值 = \frac{\sum 某期銷售量（額）\times 該期權數}{各期權數之和}$$

加權平均法對權數的確定可以採用以下兩種方法：

取絕對數權數。即按自然數序列1、2、3、…、n為時間序列各期銷售量（額）確定的權數，如第一期取權數為1，第二期取權數為2，…，第n期取權數為n。

取相對數權數。即為時間序列各期銷售量（額）確定遞增的相對權數，但必須使權數之和等於1。

【例4-4】沿用例4-2的資料。要求：分別採用兩種絕對數期數和相對數期數預測2013年7月份的銷售量。

若設絕對數權數：w＝1，w＝2，w＝3，w＝4，w＝5，w＝6。

解：7月份的銷售量預測值＝（3,300×1+3,400×2+3,100×3+3,500×4+3,800×5+3,600×6）÷（1+2+3+4+5+6）＝3,524（件）

若設絕對數權數：w＝0.07，w＝0.1，w＝0.14，w＝0.19，w＝0.23，w＝0.27。

7月份的銷售量預測值

＝2,300×0.07+3,400×0.1+3,100×0.14+3,500×0.19+3,800×0.23+3,600×0.27

＝3,516（件）

加權平均法與算術平均相比，彌補了算術平均法的缺陷，使企業的預測更加接近於實際，加大了預測期與近期的聯繫。但由於確定權數存在主觀性，因而可能出現預測的人為差異。

（4）指數平滑法

指數平滑法是指遵循「重近輕遠」的原則，對全部歷史數據採用逐步衰減的不等加權辦法進行數據處理的一種預測方法。指數平滑法通過對歷史時間序列進行逐層平滑計算，從而消除隨機因素的影響，識別經濟現象基本變化趨勢，並以此預測未來。它是短期預測中最有效的方法。使用指數平滑系數來進行預測，對近期的數據觀察值賦予較大的權重，而對以前各個時期的數據觀察值則順序地賦予遞減的權重。

其計算公式為：

計劃期（t+1）預測銷貨值＝a×第t期實際值+（1-a）×第t期預測值

平滑指數a是一個經驗數據，它具有修勻實際數據包含的偶然因素對預測值影響的作用。一般取值在0.3~0.7之間，在進行近期預測或者銷售量（額）變動較大的預測時，平滑指數應取得適當大些；在進行遠期預測或者銷售量（額）變動較小的預測時，平滑指數應取得適當小些。

【例4-5】沿用例4-2的資料。某企業2013年6月份的實際銷售量為3,600件，預測銷售量為3,750件，考慮近期實際銷售量對預測銷售量影響較大，取平滑指數為0.7。

要求：採用平滑指數法確定2013年7月份的銷售量。

解：7月份的銷售預測量＝3,600×0.7+（1-0.7）×3,750＝3,645（件）

2. 因果預測分析法

因果預測分析法是指利用事物發展的因果關係來推測事物發展趨勢的一種方法。它一般是根據過去掌握的歷史資料，找出預測對象的變量與其相關變量之間的依存關係，來建立相應的因果預測的數學模型，然後通過對數學模型的求解來確定對象在計劃期的銷售量或銷售額。

因果預測所採用的具體方法較多，最常用而且最簡單的是迴歸分析法。迴歸分析主要是研究事物變化中的兩個或兩個以上因素之間的因果關係，並找出其變化的規律，應用迴歸數學模型，預測事物未來的發展趨勢。在現實的市場條件下，由於企業產品的銷售量往往與某些變量因素（如國民生產總值、個人可支配的收入、人口、相關工

業的銷售量、需要的價格彈性或收入彈性等）之間存在著一定的函數關係，因此我們可以利用這種關係，選擇最恰當的相關因素建立起預測銷售量或銷售額的數學模型，這往往會比採用趨勢預測分析法獲得更為理想的預測結果。例如，輪胎與汽車，面料、輔料與服裝，水泥與建築之間存在著依存關係，而且都是前者的銷售量取決於後者的銷售量。所以，可以利用後者現成的銷售預測的信息，採用迴歸分析的方法來推測前者的預計銷售量（額）。這種方法的優點是簡便易行，成本低廉。

第三節　成本預測

一、成本預測的定義及意義

成本預測是指依據掌握的經濟信息和歷史成本資料，在認真分析當前各種技術經濟條件、外界環境變化及可能採取的管理措施的基礎上，對未來成本水平及其發展趨勢所做的定量描述和邏輯推斷。成本預測是成本管理的重要環節，實際工作中必須予以高度重視。

搞好成本預測的現實意義在於：①成本預測是進行成本決策和編製成本計劃的依據；②成本預測是降低產品成本的重要措施；③成本預測是增強企業競爭力和提高企業經濟效益的主要手段。

二、成本預測的程序

(一) 確定預測目標

進行成本預測，首先要有一個明確的目標。成本預測的目標又取決於企業對未來的生產經營活動所欲達成的總目標。成本預測目標確定之後，便可以明確成本預測的具體內容。

(二) 收集預測資料

成本指標是一項綜合性指標，涉及企業的生產技術、生產組織和經營管理等各個方面。在進行成本預測前，必須盡可能全面地佔有相關的資料，並應注意去粗取精、去偽存真。

(三) 提出假設，建立預測模型

在進行預測時，必須對已收集到的有關資料，運用一定的數學方法進行科學的加工處理，建立科學的預測模型，借以揭示有關變量之間的規律性聯繫。

(四) 選擇預測方法

這裡應當注意預測方法的選擇與配合問題。不應把某個預測方法當成對某一個預測問題的最終解決，因為每一種預測方法可能適用於某幾種預測問題，同時某一個預測問題又可能適用幾種預測方法。

（五）分析預測誤差，檢驗假設

每項預測結果有必要與實際結果進行比較，以發現和確定誤差的大小。所有預測報告都應當定期地不斷地用最新的數據資料去復核，檢驗所做假設是否可靠。

（六）修正預測結果

由於假設的存在，數學模型往往舍去了一些影響因素或事件，因此要運用定性預測方法對定量預測結果進行修正，以保證預測目標順利實現。

三、成本預測的方法

（一）可比產品成本預測

可比產品是指以往年度正常生產過的產品，其過去的成本資料比較健全和穩定。可比產品成本預測法是根據有關的歷史資料，按照成本習性的原理，建立總成本模型 $y=a+bx$。其中，a 表示固定成本總額、b 表示單位變動成本，然後利用銷售量的預測值預測出總成本的一種方法。常用的方法有高低點法、加權平均法和迴歸分析法等。

1. 高低點法

高低點法是指以成本性態分析為基礎，以過去一定時期內的最高業務量和最低業務量的成本之差除以最高業務量和最低業務量之差，計算出單位變動成本（b），然後據以計算出固定成本（a），並據此推算出在計劃期內一定產量條件下的總成本和單位成本的一種方法。

高低點法通常按以下步驟進行：

（1）確定最高點和最低點。

（2）根據總成本模型 $y=a+bx$ 列出一個二元一次方程組。

$Y_{高} = a + bx_{高}$

$Y_{低} = a + bx_{低}$

（3）根據方程組求得 a 和 b。

$b = \dfrac{y_{高} - y_{低}}{x_{高} - x_{低}}$

$a = y_{高} - bx_{高}$ 　或　 $a_{低} = y - bx_{低}$

【例4-6】某企業 2013 年 1~5 月份甲產品的產量與總成本的資料見表 4-4。如果預計 2013 年 6 月份的產量為 290 件。

要求：採用高低點法預測 2013 年 6 月份的成本總額。

表 4-4　　　　　　　　　　　產量與總成本表　　　　　　　　　　單位：元

月份	生產量（X_i）	總成本（Y_i）
1	200	110,000
2	240	130,000
3	260	140,000

表4-4(續)

月份	生產量（X_i）	總成本（Y_i）
4	280	150,000
5	300	160,000

解：根據以上資料，採用高低點法求 a 和 b 的值。
b =（160,000-110,000）÷（300-200）= 500
將 b = 500 代入 Y = a+bX，得：a = 160,000-500×300 = 10,000（元）
6 月份的產量 = 10,000+290×500 = 150,000（元）
高低點法是一種非常簡便的預測方法。但是，由於該方法僅使用個別成本資料，故難以精確反應成本變動的趨勢。

2. 加權平均法

加權平均法是指通過對不同時期的成本資料給予不同的權數，然後直接對各期的成本資料加權平均求得 a、b 值，以期實現對總成本預測的一種方法。其計算公式為：

$$y = \frac{\sum wa}{\sum w} + \frac{\sum wb}{\sum w} x$$

加權平均法適用於企業的歷史成本資料具有詳細的固定成本總額和單位變動成本數據的情況。

【例 4-7】某企業近 3 年來乙產品的成本資料如表 4-5 所示。

表 4-5　　　　　　　　　　成本資料表　　　　　　　　　　單位：元

年份	固定成本總額（a）	單位變動成本（b）
2011	600,000	40
2012	660,000	34
2013	700,000	30

若設 2011 年權數為 1，2012 年權數為 2，2013 年權數為 3。
要求：採用加權平均法預測 2014 年生產 900,000 件的成本總額。
2014 年預測成本總額

$$= \frac{600,000 \times 1 + 660,000 \times 2 + 700,000 \times 3}{1+2+3} + \frac{40 \times 1 + 34 \times 2 + 30 \times 3}{1+2+3} \times 900,000$$

= 30,370,000（元）

3. 迴歸分析法

迴歸分析法是指根據計算方程式 y = a+bx，按照最小平方法的原理來確定一條最能反應自變量 x（即銷售量）與因變量 y（即成本總額）之間的關係的直線，並以此來預測成本總額的一種方法。其 b、a 的計算公式分別為：

$$b = \frac{n\sum xy - \sum x \sum y}{n\sum x^2 - (\sum x)^2}$$

$$a = \frac{\sum y - b \sum x}{n}$$

在企業的歷史資料中,產品單位產品成本忽高忽低時,適合採用此方法。

【例4-8】某企業2014年7~12月份生產的丙產品的產量及成本資料如表4-6所示,預計2015年1月份丙產品產量為52件。

表4-6　　　　　　　　丙產品2014年7~12月份產量及成本資料

月份	7	8	9	10	11	12
產量（件）	40	42	45	43	46	50
總成本（元）	8,800	9,100	9,600	9,300	9,800	10,500

要求：採用迴歸分析法預測2015年5月份丙產品的成本總額。

解：

表4-7　　　　　　　　迴歸直線法計算表

月份	x	y	xy	x^2
7	40	8,800	352,000	1,600
8	42	9,100	382,000	1,964
9	45	9,600	432,000	2,025
10	43	9,300	399,900	1,849
11	46	9,800	450,800	2,116
12	50	10,500	525,000	2,500
n=6	$\sum x = 266$	$\sum y = 57,100$	$\sum xy = 2,541,900$	$\sum x^2 = 11,854$

代入上面的公式求得 b = 170.65　　a = 1,951.19

則總成本性態模型為：y = 1,951.19 + 170.65x

2015年1月份成本的預測值 = 1,951.19 + 170.65×52 = 10,825（元）

(二) 不可比產品成本預測法

不可比產品是指企業過去沒有正式生產過的產品,其成本無法進行比較,所以不能採用像可比產品一樣的方法來控製成本支出。常用的方法有技術測定法、目標成本法等。

1. 技術測定法

技術測定法是指在充分挖掘潛力的基礎上,根據產品設計結構、生產技術和工藝方法,對影響人力、物力消耗的各個因素逐個進行技術測試和分析計算,從而確定產品成本的一種方法。

該方法比較科學,預測也比較準確,但由於需要逐項測試,所以工作量比較大,一般適用於品種少、技術資料比較齊全的成本預測。

2. 目標成本法

目標成本法是指為實現目標利潤所應達到的成本水平或應控製的成本限額。它是在銷售預測和利潤預測的基礎上，結合本量利分析預測目標成本的一種方法。

目標成本預測的方法很多，主要有倒扣測算法、比率測算法、直接測算法等。

（1）倒扣測算法

倒扣測算法是指在事先確定目標利潤的基礎上，首先預計產品的售價和銷售收入，然後扣除價內稅和目標利潤，餘額即為目標成本的一種預測方法。

此方法既可以預測單一產品生產條件下的產品目標成本，還可以預測多產品生產條件下的全部產品的目標成本；當企業生產新產品時，也可以採用這種方法預測，此時新產品目標成本的預測與單一產品目標成本的預測相同。相關的計算公式為：

單一產品生產條件下產品目標成本＝預計銷售收入－應交稅費－目標利潤

多產品生產條件下全部產品目標成本＝Σ 預計銷售收入－Σ 應交稅費－總體目標利潤

公式中的銷售收入必須結合市場銷售預測及客戶的訂單等予以確定；應交稅費是指應繳流轉稅金，它必須按照國家的有關規定予以繳納，由於增值稅是價外稅，因此這裡的應交稅費不包括增值稅；目標利潤通常可以採用先進（指同行業或企業歷史較好水平）的銷售利潤率乘以預計的銷售收入、先進的資產利潤率乘以預計的資產平均占用額，或先進的成本利潤率乘以預計的成本總額確定。

這種方法以確保目標利潤的實現為前提條件，堅持以銷定產原則，目標成本的確定與銷售收入的預計緊密結合。需要注意的是，以上計算公式是建立在產銷平衡假定的基礎上的。實際中，多數企業產銷不平衡。在這種情況下，企業應結合期初、期末產成品存貨的預計成本倒推產品生產目標成本。

【例4-9】某企業生產的某產品，假定該產品產銷平衡，預計明年該產品的銷售量為1,500件，單價為50元。生產該產品需交納17%的增值稅，銷項稅與進項稅的差額預計為20,000元。另外，還應交納10%的消費稅、7%的城市維護建設稅、3%的教育費附加。如果同行業先進的銷售利潤率為20%。

要求：運用倒扣測算法預測某企業該產品的目標成本。

解：

目標利潤＝1,500×50×20%＝15,000（元）

應交稅費＝1,500×50×10%＋(20,000＋1,500×50×10%)×(7%＋3%)＝10,250（元）

目標成本＝1,500×50－10,250－15,000＝49,750（元）

（2）比率測算法

比率測算法是倒扣測算法的延伸，它是依據成本利潤率或銷售利潤率來測算單位產品目標成本的一種預測方法。這種方法要求事先確定先進的成本利潤率或銷售利潤率，並以此推算目標成本。其計算公式為：

目標成本＝產品預計銷售收入×(1－稅率)÷(1＋成本利潤率)

目標成本＝預計銷售收入×(1－銷售利潤率)

【例4-10】某企業只生產一種產品，預計單價為2,000元，銷售量為3,000件，稅率為10%，成本利潤率為20%。

要求：運用比率測算法測算該企業的目標成本。

解：單位產品目標成本＝2,000×（1-10%）÷（1+20%）＝1,500元

企業目標成本＝1,500×3,000＝4,500,000（元）

（3）直接測算法

直接測算法是指根據上年預計成本總額和企業規劃確定的成本降低目標來直接推算目標成本的一種預測方法。

通常成本計劃是在上年第四季度進行編製，因此目標成本的測算只能建立在上年預計平均單位成本的基礎上，計劃期預計成本降低率可以根據企業的近期規劃事先確定。另外，還需通過市場調查預計計劃期產品的生產量。

這種方法建立在上年預計成本水平的基礎之上，從實際出發，實事求是，充分考慮降低產品成本的內部潛力，僅適用於可比產品目標成本的預測。

第三節　利潤預測

一、利潤預測的含義

利潤預測是指按照企業經營目標的要求，通過綜合分析影響利潤變動的價格、成本、產銷量等因素，測算企業在未來一定時期內可能達到的利潤水平和利潤變動趨勢的一種方法。

二、利潤預測的方法

（一）本量利分析法

本量利分析法是指在成本性態分析和保本分析的基礎上，根據有關產品成本、價格、業務量等因素與利潤的關係確定預測期目標利潤的一種方法。

其計算公式為：

預測期目標利潤＝銷售量×單價-銷售量×單位變動成本-固定成本總額

　　　　　　　＝邊際貢獻-固定成本總額

　　　　　　　＝銷售收入×邊際貢獻率-固定成本總額

　　　　　　　＝（預計銷售量-保本點銷售量）×單位邊際貢獻

　　　　　　　＝（預計銷售額-保本點銷售額）×邊際貢獻率

【例4-11】某企業2014年銷售量的預測值為8,000件，現知該產品的銷售價格為每臺1,000元，單位變動成本為700元，全年固定成本總額為1,100,000元。

要求：採用本量利分析法預測2015年的目標利潤。

解：

2015年度目標利潤的預測值＝8,000×（1,000-700）-1,100,000

　　　　　　　　　　　　＝1,300,000（元）

(二) 比率法

1. 銷售增長比率法

銷售增長比率法是指以基期實際銷售利潤與預計銷售增長比率為依據計算目標利潤的一種方法。該方法假定利潤與銷售同步增長。其計算公式為：

預測期目標利潤＝基期銷售利潤×（1＋預計銷售增長比率）

【例4-12】某企業2014年實際銷售利潤為140萬元，實際銷售收入為1,800萬元。預計2015年銷售額為2,070萬元。

要求：採用銷售增長比率法預測2015年的目標利潤。

解：

2015年預計銷售收入增長率＝（2,070－1,800）÷1,800×100%＝15%

2015年度目標利潤的預測值＝140×（1＋15%）＝161（萬元）

2. 資金利潤率法

資金利潤率法是指根據企業預計資金利潤率水平，結合基期實際資金的占用狀況與未來計劃投資額來確定目標利潤的一種方法。其計算公式為：

預測期目標利潤＝（基期占用資金＋計劃投資額）×預計資金利潤率

【例4-13】某企業2014年實際固定資產占用額為2,400萬元，全部流動資金占用額為800萬元。2015年度計劃擴大生產規模，追加固定資產520萬元，流動資金80萬元，預計2015年資金利潤率為10%。

要求：採用資金利潤率法預測2015年的目標利潤。

解：

2013年度目標利潤的預測值＝（2,400＋800＋520＋80）×10%＝380（萬元）

3. 利潤增長比率法

利潤增長比率法是指根據企業基期已經達到的利潤水平，結合近期若干年（通常為3年）利潤增長比率的變動趨勢，以及影響利潤的有關因素在未來可能發生的變動等情況，確定一個相應的預計利潤增長比率，來確定目標利潤的一種方法。其計算公式為：

預測期目標利潤＝基期銷售利潤×（1＋預計利潤增長比率）

第四節　資金需求預測

一、資金需求預測的含義

資金需求預測是以預測期內企業生產經營規模的發展和資金利用效果的提高為依據，在分析有關歷史資料、技術經濟條件和發展規劃的基礎上，對預測期內的資金需要量進行科學預測的一種方法。

二、資金需求預測的方法

資金需要量預測最常用的方法有因素分析法和銷售百分比法。

(一) 因素分析法

因素分析法是指以有關項目基期年度的平均資金需要量為基礎，根據預測年度的生產經營任務和資金週轉加速的要求，進行分析調整，來預測資金需要量的一種方法。其計算公式為：

資金需要量＝(基期資金平均占用額－不合理資金占用額)×(1±預測期銷售增減率)×(1±預測期資金週轉速度變動率)

(二) 銷售百分比法

銷售百分比法是指根據資產、負債各個項目與銷售量(額)之間的依存關係，並假設這些關係在將來保持不變的情況下，利用基期資產、負債各項目與銷售量(額)的比例關係來預計相應資金需求量的一種方法。

銷售百分比法的計算步驟如下：

1. 分析基期資產負債表各個項目與銷售收入總額之間的依存關係

將資產負債表上的全部項目劃分為敏感性項目和非敏感性項目。敏感性項目是指其金額隨銷售收入自動成正比例增減變動的項目；非敏感性項目是指其金額不隨銷售收入自動成正比例增減變動的項目。

敏感性資產項目一般包括貨幣現金、應收帳款和存貨等流動資產項目，如果企業的生產能力沒有剩餘，那麼繼續增加銷售收入就需要增加新的固定資產投資。在這種情況下，固定資產也成為敏感性資產。如固定資產若未被充分利用，可以進一步挖掘其利用潛力，則增加銷售不需要增加固定設備，此時固定資產是非敏感性項目。至於長期投資和無形資產等項目一般不隨銷售量(額)的增長而增加，所以是非敏感性項目。

敏感性負債項目一般包括應付帳款、應交稅費、應付票據、其他應付款等。由於長短期借款都是人為可以安排的，不隨銷售收入自動成比例變動，所以是非敏感性項目。

2. 計算敏感性項目基期的銷售百分比

根據基期資產負債表，按基期銷售收入計算敏感項目金額占銷售收入的百分比。其計算公式為：

$$某項目的銷售百分比 = \frac{該項目基期資產負債表金額}{基期銷售收入} \times 100\%$$

3. 確定企業提取的可利用折舊和內部留存收益

企業在生產經營過程中，固定資產折舊是屬於企業回收投資的資金，這部分資金扣除用於固定資產改造後的餘額可以用以彌補生產經營中資金的不足，從而加快資金的週轉。

企業除了利用折舊外，還可以利用企業內部的留存收益，將其在籌措資金時考慮

進去，可以優化資金的使用效率，要確定企業內部的留存收益就必須準確地預測出企業的年度利潤和股利分配率。

4. 估計企業零星資金的需要量

在考慮了上述因素後還要考慮到企業零星資金的需要量，因為這部分資金可以保障企業在日常經營活動中的零星支出。

5. 綜合上述指標因素，求出企業需要追加的資金量

預測期需追加的資金量＝由於銷售增長所增加的資金占用量－由於銷售增長所增加的負債占用量－可利用折舊－留存收益＋零星資金需要量

即：預測期需追加的資金量 $= \left(\dfrac{A_0}{S_0} - \dfrac{L_0}{S_0} \right) (S_1 - S_0) - D - S_1 R_0 (1-f) + M_1$

式中：A_0——基期與銷售收入相關的資產項目金額；

L_0——基期與銷售收入相關的負債項目金額；

S_0——基期銷售收入總額；

S_1——預測期銷售收入總額；

D——預測期淨折舊額，即預測期期末的折舊提取數額減去預計預測期內固定資產更新改造的資金數額；

R_0——基期銷售利潤率；

f——股利發放率；

M_1——預測期新增零星資金需要量。

【例4-14】某企業在基期（2014）的實際銷售收入總額是 500,000 元，淨利潤 20,000元，發放普通股股利 10,000 元，基期的廠房設備利用率已經達到飽和狀態。該公司 2014 年年末的資產負債情況如表4-8 所示。

表 4-8　　　　　　　　某企業資產負債表（簡表）

資產		負債及所有者權益	
現金	10,000	應付帳款	50,000
應收帳款	85,000	應交稅費	25,000
存貨	100,000	長期借款	115,000
廠房設備	150,000	實收資本	200,000
無形資產	55,000	留存收益	10,000
資產總計	400,000	權益總計	400,000

若該公司在計劃年度（2015）銷售收入總額增加至 800,000 元，股利發放率與基期相同，折舊準備提取數為 20,000 元，其中 70%用於改造現有廠房設備，又假定計劃期間零星資金需要量為 14,000 元。

要求：預測 2015 年需要追加資金的數量。

解：

表 4-9　　　　　　　　　　　銷售百分比形式的資產負債表

資產		負債及所有者權益	
現金	2%	應付帳款	10%
應收帳款	17%	應交稅費	5%
存貨	20%	長期借款	(不適用)
廠房設備	30%	實收資本	(不適用)
無形資產	(不適用)	留存收益	(不適用)
A/S_0 總計	69%	L/S_0 總計	15%

由 $(A/S_0) - (L/S_0) = 54\%$ 可知，該公司每增加 100 元銷售收入，需要增加資金 54 元。

2014 年需要追加資金

$= [(A/S_0) - (L/S_0)](S_1 - S_0) - D - S_1 R_0 (1-f) + M_1$

$= (69\% - 15\%) \times (800,000 - 500,000) - 20,000 \times (1 - 70\%) - 800,000 \times 20,000/500,000 \times [1 - (10,000 \div 20,000)] + 14,000$

$= 154,000$（元）

本章小結

預測分析是在企業經營預測過程中，根據過去和現在預計未來，以及根據已知推測未知的各種科學的專門分析方法。管理會計重點研究的是企業生產經營活動中的經營預測。經營預測是指根據歷史資料和現在的信息，運用一定的科學預測方法，對未來經濟活動可能產生的經濟效益和發展趨勢做出科學的預計和推測的過程。

銷售預測也稱為產品需求量預測，是指根據市場調查所得的有關資料，通過對有關因素的分析研究，預計和測算特定產品在未來一定時期內的市場銷售量水平及其變化趨勢，進而預測企業產品未來銷售量的過程。

銷售預測的方法一般包括定性分析和定量分析兩大類。定性預測法是在預測人員具備豐富的實踐經驗和廣泛的專業知識的基礎上，根據其對事物的分析和主觀判斷能力對預測對象的性質和發展趨勢做出推斷的預測方法，如市場調研法和判斷分析法；定量預測法主要是根據有關的歷史資料，運用現代數學方法對歷史資料進行分析加工處理，並通過建立預測模型來對產品的市場變動趨勢進行研究並做出推測的預測方法，如趨勢預測分析法和因果預測分析法。

成本預測是指依據掌握的經濟信息和歷史成本資料，在認真分析當前各種技術經濟條件、外界環境變化及可能採取的管理措施的基礎上，對未來成本水平及其發展趨勢所做的定量描述和邏輯推斷。成本預測方法包括可比產品成本預測和不可比產品成本預測。

利潤預測是指按照企業經營目標的要求，通過綜合分析影響利潤變動的價格、成

本、產銷量等因素，測算企業在未來一定時期內可能達到的利潤水平和利潤變動趨勢的一種方法。利潤預測的方法包括本量利分析法和比率法。

資金需求預測是指以預測期內企業生產經營規模的發展和資金利用效果的提高為依據，在分析有關歷史資料、技術經濟條件和發展規劃的基礎上，對預測期內的資金需要量進行科學預測的一種方法。資金需要量預測最常用的方法有因素分析法和銷售百分比法。

關鍵術語

預測分析；銷售預測；成本預測；利潤預測；資金需求預測；定性分析法；定量分析法

綜合練習

一、單項選擇題

1. 預測方法分為定量分析法和（　　）兩大類。
   A. 平均法　　　　　　　　B. 定性分析法
   C. 迴歸分析法　　　　　　D. 指數平滑法

2. 假設平滑指數＝0.6，9月份實際銷售量為600千克，原來預測9月份銷售量為630千克，則預測10月份的銷售量為（　　）千克。
   A. 618　　　　　　　　　　B. 600
   C. 612　　　　　　　　　　D. 630

3. 預測分析的內容不包括（　　）。
   A. 銷售預測　　　　　　　B. 利潤預測
   C. 資金預測　　　　　　　D. 所得稅預測

4. 下列項目中，適用於銷售業務略有波動的產品的預測方法是（　　）。
   A. 加權平均法　　　　　　B. 移動平均法
   C. 趨勢平均法　　　　　　D. 平滑指數法

5. 通過函詢方式，在互不通氣的情況下向若干專家分別徵求意見的方法是（　　）。
   A. 專家函詢法　　　　　　B. 專家小組法
   C. 專家個人意見法　　　　D. 德爾菲法

6. 下列各種銷售預測方法中，屬於沒有考慮遠近期銷售業務量對未來銷售狀況會產生影響的方法是（　　）。
   A. 加權平均法　　　　　　B. 移動平均法
   C. 算術平均法　　　　　　D. 平滑指數法

7. 不可比產品是指企業以往年度（　　）生產過、其成本水平無法與過去進行比

較的產品。

A. 從來沒有　　　　　　　　B. 沒有正式

C. 沒有一定規模　　　　　　D. 沒有計劃

8. 比較科學、預測也比較準確，但由於需要逐項測試，所以工作量比較大的成本預測方法是（　　）。

A. 專家意見法　　　　　　　B. 移動加權平均法

C. 技術測定法　　　　　　　D. 目標成本法

9. 某企業2014年銷售利潤為140萬元，銷售收入為1,200萬元。如果2015年銷售額為1,560萬元，則採用銷售增長比率法預測2015年的目標利潤為（　　）萬元。

A. 160　　　　　　　　　　B. 182

C. 150　　　　　　　　　　D. 172

10. 下列各項中，常用於預測追加資金需要量的方法是（　　）。

A. 平均法　　　　　　　　　B. 指數平滑法

C. 銷售百分比法　　　　　　D. 迴歸分析法

二、多項選擇題

1. 預測的特徵包括（　　）。

A. 科學性　　　　　　　　　B. 精確性

C. 誤差性　　　　　　　　　D. 局限性

2. 定量分析法包括（　　）。

A. 判斷分析法　　　　　　　B. 集合意見法

C. 非數量分析法　　　　　　D. 直線迴歸分析法

3. 進行銷售預測時應考慮的外部因素有（　　）。

A. 需求動向　　　　　　　　B. 政府、消費者團體的動向

C. 同業競爭動向　　　　　　D. 經濟變動

4. 下列關於移動平均法的說法中，正確的是（　　）。

A. 若各期銷售量（額）波動不大，則宜採用較長的移動期進行平均

B. 若各期銷售量波動較大，則宜採用較短的移動期進行平均

C. 若各期銷售量（額）波動不大，則宜採用較短的移動期進行平均

D. 若各期銷售量波動較大，則宜採用較長的移動期進行平均

5. 較大的平滑指數可用於（　　）情況的銷量預測。

A. 近期　　　　　　　　　　B. 遠期

C. 波動較大　　　　　　　　D. 波動較小

6. 平滑指數法實質上屬於（　　）。

A. 加權平均法　　　　　　　B. 算術平均法

C. 定量預測法　　　　　　　D. 定性預測法

7. 不可比產品成本預測法中的目標成本法主要包括（　　）。

A. 有倒扣測算法　　　　　　B. 比率測算法

C. 直接測算法　　　　　　　　D. 技術測定法
8. 利潤預測的比率法一般包括（　　）。
　　A. 銷售增長比率法　　　　　　B. 資金利潤率法
　　C. 利潤增長比率法　　　　　　D. 資產增長比率法

三、判斷題

1. 因為預測具有一定的科學性，所以預測的結果都比較準確。（　　）
2. 平滑系數越大，則近期實際對預測結果的影響越小。（　　）
3. 成本預測的高低點法是一種非常簡便的預測方法。但由於該方法僅使用個別成本資料，故難以精確反應成本變動的趨勢。（　　）
4. 常用的利潤預測方法一般包括本量利法和比率法。（　　）
5. 在採用銷售百分比法預測資金需要量時，一定隨銷售變動的資產項有貨幣資金、應收帳款、存貨和固定資產。（　　）

四、實踐練習題

實踐練習 1

已知：某企業生產一種產品，2014 年 1~12 月份的銷售量資料如表 4-10 所示。

表 4-10

月份	1	2	3	4	5	6	7	8	9	10	11	12
銷量（噸）	10	12	13	11	14	16	17	15	12	16	18	19

要求：採用平滑指數法（假設 2014 年 12 月份銷售量預測數為 16 噸，平滑指數為 0.3）預測 2015 年 1 月份銷售量。

實踐練習 2

已知：某企業生產一種產品，最近半年的平均總成本資料如表 4-11 所示。

表 4-11　　　　　　　　　　　　　　　　　　　　　　　　　　單位：元

月份	固定成本	單位變動成本
1	12,000	14
2	12,500	13
3	13,000	12
4	14,000	12
5	14,500	10
6	15,000	9

要求：當 7 月份產量為 500 件時，採用加權平均法（採用自然權重）預測 7 月份產品的總成本和單位成本。

實踐練習 3

某企業只生產一種產品，單價為 200 元，單位變動成本為 160 元，固定成本為 400,000 元，2014 年銷售量為 10,000 件。企業按同行業先進的資金利潤率預測 2015 年企業目標利潤基數。已知：資金利潤率為 20%，預計企業資金佔用額為 600,000 元。

要求：

(1) 測算企業的目標利潤基數；
(2) 測算企業為實現目標利潤應該採取哪些單項措施。

實踐練習 4

已知：某企業只生產一種產品，已知本企業銷售量為 20,000 件，固定成本為 25,000 元，利潤為 10,000 元，預計下一年銷售量為 25,000 件。

要求：預計下期利潤額。

實踐練習 5

某公司 2014 年銷售收入為 20,000 萬元，2014 年 12 月 31 日的資產負債表（簡表）如下：

表 4-12　　　　　　　　　　　資產負債表（簡表）
　　　　　　　　　　　　　　2014 年 12 月 31 日　　　　　　　　　　　單位：萬元

資產	期末余額	負債及所有者權益	期末余額
貨幣資金	1,000	應付帳款	1,000
應收帳款	3,000	應付票據	2,000
存貨	6,000	長期借款	9,000
固定資產	7,000	實收資本	4,000
無形資產	1,000	留存收益	2,000
資產總計	18,000	負債與所有者權益合計	18,000

該公司 2015 年計劃銷售收入比上年增長 20%，為實現這一目標，公司需新增設備一臺，需要 320 萬元資金。據歷年財務數據分析，公司流動資產與流動負債隨銷售額同比率增減。假定該公司 2015 年的銷售淨利率可達到 10%，淨利潤的 60% 分配給投資者。

要求：

(1) 計算 2015 年流動資產增加額；
(2) 計算 2015 年流動負債增加額；
(3) 計算 2015 年的留存收益；
(4) 預測 2015 年需要追加籌集的資金量。

第五章　短期經營決策

【知識目標】
- 瞭解決策的概念、種類、程序及決策中的有關成本概念
- 瞭解短期經營決策分析的相關概念、假設和評價標準，掌握短期經營決策分析的方法
- 掌握產品生產、定價方面的各種具體決策

【能力目標】
- 理解決策和短期經營決策分析的特點
- 熟悉短期經營決策各種方法
- 掌握短期經營決策各種方法在產品生產、定價過程中的應用

第一節　決策分析概述

一、決策的概念及意義

　　所謂決策是指為了達到既定的目標，是否要採取某種行動，或者在兩個或兩個以上的可行性方案中選擇最優方案的評價和判斷過程。決策是企業生產經營管理的一項重要內容，是企業實現管理科學化和經營活動最優化的關鍵。

　　決策貫穿於管理的各個方面和管理的全過程，沒有決策，管理的其他職能也就無法實現。從企業的各項經營管理活動來說，制訂各種計劃的過程是決策，在多種方案中選擇一種也是決策等。正確的決策是企業正確經營活動的前提和基礎，決策是否正確，不僅關係到企業的經濟效益，甚至關係到企業的盛衰成敗。決策的失誤，往往會造成企業人、財、物力的浪費和損失。如果決策在國民經濟宏觀層面上出現失誤，其後果更是不堪設想。

　　當前，中國處於科學技術高速發展時期，加上市場競爭日趨激烈，影響決策的因素也就更多，企業的生存和發展取決於經營管理的合理性和有效性，制訂出正確的決策方案，顯得更為重要和迫切；同時，決策作為現代管理科學的內容，企業的經營管理應通過定量管理進行，即通過科學的計算和分析，事先做出最優抉擇。這樣，有助於企業決策者克服主觀片面性，促進企業改善經營管理、提高經濟效益。決策是企業管理現代化的核心，是企業經營活動最優化的關鍵。

二、決策的種類

(一) 按決策時間的長短，可分為短期決策和長期決策

（1）短期決策又稱經營決策、戰術性決策，是指決策方案對企業經濟效益的影響在一年以內的決策。如採購過程中的決策、生產過程中的決策、銷售過程中的決策等。

（2）長期決策又稱投資決策，是指決策方案對企業投資效益的影響超過一年，並在較長時期內對企業的收支盈虧產生影響的決策。如新建企業的決策、追加投資的決策，以及對原固定資產進行更新或改造的決策等。

(二) 按決策的基本職能，可分為計劃決策和控製決策

（1）計劃決策是指為確定計劃、規劃未來的經濟活動而做出的決策。這類決策主要從企業未來的帶有戰略性的問題進行評價、比較，從中選擇最合理的方案。

（2）控製決策是指為控製日常經濟活動而做出的決策。這類決策主要是為了保證日常經營活動的正常進行，並為實現原定的計劃目標而採取的日常性調整的決策。

(三) 按決策條件的肯定程度，可分為確定型、風險型和不確定型決策

1. 確定型決策方法

確定型決策方法的特點是只有一種選擇，決策沒有風險。只要滿足數學模型的前提條件，數學模型就會給出特定的結果。屬於確定型決策方法的主要有盈虧平衡分析模型和經濟批量模型。

2. 風險型決策方法

有時會遇到這樣的情況，一個決策方案對應幾個相互排斥的可能狀態，每一種狀態都以一定的可能性（概率 0~1）出現，並對應特定結果，這時的決策就被稱為風險型決策。風險型決策的目的是如何使收益期望值最大，或者損失期望值最小。期望值是一種方案的損益值與相應概率的乘積之和。如決策樹分析法就是一種風險型決策方法。

決策樹分析就是用數枝分叉形態表示各種方案的期望值，剪掉期望值小的方案枝，剩下的最後的方案即是最佳方案。決策樹由決策結點、方案枝、狀態結點、概率枝四個要素組成。

3. 不確定型決策方法

在風險型決策方法中，計算期望值的前提是能夠判斷各種狀況出現的概率。如果出現的概率不清楚，就需要用不確定型方法，即冒險法、保守法和折中法。採用何種方法取決於決策者對待風險的態度。

(四) 按決策範圍大小，可分為微觀決策和宏觀決策

（1）微觀決策是指在一個企業單位範圍內所做出的決策。

（2）宏觀決策是指在經濟部門、經濟區域或整個國民經濟範圍內所做出的決策。

三、決策的基本程序

決策一般要經過以下幾個步驟：

（1）確定決策目標。決策目標是決策的出發點和歸結點。確定目標必須建立在需要與可能的基礎之上，並且要分清必須達到的目標和希望達到的目標，分清主要目標和次要目標。確定目標要明確、具體和量化。

（2）資料的收集、分類、分析、計算和評價。某一個決策項目，在開始時必須收集相應的情報和資料，這是決策的基礎工作。只有掌握了豐富的情報和資料，並進行去偽存真、去粗取精、由表及裡地分類整理及分析研究，才能做出正確的決策。

（3）制訂可行方案。在進行決策時，要提出各種可供選擇的方案，以便進行比較，從中選擇最優方案。各種備選方案必須是可行的，即技術上必須是先進的、經濟上是合理的。沒有備選方案就談不上選擇。

（4）確定最優方案。在對各個可供選擇的方案進行充分論證、全面詳細的計算分析和評價的基礎上，進行篩選，從而確定最優方案。所謂最優方案是指在各個備選方案中優點最多、缺點最少的方案。

（5）決策的執行和反饋。在執行決策過程中進行信息反饋，及時修正決策方案。在實際工作中，由於存在大量不確定的因素，在預測時難以預料，因而在決策執行過程中，往往由於客觀情況發生變化，或主觀判斷失誤，而影響決策的預期效果。為此，在執行決策過程中要及時進行信息反饋，不斷對原定方案進行修正或提出新的決策目標。

四、決策中的有關成本的概念

短期的生產經營決策都要考慮各備選方案的獲利性，以及各備選方案之間的獲利差異，因此，也就不可避免地考慮到成本。決策分析時所涉及的成本概念並非只是一般意義的成本概念，而是一些特殊的成本概念。

按成本與決策分析的關係，可以劃分為相關成本與無關成本。相關成本與無關成本的準確劃分對決策分析至關重要。決策分析時，總是將決策備選方案的相關收入與其相關成本進行對比來確定其獲利性。若將無關成本誤做相關成本考慮，或者將相關成本忽略都將會影響決策的準確性，甚至會得出與正確結論完全相反的抉擇。

（一）相關成本

相關成本是指與決策相關聯、決策分析時必須認真加以考慮的未來成本。相關成本通常隨決策產生而產生，隨決策改變而改變。並且這類成本都是目前尚未發生或支付的成本，但從根本上影響著決策方案的取捨。屬於相關成本的主要有以下七種：

1. 差量成本

廣義的差量成本是指決策各備選方案兩者之間預測成本的差異數。兩個備選方案的成本、費用支出之間不一致，就形成了備選方案之間的成本差異。備選方案兩者之間的成本差異額就是差量成本。狹義的差量成本（也稱增量成本）是指不同產量水平

下所形成的成本差異。這種差異是由於生產能力利用程度的不同而形成的。不同產量水平下的差量成本既包括變動成本的差異數，也包括固定成本的差異數。

2. 邊際成本

邊際成本是指產品成本對業務量（產量或銷售量等）無限小變化的變動部分。變動成本、狹義的差量成本均是邊際成本的表現形式，而且在相關範圍內，三者取得一致。在經營決策中經常運用到邊際成本、邊際收入和邊際利潤等概念。邊際收入是指產品銷售收入對業務量無限小變化的變動部分；邊際利潤是指產品銷售利潤對業務量無限小變化的變動部分。

3. 付現成本

付現成本也稱為現金支出成本，是指由於某項決策而引起的需要在當時或最近期間用現金支付的成本。這是一個短期的概念，在使用中必須把它同過去支付的現金或已經據其支出額入帳的成本區分開來。另外，付現成本還包括使用其他流動資產支付的成本。在短期決策中，付現成本主要是指直接材料、直接人工和變動性製造費用，特別是訂貨支付的現金。在企業資金比較緊張而籌措資金又比較困難或資金成本較高時，付現成本往往被作為決策時重點考慮的對象。管理當局會選擇付現成本較小的方案來代替總成本較低的方案。

4. 重置成本

重置成本是指當前從市場上取得同一資產時所需支付的成本。由於通貨膨脹、技術進步等因素，某項資產的重置成本與歷史成本差異較大，重置成本既可能高於也可能低於歷史成本。在決策分析時必須考慮到重置成本。

5. 機會成本

機會成本是指決策時由於選擇某一方案而放棄的另一方案的潛在利益，是喪失的一種潛在收益。例如：某企業生產甲產品需要 A 部件，A 部件可以利用企業剩餘生產能力製造，也可以外購。如果外購 A 部件，剩餘生產能力可以出租，每年可以取得租金 1 萬元，這 1 萬元的租金收入就是企業如果自制 A 部件方案的機會成本。

6. 可避免成本

可避免成本是指決策者的決策行為可以改變其發生額的成本。它是同決策某一備選方案直接關聯的成本。

7. 專屬成本

專屬成本是指可以明確歸屬某種（某類或某批）或某個部門的成本。例如，某種設備專門生產某一種產品，那麼，這種設備的折舊就是該種產品的專屬成本。

(二) 無關成本

無關成本是指已經發生或雖未發生，但與決策不相關聯，決策分析時也無需考慮的成本。這類成本不隨決策的產生而產生，也不隨決策的改變而改變，對決策方案不具有影響力。屬於無關成本的主要有以下四種：

1. 沉沒成本

是指由過去的決策行為決定的並已經支付款項、不能為現在決策所改變的成本。

由於此類成本已經支付完畢，不能由現在或將來的決策所改變，因而在分析未來經濟活動並做出決策時無需考慮。

2. 歷史成本

歷史成本是指根據實際已經發生的支出而計算的成本。由於這一成本已經發生或支出，它對未來的決策不存在影響力。歷史成本是財務會計中的一個重要概念。

3. 共同成本

共同成本是指應由幾種（某類或某批）或幾個部門共同分攤的成本。例如，某種設備生產三種產品，那麼，該設備的折舊就是這三種產品的共同成本。

4. 不可避免成本

不可避免成本是指決策者的決策行為不可改變其發生額，與特定決策方案沒有直接聯繫的成本。

第二節　短期經營決策分析

短期經營決策一般是指在一個經營年度或經營週期內能夠實現其目標的經營決策。短期經營決策分析是指決策結果只影響或決定企業一年或一個經營週期的經營實踐的方向、方法和策略，側重於從資金、成本、利潤等方面對如何充分利用企業現有資源和經營環境，以取得盡可能多的經濟效益。它的主要特點是：充分利用現有資源進行戰術決策，一般不涉及大量資金的投入，且見效快。從短期經營決策分析的定義中可以看出，在其他條件不變的情況下，判定某決策方案優劣的主要標誌是看該方案能否使企業在一年內獲得更多的利潤。

一、短期經營決策分析的相關概念

（1）生產經營能力：在生產經營決策分析中，生產經營能力是決定相關業務量和確認機會成本的重要參數。具體表現為最大經營能力、正常經營能力、剩餘經營能力和追加經營能力等。

（2）相關業務量：與特定決策方案相聯繫的產量、銷量或工作量等。

（3）相關收入：與特定方案相聯繫的、能對決策產生重大影響的、在短期經營決策中必須予以充分考慮的收入。

（4）相關成本：與特定方案相聯繫的、能對決策產生重大影響的、在短期經營決策中必須予以充分考慮的成本。在生產經營決策分析中較常見的相關成本有差量成本、機會成本、專屬成本、重置成本、可避免成本和可延緩成本等，在定價決策分析中還需考慮邊際成本。

二、短期經營決策分析的假設條件

為了簡化短期經營決策分析，在設計相關的決策方案時，假定以下條件已經存在：

（1）決策方案不涉及追加長期項目的投資；

（2）所需的各種預測資料齊備；

（3）各種備選方案均具有技術可行性；

（4）凡涉及市場購銷的決策，均以市場上具備提供有關材料或吸收有關產品的能力為前提；

（5）銷量、價格、成本等變量均在相關範圍內波動；

（6）各期產銷平衡，同時只有單一方案和互斥方案兩種決策形式。

三、短期經營決策分析的評價標準

短期經營決策通常不改變企業現有生產能力，涉及的時間比較短，因此，在分析時不考慮貨幣的時間價值和投資的風險價值。因此，評價的標準主要有以下三種：

（一）收益最大（或利潤最大）

在多個互斥可行的備選方案中，將收益最大的方案作為最優方案。其中，收益＝相關收入－相關成本。

（二）成本最低

當多個互斥可行方案均不存在相關收入或相關收入相同時，以成本最低的方案為最優方案。

（三）邊際貢獻最大

在多個互斥可行方案均不改變現有生產能力、固定成本不變時，以邊際貢獻最大的方案為最優方案。

上述三個評價標準中，本質是收益（或利潤）最大，成本最低和邊際貢獻最大是收益（或利潤）最大的特殊情況。因為在不存在相關收入或相關收入相同的情況下，成本最低的方案，收益必然最大。在固定成本不變的情況下，可將其視之為無關成本。在這種情況下，邊際貢獻大的方案，收益（或利潤）必然大。因此，成本最低和邊際貢獻最大是收益最大的替代價值標準。

四、短期經營決策分析方法

企業常用的短期經營決策分析方法有兩大類：定性決策分析法和定量決策分析法。

（一）定性決策分析法

定性決策分析法是建立在人們的經驗基礎上對經營決策方案進行評價和判斷的決策分析法。企業高層管理人員所面臨的大多是非程序化的決策問題，無法找到適合做出決策的明確程序，這就往往需要依靠高層管理人員本身的經驗、專業判斷力能力等。具體方法主要有頭腦風暴法、德爾菲法、方案前提分析法等。

（二）定量決策分析法

定量決策分析法是建立一定的數學模型，通過運算得出分析結果並加以判斷的決策分析法。具體方法主要有確定型決策方法（量本利分析法、差量分析法等）、風險型決策

方法（決策樹法、決策表法等）、不確定型決策方法（冒險法、保守法、折中法等）。

以下著重介紹定量分析法中確定型條件下的短期經營決策分析法。

1. 量本利分析法

量本利法是指通過量本利模型計算出方案的利潤，比較方案利潤大小從而選擇最佳方案的分析方法。如企業新設備的購置與利用；醫院開展新醫療業務項目等，均可以借助本量利模型進行決策分析。量本利法對決策中相關成本資料要求較為詳盡、苛刻，不僅要求提供變動成本資料還需要提供固定成本資料。

【例5-1】某企業用同一臺機器可以生產甲產品，也可以生產乙產品。預計銷售單價、銷售數量、單位變動成本及固定成本如表5-1所示。

表5-1

產品名稱	甲產品	乙產品
預計銷量	100件	50件
預計銷售單價	11.5元/件	26.8元/件
單位變動成本	8.2元/件	22.6元/件
固定成本	100元	100元

要求：採用量本利法做出該公司生產哪一種產品較為有利的決策。

甲產品利潤=100×（11.5-8.2）-100=230（元）

乙產品利潤=50×（26.8-22.6）-100=110（元）

因為甲產品利潤大於乙產品利潤，故該公司生產甲產品較為有利。

2. 差量分析法

當兩個備選方案具有不同的預期收入和預期成本時，根據這兩個備選方案間的差量收入、差量成本計算的差量損益進行最優方案選擇的方法，就是差量分析法。

差量分析法對成本資料的要求沒有量本利法苛刻，計算較為簡單。

與差量分析法有關的幾個概念：

（1）差量，是指兩個備選方案同類指標之間的數量差異；

（2）差量收入，是指兩個備選方案預期收入之間的數量差異；

（3）差量成本，是指兩個備選方案預期成本之間的數量差異；

（4）差量損益，是指差量收入與差量成本之間的數量差異。

【例5-2】資料同【例5-1】。

要求：採用差量分析法做出該公司生產哪一種產品較為有利的決策。

甲、乙產品的差量收入=11.5×100-26.8×50=-190（元）

甲、乙產品的差量成本=8.2×100-22.6×50=-310（元）

因為差量收入大於差量成本，故該公司生產甲產品較為有利。

應注意的是，差量分析法僅適用於兩個方案之間的比較，如果有多個方案可供選擇，在採用差量分析法時，只能分別兩個兩個進行比較、分析，逐步篩選，選擇出最優方案。

3. 邊際貢獻法

邊際貢獻法是指在成本性態分類的基礎上，通過比較各備選方案邊際貢獻的大小來確定最優方案的分析方法。該方法適用於收入成本型（收益型）方案的擇優決策，尤其適用於多個方案的擇優決策。

邊際貢獻法通過比較邊際貢獻大小決定方案取捨。分析固定成本不變情況下的效益，可以將各備選方案的固定成本視為無關成本、不做比較分析，僅比較變動成本，使決策分析更為簡便易行。

邊際貢獻是指企業的產品或勞務對企業利潤目標的實現所做的貢獻。管理會計認為只要收入大於變動成本就會形成貢獻，因為固定成本總額在相關範圍內並不隨業務量的增減變動而變動，因此收入扣減變動成本後的差額即邊際貢獻，邊際貢獻越大則減去不變的固定成本後的余額即利潤也就越大。

【例5-3】資料同【例5-1】。

要求：採用邊際貢獻法做出該公司生產哪一種產品較為有利的決策。

甲產品邊際貢獻＝100×（11.5-8.2）＝330（元）

乙產品邊際貢獻＝50×（26.8-22.6）＝210（元）

因為甲產品邊際貢獻大於乙產品邊際貢獻，故該公司生產甲產品較為有利。

運用邊際貢獻法進行備選方案的擇優決策時，應注意以下幾點：

（1）在不存在專屬成本的情況下，通過比較不同備選方案的邊際貢獻總額，就能夠正確地進行擇優決策；在存在專屬成本的情況下，首先應計算備選方案的剩餘邊際貢獻（邊際貢獻總額減專屬固定成本後的余額），然後比較不同備選方案的剩餘邊際貢獻總額，才能夠正確地進行擇優決策。

（2）在企業的某項資源（如原材料、人工工時、機器工時等）受到限制的情況下，應通過計算、比較各備選方案的單位資源邊際貢獻進行擇優決策。

（3）由於邊際貢獻總額的大小，既取決於單位產品邊際貢獻的大小，也取決於該產品的產銷量，因此，單位邊際貢獻額大的產品，未必提供的邊際貢獻總額就大。

4. 成本無差別點法

在企業的生產經營中，面臨許多只涉及成本而不涉及收入方案的選擇，如零部件自製或者外購的決策、不同工藝進行加工的決策等。這時可以考慮採用成本無差別點法進行方案的擇優選擇。

成本無差別點是指在某一業務量水平上，兩個不同方案的總成本相等，但當高於或低於該業務量水平時，不同方案就有了不同的業務量優勢區域。利用不同方案的不同業務量優勢區域進行最優化方案的選擇的方法，稱為成本無差別點分析法。

成本無差別點法是通過比較不同方案成本大小決定方案取捨的。該方法使用的前提條件是各備選方案的收入相等。在收入相等的情況下，成本越低，則利潤越高、方案越優。

【例5-4】某廠生產A種產品，有兩種工藝方案可供選擇。

新方案：固定成本總額450,000元；單位變動成本300元。

舊方案：固定成本總額300,000元；單位變動成本400元。

要求：選擇新方案還是舊方案更為有利？

解：

（1）列出兩個備選方案的總成本公式（x 代表產量）：

新方案總成本＝450,000+300x

舊方案總成本＝300,000+400x

（2）求成本無差別點：得 x＝1,500 件

（3）結論：

①當產量＝1,500 件時，新、舊兩個方案均可取。

②當產量>1,500 件時，假定為 1,600 件，則新、舊兩個方案的總成本分別為：

新方案總成本＝450,000+300×1,600＝930,000（元）

舊方案總成本＝300,000+400×1,600＝940,000（元）

即新方案優於舊方案。

③當產量<1,500 件時，假定為 800 件，則新、舊兩個方案的總成本分別為：

新方案總成本＝450,000+300×800＝690,000（元）

舊方案總成本＝300,000+400×800＝620,000（元）

即舊方案優於新方案。

可見，無論是使用邊際貢獻法還是成本無差別點法，由於都有較強的使用前提條件，因此，如果實際決策問題滿足要求，使用這些方法不僅計算簡單，而且在概念上變得更為清晰。

第三節　生產決策

企業作為一個獨立經營的商品生產者，擁有較大的自主權和經營決策權，在生產經營過程中，經常會遇到很多生產方面需要進行決策的問題。比如，企業應該安排生產什麼產品？產量多少？當企業還有剩餘生產能力的情況下，要不要接受附有特定條件的追加訂貨？企業生產中所需要的零部件應自制還是外購？以及新產品開發決策、虧損產品應否停產或轉產？這一系列的問題都屬於生產過程中的生產經營決策問題，都要求企業管理者通過科學的計算與分析，權衡利害得失，以便做出最佳的生產經營決策。

一、生產何種產品的決策

如果企業有剩餘的生產能力可供使用，或者利用過時老產品騰移出來的生產能力，在有幾種新產品可供選擇而每種新產品都不需要增加專屬固定成本時，應選擇能提供邊際貢獻總額最多的產品。

【例 5-5】A 公司原本僅生產甲產品，年固定成本為 15,000 元，現利用剩餘生產能力開發丙產品或丁產品。有關資料如表 5-2 所示。

表 5-2

項目	甲	丙	丁
產量（件）	3,000	1,000	1,400
單價（元/件）	50	90	70
單位變動成本（元/件）	30	65	50

要求：進行生產何種產品的決策。

解：固定成本 15,000 元在本次決策中屬於無關成本，不予考慮；相關成本僅為丙產品和丁產品的變動成本。

丙產品邊際貢獻總額 = 1,000 ×（90-65）= 25,000（元）

丁產品邊際貢獻總額 = 1,400 ×（70-50）= 28,000（元）

因為丁產品邊際貢獻總額大於丙產品邊際貢獻總額，所以，生產丁產品對 A 公司更有利。

如果新產品投產將發生不同的專屬固定成本的話，在決策時就應以各種產品的剩餘邊際貢獻總額作為判斷方案優劣的標準。

【例 5-6】仍按上例資料，假設開發丙產品需要追加 12,000 元的專屬成本，而開發丁產品需要追加 14,000 元的專屬成本，要求進行開發何種產品的決策。

解：本例需要考慮專屬成本的影響。

丙產品剩餘邊際貢獻總額 = 1,000 ×（90-65）-12,000 = 13,000（元）

丁產品剩餘邊際貢獻總額 = 1,400 ×（70-50）-14,000 = 14,000（元）

因為開發丁產品的剩餘邊際貢獻總額高於開發丙產品的的剩餘邊際貢獻總額，所以開發丁產品更有利。

二、虧損產品是否停產的決策

對於虧損產品，不能簡單地予以停產，而必須綜合考慮企業各種產品的經營狀況、生產能力的利用及有關因素的影響，採用變動成本法進行分析後，做出停產、繼續生產、轉產或出租等最優選擇。

【例 5-7】美達公司產銷 A、B、C 三種產品，其中 A、B 兩種產品盈利，C 產品虧損。有關資料如表 5-3 所示。要求：做出 C 產品應否停產的決策（假設停產後的生產能力無法轉移）。

表 5-3   單位：元

項目	A 產品	B 產品	C 產品	合計
銷售收入	6,000	8,000	4,000	18,000
生產成本				
直接材料	800	1,400	900	3,100
直接人工	700	800	800	2,300

表5-3(續)

項目	A產品	B產品	C產品	合計
變動性製造費用	600	600	700	1,900
固定性製造費用	1,000	1,600	1,100	3,700
非生產成本				
變動銷售及管理費用	900	1,200	600	2,700
固定銷售及管理費用	600	1,000	200	1,800
總成本	4,600	6,600	4,300	15,500
淨利潤	1,400	1,400	-300	2,500

解：C產品邊際貢獻＝4,000－（900＋800＋700＋600）＝1,000（元）

由於C產品能夠提供1,000元的邊際貢獻，可以彌補一部分固定成本，因此，在不存在更加有利可圖的機會的情況下，C產品不應該停產。

結論：如果虧損產品能夠提供邊際貢獻即為虛虧產品，並且不存在更加有利可圖的機會時，虛虧產品一般不應停產；無法提供邊際貢獻的實虧產品則應停產。在生產、銷售條件允許的情況下，大力發展能夠提供邊際貢獻的虧損產品，也可以實現扭虧為盈，或使企業的利潤得以增加。

三、虧損產品轉產的決策

虧損產品能夠提供邊際貢獻，並不意味該虧損產品一定要繼續生產。如果存在更加有利可圖的機會（如轉產其他產品或將停止虧損產品生產而騰出的固定資產出租），使企業獲得更多的邊際貢獻，那麼該虧損產品應停產並轉產。

【例5-8】仍按上例資料，假定C產品停產後，其生產設備可以出租給別的單位，每年可獲租金1,800元。問是否要轉產？

解：由於出租設備可獲得的租金1,800元大於繼續生產C產品所獲得的邊際貢獻1,000元，所以，應當停產C產品，並將設備出租（進行轉產），企業可以多獲得利潤800元。

四、接受追加訂貨的決策

接受追加訂貨的決策，是指根據目前的生產狀況，企業還有一定的剩餘生產能力，現有客戶要求追加訂貨，可是其所出價格低於一般的市場價格，甚至低於該種產品的實際成本，在這種情況下，要求管理人員對這批訂貨該不該接受做出正確的決策。此時應區別情況加以分析，並且由於是利用剩餘生產能力進行的追加生產，原有的固定成本因與追加訂貨決策無關，為決策的不相關成本，決策中可不予考慮。

（1）若追加的訂貨，不衝擊正常業務、不需追加專屬固定成本、剩餘生產能力無法轉移，只要「追加訂貨的單位產品邊際貢獻>0」，就可以接受。

（2）若剩餘生產能力無法轉移，追加的訂貨會衝擊正常的業務，但是不需追加專

屬固定成本，只要「追加訂貨的邊際貢獻>減少正常業務的邊際貢獻」，就可以接受。

（3）若剩餘生產能力無法轉移，追加的訂貨不會衝擊正常業務，但是需增加專屬固定成本，只要「追加訂貨的邊際貢獻>追加的專屬固定成本」，即「追加訂貨的剩餘邊際貢獻>0」，就可以接受。

（4）若剩餘生產能力可以轉移，追加的訂貨不會衝擊正常業務，並且不需要追加專屬固定成本，只要「追加訂貨的邊際貢獻>生產能力轉移帶來的收益」，就可以接受。

【例5-9】某企業年生產能力為生產甲產品1,200件，本年計劃生產1,000件，正常價格為100元/件。產品的計劃單位成本為55元，其中直接材料24元、直接人工15元、變動性製造費用6元、固定性製造費用10元。現有一客戶向該企業提出追加訂貨300件，報價為70元/件，追加訂貨要求追加1,200元的專屬固定成本。若不接受追加訂貨，閒置的機器設備可對外出租，可以獲得租金收入400元。問是否接受該追加訂貨？

解：
（1）甲產品單位變動生產成本＝24+15+6＝45（元）
（2）接受追加訂貨的邊際貢獻＝（70-45）×300＝7,500（元）
減：衝擊正常銷售的邊際貢獻＝（100-45）×100＝5,500（元）
專屬固定成本＝1,200元
放棄的租金收入＝400元
（3）差額＝7,500-（5,500+1,200+300）＝400>0，所以該追加訂貨可以接受！

五、零（部）件自制或外購的決策

由於所需零部件的數量對自制方案或外購方案都是一樣的，因而通常只需要考慮自制方案和外購方案的成本高低，在相同質量並保證及時供貨的情況下，就低不就高。影響自制或外購的因素很多，因而所採用的決策分析方法也不盡相同，一般採用差量分析法。

（一）用於自制的生產能力無法轉移，自制不增加固定成本

【例5-10】昌陵汽車公司每年需要甲零件5,000件，如果外購，其外購單價為27元/件，外購一次的差旅費為5,000元，每次運費500元，每年採購2次；該公司有自制該零件的能力，並且生產能力無法轉移，如果自制，單位零件直接材料15元，直接人工為8元，變動性製造費用為5元，固定性製造費用為10元。

要求：做出甲零件是自制還是外購的決策。

解法一：比較單位差量成本

將外購的單位增量成本，即購買零配件的價格（包括買價、單位零配件應負擔的訂購、運輸、裝卸、檢驗等費用），與自制時的單位增量成本（單位變動成本）相對比，單位增量成本低的即為最優方案。

外購：27+5,000×2÷5,000+500×2÷5,000＝29.2（元）
自制：15+8+5＝28（元）

由於自製單位差量成本<外購單位差量成本,所以自製比較有利。

解法二:比較總的差量成本

比較外購的相關總成本與自製的相關總成本,從中選擇成本低的方案。

外購相關總成本:27×5,000+5,000×2+500×2 = 146,000(元)

自製相關總成本:(15+8+5)×5,000 = 140,000(元)

由於自製相關總成本<外購相關總成本,所以自製比較有利。

(二)用於自製的生產能力可以轉移,自製不增加固定成本

分析方法:將自製方案的變動成本與機會成本(租金收入或轉產產品的邊際貢獻總額)之和與外購相關成本相比,擇其低者。

【例5-11】接例5-10的資料。假設如果外購,閒置的生產能力也可以用於生產 B 產品 800 件,每件可以提供 10 元的邊際貢獻。

要求:做出 B 產品是自製還是外購的決策。

外購相關總成本:27×5,000+5,000×2+500×2 = 146,000(元)

自製相關總成本:(15+8+5)×5,000+800×10 = 148,000(元)

由於外購相關總成本<自製相關總成本,所以外購比較有利。

(三)自製會增加固定成本的決策

一般而言,外購的單位變動成本較高,固定成本較低或者沒有;自製的單位變動成本會較低,但是往往需要有比較高的固定成本的投入。

由於單位專屬固定成本隨產量的增加而減少,因此自製方案單位增量成本與外購方案單位增量成本的對比將在某個產量點產生優劣互換的現象,即產量超過某一限度時自製有利,產量低於該限度時外購有利。

這時,就必須首先確定該產量限度點,並將產量劃分為不同的區域,然後確定在何種區域內哪個方案最優。

【例5-12】昌陵汽車公司需要使用 A 零件,如果外購,每件單位成本為 30 元;如果自製,需購置專用設備一臺,採購成本為 60,000 元,預計可用 6 年,預計無殘值,使用直線法計提折舊,單位零件直接材料為 15 元,直接人工為 8 元,變動製造費用為 5 元。問:A 零件是自製還是外購比較劃算?

解:由於自製需要增加固定成本,並且 A 零件的年需求量未知,因此,首先需要確定成本無差別點的需求量。設成本無差別點需求量為 X,則:

30X = 60,000÷6 +(15+8+5)X

X = 5,000(件)

當年需求量小於 5,000 件時,A 零件外購比較劃算;反之,A 零件自製比較有利。

六、半成品、聯產品立即出售或進一步加工的決策

對於這類問題,決策時只需考慮進一步加工後增加的收入是否超過增加的成本,如果增加的收入大於增加的成本,則應進一步加工為產成品出售;反之,則應作為半成品銷售。在此,進一步加工前的收入和成本都與決策無關,不必予以考慮。

決策依據：

若增量收入＞增量成本，應進一步加工後再出售；

若增量收入＜增量成本，應直接出售。

增量收入＝繼續加工後的銷售收入－直接出售的銷售收入

增量成本＝繼續加工追加的成本

【例5-13】設某廠生產某種產品10,000件，初步加工單位產品直接材料為4元，直接人工為2元，變動性製造費用為1.5元，固定性製造費用為1元。完成初步加工後若直接對外銷售，單位售價為12元。如對該產品進行繼續加工，單位產品需追加直接材料1.3元、直接人工0.8元、變動性製造費用0.6元、專屬固定成本10,000元，單位售價可提高到15元。問：是否應進一步加工？

解：增量收入＝（15-12）×10,000

＝30,000（元）

增量成本＝（1.3+0.8+0.6）×10,000+10,000

＝37,000（元）

由於增量收入小於增量成本，所以應直接對外銷售。

第四節　定價決策

眾所周知，一個企業的經營活動能否順利持續進行，取決於所生產的產品能否在市場上順利實現銷售。而產品能否順利實現銷售，除了受企業外部環境錯綜複雜的因素影響外，更主要受企業內部自身所生產的產品品種、規格型號、性能等質量和產品銷售價格的影響。在企業外部市場和產品質量標準不存在任何問題的前提條件下，產品的銷售價格的高低決定產品能否順利實現銷售，所以，銷售過程中的經營決策應該是產品的定價策略、產品的定價方法和產品的最優售價的決策分析等。

一、產品定價策略

（一）產品成本與價格合理對接策略

成本是產品定價的重要依據之一。一般來說，價格應盡量反應成本因素，成本高，產品價格也相應高，否則企業的利潤會大受影響。但在激烈的市場競爭中，在買方市場氛圍下，則不應使產品成本過分地影響定價。例如，由於各種原因造成產品成本較高，就將產品定位在較高的價格上，這樣做往往會適得其反，導致利潤嚴重縮水。道理很簡單，產品定價高了，銷售量會減少。所以，降低產品成本永遠是企業管理者必須重視的問題。只有想辦法將成本降下來，使產品的成本與價格合理對接，才能獲得滿意的利潤。

（二）價值和質量與價格合理對接策略

產品的價值和質量是產品定價最重要的因素。產品的價值和質量是顧客（消費者）

最為關心、最為敏感、影響最廣、最為實質性的方面。所謂「物有所值」，是指好貨可以賣出好價錢。即使在買方市場的條件下，好貨都應處於一個合理的價格範圍內，「是金子總會發光」。要知道，客觀上確有這麼一個顧客群，他們堅信，「人不識貨，錢識貨」。對於廉價貨，他們投以懷疑的目光，而情願購買「物有所值」的好產品，即使價格高一些也無妨。這必然會促使廠商不斷提高其產品的含金量和質量，這樣不僅可以使產品在定價上與其價值和質量有更為理想的對接，而且可以提高企業的信譽和整體形象。

(三) 逆向思維定價策略

如果市場發生變化，應採取靈活的應變定價策略。例如，當市場刮起降價風潮時，可以順勢而為，做出降價的決策，但也可以泰然處之，打顧客的心理戰——不降價；當市場刮起漲價風時，也可以不順勢而為，反而採用逆向思維——不提價。同時，爭取量的增加，並能給顧客一種好的感覺——「貨真價實」，薄利多銷，讓利於顧客。

(四) 1%的提價策略

這種定價法是許多人都知道和廣泛被採用的，個體經營者對其尤為重視。浙江溫州的一些民營、個體廠商稱此方法為「一分錢利潤法」。也就是說，只要有1%的單價利潤，就應感到滿意，切忌貪婪。事實上，此方法充分體現了「價增量減，價跌量增」的道理。一分錢的利潤看起來微不足道，但是價跌（價廉）會促使銷量大增，從而導致總利潤大大增加。所以有人提出，企業經營管理者應樹立「1%」的提價意識。也就是說，採用小幅漲價的策略，因為小幅漲價具有極好的「隱蔽性」。例如，將產品價格上浮1%，許多顧客不會在意，特別對於低價位（單位在幾元以內）的產品，當產品價格調高1%時，一般顧客不會有承受不了的感覺，而總利潤卻大大增加了。只要總利潤有1%~5%就應感到滿意，過分的貪婪會適得其反。

(五) 「物以稀為貴」的定價策略

對於某些稀缺類產品，即使成本並不太高，價值和質量也屬於一般，但由於市場難覓此品，你也可以順水推舟，將其價位高高掛起，等候需要者購買。這類產品，有些顧客願意出高價購買，所謂「需者不貴」。商家從中可以獲取高額利潤。

(六) 超值服務思維定價策略

把顧客視為「上帝」，無非是想贏得更多的顧客群。要做到這一點，除了產品的價值和質量等因素外，提供超值服務也很重要。提供超值服務的方法有多種，如產品實行三包、送貨上門、終身保修等。由於堅持提供超值服務，就可以將產品的價格定得稍為高一些（實際上，可以認為是超值服務的附加費）。

(七) 品牌戰略定價策略

品牌產品是市場公認的好貨。既然是好貨，「物有所值」，其定價都比較高，這無疑會給企業帶來巨大的利潤。因此，必須想辦法去打造自主品牌。如果暫時還沒有自主品牌，則可以考慮先引進品牌（特許經銷權），借這些品牌來促銷非品牌產品。例

如，甲、乙兩家商店都經營同一產品，定價也相同，但甲商店引進了品牌（獲特許經銷權）產品，結果甲商店非品牌貨的銷售量要比乙商店大得多。這是品牌貨帶動促銷的結果，可以說也是一種間接的品牌效應。因為擁有品牌，顧客往往覺得產品質量更有保障，更樂意購買。

(八)「歧視定價」法策略

所謂「歧視定價」，是指公司可以針對不同的顧客，採用不同的價格以獲得最大的利潤。例如，某公司生產各種款式的絲綢圍巾而打上不同的商標；雖然它們的成本和質量幾乎相同，但由於商標（牌子）不同，即使在同一個經銷商手裡，也可以賣出完全不同的價錢，這就是「歧視定價」。採用「歧視定價」的廠商可以對那些非常願意購買某一牌子的顧客索取比任何「單一價格」都高的價格。採取「歧視定價」策略，廠商還可以獲得另一部分只願意出低價的顧客。

最后應指出的是，產品定價是一個動態過程，應根據不同情況採取不同的定價策略（或將若干策略綜合應用）。產品的價和量（銷量）是一對矛盾，在一定的條件下，通常會「價增量減，價跌量增」，而量和價對總利潤的貢獻又是同樣的重要。

二、產品定價方法

在中國，隨著經濟體制改革的深化，對那些關係到國計民生的一部分重要產品的價格是由國家物價部門統一制定的。而對其他工業產品的價格，國家允許企業在規定的價格浮動幅度範圍內自行確定浮動價格；也還有一些其他小商品，國家允許企業按照市場需求組織生產，自行定價。可見，隨著經濟管理體制改革的深化，企業自主權與決策權不斷擴大，產品定價已成為企業的一項重要的經營管理決策。企業有必要根據市場情況和有關的資料對產品制定出一個較合理的價格。產品定價決策可以通過許多方法進行。在實際工作中，通常採用的定價方法有以下兩種：

(一) 完全成本定價法

完全成本定價法又稱成本加成定價法，是指按照產品的完全成本，加上一定百分比的銷售利潤，作為定價產品銷售價格的依據。其計算公式為：

產品單位銷售價格＝產品預計單位完全成本×（1＋利潤加成率）

【例5-14】某廠計劃生產銷售某產品 1,000 件，該產品預計單位變動成本為：直接材料 10 元，直接人工 8 元，變動性製造費用 7 元。固定成本總額為 7,500 元，預計利潤總額按完全成本總額的 20% 予以加成。該產品的單位銷售價格應為多少？

產品單位銷售價格＝（10＋8＋7＋7,500/1,000）×（1＋20%）
　　　　　　　　＝32.5×（1＋20%）
　　　　　　　　＝39（元）

完全成本定價法不僅簡便易行，而且可以使全部成本獲得補償，並為企業提供一定的利潤。

(二) 變動成本定價法

變動成本定價法是指按照產品的變動成本加上一定數額的邊際貢獻，作為制定產

品銷售價格的依據。也就是說，只要產品的銷售價格能夠補償其變動成本，並可以提供一定數額的邊際貢獻，這一價格就可以接受。這種方法一般在企業利用剩餘生產能力，接受追加訂貨時採用。其計算公式為：

$$產品單位銷售價格 = \frac{產品單位變動成本}{1-邊際貢獻率}$$

或 $$產品單位銷售價格 = \frac{產品單位變動成本}{變動成本率}$$

【例 5-15】某廠生產甲種產品，其單位成本為：直接材料 18 元，直接人工 14 元，變動性製造費用 12 元，固定性製造費用 16 元。甲產品預定的邊際貢獻率為 20%。該產品的單位售價應為多少？

$$甲產品單位銷售價格 = \frac{18+14+12}{1-20\%}$$
$$= 55 \text{（元/件）}$$

上述計算表明，甲產品的單位售價應為 55 元/件。

(三) 利潤最大化定價法

利潤最大化定價法是指預測各種加工條件下可能的銷售量，計算各方案的利潤，選取利潤最大的方案為最優方案的定價方法。

邊際收入是指增加或減少一個單位的銷售量所引起銷售收入總額的變動數。所以，邊際成本就是多生產一單位產品所增加的成本，邊際收入就是多銷售一單位產品所增加的收入。

在供應規律的作用下，企業要增加銷售量就只能降低價格，這時，銷售收入在降低初期增長較快，繼而逐漸轉慢，邊際收入呈下降趨勢；相應的，隨著產銷量的增加，一些半變動成本乃至固定成本都會逐漸增加，邊際成本呈上升趨勢，最終邊際成本將超過邊際收入，使降低價格提高銷售量得不償失。以利潤最大化為目標，企業要選擇使利潤達到最高的價格與銷售量的組合，定價原則即是選擇邊際收入等於邊際成本、邊際利潤等於零的價格。

在成本性態分析的相關範圍內，定價決策只需要將價格降低、銷售增加所引起的收入（邊際收入）和增加的變動成本（邊際成本）相比較，選擇使邊際收入等於邊際成本的價格作為產品的銷售價格就可以確保利潤的最大化。

三、產品最優售價決策

一般來說，基於一定的銷售量，產品的單位售價越高，能實現的銷售收入也越多；但產品銷售價格的提高，往往會使它的總銷售量趨於減少，而銷售產品的單位成本也會隨著銷售量的減少而提高。如何確定產品銷售價格，既能使產品順利實現銷售，又能使企業實現最多的利潤，這是產品最優售價的決策分析要解決的問題。下邊舉例說明。

【例 5-16】某廠生產甲產品售價為 20 元，每月銷售 500 件，單位變動成本為 10

元，固定成本總額為 2,000 元。如果銷售單價逐步下降，預計其銷售量也將發生如下的變化：銷售單價逐步降為 19 元、18 元、17 元、16 元、15 元時，預計的銷售量分別增加為 600 件、700 件、800 件、900 件、1,000 件。要求：確定該產品銷售價格應定為多少元，才能使企業獲得最高的利潤。

根據上述提供資料編製分析計算表，見表 5-4。

表 5-4　　　　　　　　　甲產品不同價格下分析計算表　　　　　　　　單位：元

銷售單價	預計銷售量	銷售收入	變動成本	固定成本	銷售成本合計
20	500	10,000	5,000	2,000	7,000
19	600	11,400	6,000	2,000	8,000
18	700	12,600	7,000	2,000	9,000
17	800	13,600	8,000	2,000	10,000
16	900	14,400	9,000	2,000	11,000
15	1,000	15,000	10,000	2,000	12,000

根據表 5-4 再計算分析甲產品在不同售價的預計銷售量水平的邊際收入、邊際成本（在相關範圍內，邊際成本與單位變動成本相等）和邊際利潤，見表 5-5。

表 5-5　　　　甲產品在不同售價的邊際收入、邊際成本和邊際利潤計算表　　　　單位：元

銷售單價	銷量變動額	邊際收入	邊際成本	邊際利潤	利潤
20	0	0	0	0	3,000
19	100	14	10	4	3,400
18	100	12	10	2	3,600
17	100	10	10	0	3,600
16	100	8	10	-2	3,400
15	100	6	10	-4	3,000

表 5-5 中的邊際收入是指價格下降後增加的銷售量所增加的收入，邊際成本是指價格下降後增加銷售量所增加的成本，邊際利潤是指邊際收入減去邊際成本後的差額。此差額若為正數，表示價格變動後增加銷售量以後淨增加的利潤數；此差額若為負數，表示增加銷售量之後淨減少的利潤數。

表 5-5 的計算結果表明，當銷售價格下降時，若邊際收入大於邊際成本，邊際利潤是正數，即說明降價是有利的。比如當單價從 20 元下降到 19 元，從 19 元下降到 18 元都屬於這種情況。如邊際收入等於邊際成本，邊際利潤為零，說明降價沒有意義。如上例中，當單價從 18 元下降到 17 元，利潤沒有發生變化。如果邊際收入小於邊際成本，利潤淨增加額等於負數，即表示降價對企業不利。如上例當單價從 17 元下降到 16 元，從 16 元下降到 15 元，均屬於這種情況。由此分析可見，產品單位售價下降的最大限度就是邊際收入等於邊際成本的地方。也就是說，產品的最優價格應該是邊際

利潤最接近於等於零的地方。本例中定價在 17~18 元之間為最優，它能使企業獲得最大的利潤。

上述最優售價的決策是在預計銷售量所能獲得的利潤大小來確定最優售價的，如果銷售量不能達到預計的數據，利潤也就無法實現，也就難以做出最優售價的決策；而且在售價決策中，也存在著許多不確定的因素，銷售量能否實現還有一個概率問題。下邊舉例說明。

【例 5-17】續上例，假如甲產品降價以後，預計銷售量不增加的概率為 0.2，銷售量只達到預計增加的一半的概率為 0.3，達到預計銷售量的概率為 0.4，超過預計銷售量 10% 的概率為 0.1。

將上例預計的銷售量按上述概率做調整，計算預計銷售量的均值（期望值）：

（1）降為 19 元時，預計銷售量為 600 件：

500×0.2+550×0.3+600×0.4+660×0.1=571（件）

（2）降為 18 元時，預計銷售量為 700 件：

500×0.2+600×0.3+700×0.4+770×0.1=637（件）

（3）降為 17 元時，預計銷售量為 800 件：

500×0.2+650×0.3+800×0.4+880×0.1=703（件）

（4）降為 16 元時，預計銷售量為 900 件：

500×0.2+700×0.3+900×0.4+990×0.1=769（件）

（5）降為 15 元時，預計銷售量為 1,000 件：

500×0.2+750×0.3+1,000×0.4+1,100×0.1=835（件）

根據以上按概率調整計算的預計銷售量均值，重新編製的邊際收入、邊際成本和邊際利潤比較表，分別見表 5-6、表 5-7。

表 5-6　　　　　　　　甲產品不同價格下分析計算表　　　　　　　　單位：元

銷售單價	預計銷售量	銷售收入	變動成本	固定成本	銷售成本合計
20	500	10,000	5,000	2,000	7,000
19	571	10,849	5,710	2,000	7,710
18	637	11,466	6,370	2,000	8,370
17	703	11,951	7,030	2,000	9,030
16	769	12,304	7,690	2,000	9,690
15	835	12,525	8,350	2,000	10,350

表 5-7　　　　　　邊際收入、邊際成本和邊際利潤比較表　　　　　　單位：元

銷售單價	銷量變動額	邊際收入	邊際成本	邊際利潤	利潤
20	0	0	0	0	3,000
19	71	11.96	10	1.96	3,139
18	66	9.35	10	−0.65	3,096

表5-7(續)

銷售單價	銷量變動額	邊際收入	邊際成本	邊際利潤	利潤
17	66	7.35	10	-2.65	2,921
16	66	5.35	10	-4.65	2,614
15	66	3.35	10	-6.65	2,175

以上計算結果表明，在銷售量按概率調整后，銷售價格在19元（或在18~19元之間的某個價格）時為最優售價。

從以上實例可知，按照各種可能的概率來重新調整預計銷售量，預測結果將是比較切合實際的。但是，概率的估計和確定往往比較困難，而且人為因素較多，容易受人的心理因素影響。對於主要產品，利潤占全部產品的利潤比重大的，降價時所估計的概率偏於保守；而對於非主要產品，會偏於樂觀。同時，在做降價或最優售價的決策時，還應考慮生產能力的可能性，生產能力是一個重要的約束條件。

本章小結

本章介紹了決策的概念、種類、程序及決策中的相關成本概念；分析短期經營決策分析的概念、假設條件及決策評價標準，著重介紹短期經營決策分析的常用方法——量本利法、邊際貢獻法、差量分析法及成本無差別點法；在此基礎上，分析這些方法在產品生產和定價決策中的具體運用。

關鍵術語

決策；確定型決策；短期經營決策；定量決策；不相關成本；相關成本；機會成本；差量成本；邊際貢獻法；差量分析法；量本利分析法；成本無差別點法；邊際貢獻；差量收入；完全成本定價法；變動成本定價法；邊際收入；邊際成本；邊際利潤

綜合練習

一、單項選擇題

1. 下列項目中，屬於風險型決策方法的是（　　）。
   A. 決策數分析法　　　　　　B. 量本利分析法
   C. 成本無差別點法　　　　　D. 冒險法
2. 決策時由於選擇最優方案而放棄的次優方案的潛在利益的是（　　）。
   A. 機會成本　　　　　　　　B. 歷史成本
   C. 邊際成本　　　　　　　　D. 共同成本

3. 下列項目中，屬於決策相關成本的是（　　）。
   A. 不可避免成本　　　　　　　B. 可避免成本
   C. 沉沒成本　　　　　　　　　D. 歷史成本

4. 虧損產品是否轉產的決策分析，關鍵是確定虧損產品所創造的邊際貢獻與轉產產品所創造的邊際貢獻，若前者（　　）后者，則轉產方案可行。
   A. 大於　　　　　　　　　　　B. 等於
   C. 小於　　　　　　　　　　　D. 不確定

5. 在短期成本決策中，企業不接受特殊價格追加訂貨的原因是買方出價低於（　　）。
   A. 正常價格　　　　　　　　　B. 單位產品成本
   C. 單位固定成本　　　　　　　D. 單位變動成本

6. 用差量分析法決策時，判斷方案是否可行的標準是（　　）。
   A. 利潤>0　　　　　　　　　　B. 邊際貢獻>0
   C. 差量收益>0　　　　　　　　D. 差量收益<0

7. 關於生產邊際貢獻的計算，以下正確的是（　　）。
   A. 收入-生產變動成本　　　　　B. 收入-固定成本
   C. 收入-生產成本　　　　　　　D. 收入-變動成本

8. 下列各種混合成本可以用模型 $y=a+bx$ 表示的是（　　）。
   A. 半固定成本　　　　　　　　B. 延伸變動成本
   C. 半變動成本　　　　　　　　D. 階梯式變動成本

9. 假設每個質檢員最多檢驗 1,000 件產品，也就是說產量每增加 1,000 件就必須增加 1 名質檢員，且在產量突破 1,000 件的倍數時就必須增加。那麼，質檢員的工資成本屬於（　　）。
   A. 半變動成本　　　　　　　　B. 階梯式固定成本
   C. 延伸變動成本　　　　　　　D. 變動成本

10. 造成「某期按變動成本法與按完全成本法確定的營業利潤不相等」的根本原因是（　　）。
    A. 兩種方法對固定性製造費用的處理方式不同
    B. 兩種方法計入當期損益表的固定生產成本的水平不同
    C. 兩種方法計算銷售收入的方法不同
    D. 兩種方法將營業費用計入當期損益表的方式不同

二、多項選擇題

1. 下列項目中，屬於確定型決策方法的有（　　）。
   A. 差量分析法　　　　　　　　B. 邊際貢獻法
   C. 決策樹法　　　　　　　　　D. 折中法

2. 下列項目中，屬於短期經營決策分析評價標準的有（　　）。
   A. 利潤最大　　　　　　　　　B. 邊際貢獻最大

C. 淨現值最大　　　　　　　　D. 成本最低
3. 下列項目中，屬於決策相關成本的有（　　）。
　　A. 可避免成本　　　　　　　　B. 機會成本
　　C. 專屬成本　　　　　　　　　D. 沉沒成本
4. 採用邊際貢獻法進行決策判斷的條件是（　　）。
　　A. 各備選方案的收入相等　　　B. 各備選方案的固定成本相等
　　C. 各備選方案的成本相等　　　D. 各備選方案的變動成本相等
5. 如果企業有剩餘生產能力，且無法轉移，則以下關於零部件自制或外購的決策中說法正確的有（　　）。
　　A. 當外購單價大於自制的變動成本時應自制
　　B. 當外購單價小於自制的單位成本時應自制
　　C. 當外購單價大於自制的變動成本時應外購
　　D. 當外購單價小於自制的變動成本時應外購
6. 關於短期經營決策分析方法的特點，以下正確的有（　　）。
　　A. 不考慮貨幣時間價值　　　　B. 考慮風險價值
　　C. 戰術型決策　　　　　　　　D. 生產經營決策

三、判斷題

1. 虧損產品應立即停產或轉產，否則生產越多，虧損越大。　　　　　　（　　）
2. 沉沒成本是無關成本，在決策時可以不予考慮。　　　　　　　　　　（　　）
3. 成本決策時應分清相關成本和無關成本，否則會影響決策的準確性。　（　　）
4. 產品是否深加工的決策，取決於進一步加工時增加的收入是否大於追加的成本。
　　　　　　　　　　　　　　　　　　　　　　　　　　　　　　　　　（　　）
5. 由於購買生產設備馬上可以使用，涉及的時間短，所以該決策屬於短期經營決策。
　　　　　　　　　　　　　　　　　　　　　　　　　　　　　　　　　（　　）
6. 採用成本無差別點法對備選方案進行優先的前提條件是各備選方案的收入相等。
　　　　　　　　　　　　　　　　　　　　　　　　　　　　　　　　　（　　）
7. 變動成本法不利於進行各部門的業績評價。　　　　　　　　　　　　（　　）
8. 量本利法對成本資料的要求比差量分析法更全面、苛刻。　　　　　　（　　）
9. 變動成本定價法是按照產品的變動成本加上一定數額的邊際貢獻，作為制定產品銷售價格的依據。　　　　　　　　　　　　　　　　　　　　　　　　（　　）
10. 產品的最優價格是產品邊際利潤最接近於等於零的價格。　　　　　（　　）

四、實踐練習題

實踐練習1

某企業只生產一種產品，全年最大生產能力為1,200件。年初已按100元/件的價格接受正常訂貨1,000件，該產品的單位完全生產成本為80元/件（其中，單位固定生產成本為25元）。現有一客戶要求以70元/件的價格追加訂貨300件，因有特殊工藝

要求，企業需追加 2,000 元專屬成本。剩余能力可用於對外出租，可獲租金收入 3,000元。

要求：為企業做出是否接受低價追加訂貨的決策。

實踐練習 2

已知：某企業每年需用 A 零件 2,000 件，原由金工車間組織生產，年總成本為 19,000元，其中，固定生產成本為 7,000 元。如果改從市場上採購，單價為 8 元，同時將剩余生產能力用於加工 B 零件，可以節約外購成本 2,000 元。

要求：為企業做出自制或外購 A 零件的決策，並說明理由。

實踐練習 3

企業已具備自制能力，自制甲零件的完全成本為 30 元。其中：直接材料 20 元，直接人工 4 元，變動性製造費用 1 元，固定性製造費用 5 元。假定甲零件的外購單價為 26 元，且自制生產能力無法轉移。

要求：

(1) 計算自制甲零件的單位變動成本；

(2) 做出自制或外購甲零件的決策；

(3) 計算節約的成本。

實踐練習 4

某企業可生產半成品 5,000 件，如果直接出售，單價為 20 元，其單位成本資料如下：單位材料為 8 元，單位工資為 4 元，單位變動性製造費用為 3 元，單位固定性製造費用為 2 元，合計為 17 元。現該企業還可以利用剩余生產能力對半成品繼續加工後再出售，這樣單價可以提高到 27 元，但生產一件產成品，每件需追加人工費 3 元、變動性製造費用 1 元、分配固定性製造費用 1.5 元。要求就以下不相關情況，利用差量分析法進行決策：

(1) 若該企業的剩余生產能力足以將半成品全部加工為產成品；如果半成品直接出售，剩余生產能力可以承攬零星加工業務，預計獲得貢獻邊際 1,000 元；

(2) 若該企業要將半成品全部加工為產成品，需租入一臺設備，年租金為 25,000元；

(3) 若半成品與產成品的投入產出比為 2∶1。

第六章　企業全面預算管理

【知識目標】

- 瞭解企業全面預算的定義、特徵、作用和意義
- 掌握全面預算的編製方法
- 掌握企業核心業務預算的編製原理

【能力目標】

- 理解企業全面預算的編製模式
- 熟悉企業全面預算控制與考評程序
- 掌握企業銷售、生產、存貨等核心業務預算編製實務

第一節　全面預算管理概述

一、全面預算管理的概念和特徵

(一) 全面預算管理的概念

所謂全面預算管理是指將企業制定的發展戰略目標層層分解、下達於企業內部各個經濟單位，通過一系列的預算、控製、協調、考核，建立的一套完整的、科學的數據處理系統。全面預算管理自始至終地將各個經濟單位的經營目標同企業的發展戰略目標聯繫起來，對其分工負責的經營活動全過程進行控制和管理，並對其實現的業績進行考核與評價。

(二) 全面預算管理的特徵

全面預算管理的核心在於「全面」上，所以，它具有全員、全額、全程的特徵。

1. 全員性

「全員」是指預算過程的全員發動，包括兩層含義：一是指「預算目標」的層層分解；二是企業資源在企業各部門之間的一個協調和科學配置的過程。

2. 全額性

「全額」是指預算金額的總體性，不僅包括財務預算，而且包括業務預算和資本預算。

3. 全程性

「全程」是指預算管理流程的全程化，即預算管理不能僅停留在預算指標的下達、預算的編製和匯總上，更重要的是要通過預算的執行和監控、預算的分析和調整、預算的考核與評價，真正發揮預算管理的權威性和對經營活動的指導作用。

二、全面預算管理的基本功能與作用

(一) 全面預算管理的基本功能

1. 確立目標

編製預算實質上是根據企業的經營目標與發展規劃制定近期（預算期）各項活動的具體目標。通過目標的建立，引導企業的各項活動按預定的軌道運行。

2. 整合資源

通過編製預算可以使企業圍繞既定目標有效地整合資金、技術、物資、市場渠道等各種資源，以取得最大的經濟效益。

3. 溝通信息

預算管理過程是企業各層次、各部門信息互相傳達的過程。全面預算管理為企業內部各種管理信息的溝通提供了正式和有效的途徑，有助於上下互動、左右協調，提高企業的運作效率。

4. 評價業績

各項預算數據提供了評價部門和員工實績的客觀標準。通過預算與實績的差異分析，還有助於發現經營和管理的薄弱環節，改進未來工作。

(二) 全面預算管理的作用

1. 有助於現代企業制度的建設

在市場經濟條件下，企業出資者、經營者和其他員工之間構成了複雜的經濟關係。通過預算制約來有效地規範這三個方面的關係，正是體現了現代企業制度的內在要求。在這一管理體系中，體現了公司的決策、執行與監督權的適度分離，股東大會和董事會批准預算實際上是對決策權的行使，管理層實施預算方案是對公司決策的執行，內審機構、審計委員會、監事會等則行使監督權對預算實施進行事中監督和事後分析，這就理順了決策制定與決策控制的關係。

2. 有助於企業戰略管理的實施

通過預算管理，可以統一經營理念，明確奮鬥目標，激發管理的動力、增強管理的適應能力，確保企業核心競爭能力的提升。

3. 有助於現代財務管理方式的實現

全面預算把現金流量、利潤、投資收益率等指標作為管理的出發點與歸宿，強調價值管理和動態控制，為財務管理目標的實現奠定了堅實的基礎。同時，實行全面預算管理，將成本控制和財務預算有機地結合起來，從企業內部降低費用支出，轉向通過市場化的方式和資源共享的方式降低費用支出，樹立了成本控制的新理念。此外，健全的預算制度增強了財務管理的透明度，更好地樹立了現代財務管理的形象。

4. 有助於強化內部控制和提高管理效率

在企業實施分權管理的條件下，全面預算管理既保證了企業內部目標的一致性，又有助於完善權力規制管理，強化內部控制。全面預算已成為內部控制的重要手段和依據。

5. 有助於企業集團資源的整合

集團公司管理的核心問題是將各二級經營單位及其內部各個層級、各個單位和各位員工連接起來，圍繞著集團公司的總體目標運作。實行全面預算管理對解決這個難題具有積極意義，可以有效地消除集團公司內部組織機構松散，實現各層級各單位各成員的有機整合。

三、全面預算管理的分類

（一）按預算涉及的內容分類

從預算涉及的內容分類，企業預算包括損益預算、現金流量預算、資本預算和其他預算四個類別。

1. 損益預算

損益預算以公司經營成果為核心，由銷售量、銷售收入、損益、成本、費用、稅項等指標組成，包括銷售量預算、產品預算、產品銷售收入預算、其他業務預算、投資收益預算、營業外收支預算、利潤分配預算、稅項預算等。

2. 現金流量預算

現金流量預算以現金收支為基礎，包括現金流入量預算、現金流出預算和債權債務預算等。現金流入量預算由主營業務收入、向金融機構貸款、利息收入、投資返利收入、營業外收入、其他收入等組成。現金流出預算由採購支出、直接人工支出、管理費用支出、稅金支出、基建工程支出、更新改造支出、科技開發支出、長期投資支出、營業外支出、其他支出等組成。債權債務預算由債權預算（應收帳款、應收票據、預付貨款）、債務預算（應付帳款、預收帳款）、融資預算等組成。

3. 資本預算

資本預算反應公司在工程建設、對外投資、福利設施等建設方面的投資性活動，包括工程建設、長期投資、更新改造等。

4. 其他預算

其他預算是指在總預算、分預算中未列出的預算項目。此類項目的預算在年度預算中單獨列出，或由公司指定或委派責任單位會同管理機構對其進行專門的預算管理。

（二）按預算管理的功能分類

因為企業管理可以分為經營和管理兩個層次，所以預算也可以分為經營預算和管理預算兩個層次。經營預算是企業高層次的全面的預算，往往以較為綜合的財務指標為主；管理預算是企業較低層次的、具體執行性的預算，往往結合運用財務指標和非財務指標。從功能的階層性來說，管理預算又可以分為以下兩種：一種是各部門按要素展開的部門管理預算。部門管理預算由各部門承擔公司管理職能部分的成本、費用、

現金流量組成。另一種是由標準、進度等構成的現場管理預算，如關於產品質量、施工進度的管理。具體選擇哪一層次的預算和採用什麼樣的預算指標，應根據預算執行單位的特點來具體確定。

(三) 按預算是否有期間限制分類

按預算是否有期間限制分類，企業預算可以分為期間預算和項目預算。

1. 期間預算

期間預算是以一定時期內的生產經營活動為規劃對象的預算。以涉及的時期長短為標準，期間預算又可以分為長期預算、中期預算和短期預算。一般來說，涉及較長時期的預算往往是具有戰略意義的遠景規劃，帶有方向性，但在數據上較為粗略，正常業務預算和財務預算大多是以 1 年為期，年內再按季、月細分的短期預算，指標較為具體和確定。

2. 項目預算

項目預算是針對將來特定問題的活動預算，它是不受階層、不受時期制約的預算。例如，可否實行合併的預算、新產品開發預算、設備投資預算、研究預算、追加投資預算等，是對個別問題或項目制定的。企業管理的最上層所決定的預算，差不多都是項目預算。

(四) 按預算管理的中心分類

企業預算體系按預算管理的中心不同分類，可分為以銷售量為中心的預算體系、以目標成本為中心的預算體系、以現金流量為中心的預算體系和以目標利潤為中心的預算體系。

1. 以銷售量為中心的預算體系

以銷售量為中心的預算體系能使企業內部的各項生產經營活動圍繞市場需求這一中心來組織，使預算較為客觀，能較好地發揮計劃的作用。但如果過分強調市場需求的客觀性，就可能忽略內部潛力的挖掘，加大所有者和管理者之間的利益矛盾。這種模式特別適用於處於發展中的市場、生產能力基本能飽和利用的企業，或者市場變動較為劇烈、產品時效性較強的企業。

2. 以目標成本為中心的預算體系

以目標成本為中心的預算體系往往適用於產品生命週期較長，並且產品發展已處於成熟期，市場需求較為穩定的企業。這種企業的競爭優勢主要來源於較低的成本，因此成本控制是管理的重心。

3. 以現金流量為中心的預算體系

以現金流量為中心的預算體系抓住了財務決策、控製和協調的核心問題，通過對現金流量的規劃和控制來達到對企業內部各項生產經營活動的控制。中國寶鋼鋼鐵集團以前採用的就是這一模式。這一模式適用於業務迅速發展、企業組織處於擴張階段的企業管理或者大型企業集團的內部控制。

4. 以目標利潤為中心的預算體系

以目標利潤為中心的預算體系較為強調所有者對經營者的利益要求，一般用於企

業較高層次的經營預算。

對上述不同預算模式的分析可以豐富對於預算體系的認識，並且各種預算模式並不是相互排斥的。大型企業集團可以以一種模式為主、其他為輔，針對不同層次的企業組織特點選擇多種模式，形成綜合的、全面的、系統的預算管理體系。

四、全面預算管理系統運行的組織機構

(一) 設置預算管理委員會

1. 設置預算管理委員會的必要性

（1）預算管理委員會能協調、平衡各部門的工作計劃，使各部門相互配合。在預算管理模式下，通過設置專門的預算管理機構——預算管理委員會來協調企業內部各部門的關係，能夠有效地平衡各部門的工作計劃，使各部門相互配合，使目標利潤的實現成為可能。

（2）在預算的編製與執行過程中起樞紐中心的作用。各種預算編製與執行過程中的責任歸屬、權力劃分、利益分配，必須有一個樞紐中心——預算管理委員會來進行組織管理，以便發揮預算協調、控制與考評的作用，充分調動各個部門、每個成員的積極性和主動性。

2. 預算管理委員會的構成及主要職責

（1）預算管理委員會的構成。預算管理委員會一般由企業的董事長或總經理任主任委員，吸納企業內各相關部門的主管，如主管銷售的副總經理、主管生產的副總經理、主管財務的副總經理以及預算管理委員會秘書長等人員參加。對預算管理來說，預算管理委員會是最高管理機構。

（2）預算管理委員會的主要職責。預算管理委員會的主要職責是組織有關人員對目標進行預測、審查、研究、協調各種預算事項。預算管理委員會的主要職責包括以下幾項：

①制定有關預算管理的政策、規定、制度等相關文件；
②組織企業有關部門或聘請有關專家對目標的確定進行預測；
③審議、確定目標，提出預算編製的方針和程序；
④審查各部門編製的預算草案及整體預算方案，並就必要的改善對策提出建議；
⑤在預算編製、執行過程中發現部門間有彼此抵觸現象時，予以必要的協調；
⑥將經過審查的預算提交董事會，通過後下達正式預算；
⑦接受預算與實際比較的定期預算報告，在予以認真分析、研究的基礎上提出改善的建議；
⑧根據需要，就預算的修正加以審議並做出相關決定。

(二) 設置預算管理職能部門

預算管理組織，除了預算管理委員會之外，還應當設置一個預算管理職能部門作為專門辦事機構，以處理與預算相關的日常事務。因預算管理委員會的成員大部分由企業內部各責任單位的主管兼任，預算草案由各相關部門分別提供，獲準付諸執行的

預算方案是企業的一個全面性生產經營計劃，預算管理委員會在預算會議上所確定的預算案也絕不是各相關部門預算草案的簡單匯總，這就需要在確定、提交通過之前對各部門提供草案進行必要的初步審查、協調與綜合平衡，因此必須設立一個專門機構來具體負責預算的匯總編製，並處理日常事務。同時，在預算執行過程中，可能還有一些潛在的提高經濟效益的改善方法，或者發生責任單位為了完成預算目標有時採取一些短期行為的現象，而管理者可能不能及時得到這些信息，這就決定了預算的執行控製、差異分析、業績考評等環節不能由責任單位或預算管理委員會單獨完成，以避免出現部門滿意但對企業整體來說不是最優的預算執行結果。因此，必須實行預算責任單位與預算專職部門相互監控的方式，使它們之間具有內在的互相牽製作用。預算專門辦事機構應直接隸屬於預算管理委員會，以確保預算機制的有效運作。

(三) 建立預算管理責任網絡

在預算管理模式下，企業的目標需要各職能部門的共同努力才能實現。無論是直線職能制組織機構還是事業部制組織機構，各職能部門在實現企業目標利潤過程中所擔負的工作，是通過預算來體現的。也就是說，通過編製預算，企業的目標利潤得以分解、落實，明確了各職能部門在實現企業目標利潤過程中的具體任務。所以，梳理清楚各職能部門的責任歸屬，明確界定各職能部門的權利、義務關係，是預算管理模式運行的一個基本前提，也是預算機制順暢運行的必要條件。通常企業將預算總目標劃分為幾個分目標或者稱為分預算，並指定相應的下級部門去完成，每個分目標或分預算再根據具體情況劃分為更小的子目標或子預算，並指定更下一級的部門去完成。這樣，每個部門都被賦予了一定的責任，成為預算管理的不同責任中心，整個企業就形成了一個預算管理的責任網絡。

預算管理責任網絡是以企業的組織結構為基礎，本著高效、經濟、權責分明的原則來建立的。臃腫的機構不但會增加管理成本，降低管理效率，而且會影響預算管理應有作用的發揮。預算管理責任網絡的建設應遵循以下原則：

1. 責任中心要擁有與企業管理整體目標相協調、與其職能責任相適應的經營決策權

分權管理的主要表現形式是決策權部門化，即在企業中建立一種具有半自主權的內部組織機構。企業通過向下層層授權，使每一部門都擁有一定的權利和責任。應該說分權管理的主要目的是提高管理效率，而分權與效率的結合點就是企業整體經營管理目標，即在企業整體目標的制約下，高層管理機構把一些日常的經營決策權直接授予負責該經營活動的責任中心，使其能針對具體情況及時做出處理，以避免逐級匯報延誤決策時機而造成損失，並充分調動各單位經營管理的積極性和創造性。

2. 責任中心要承擔與其經營決策權相適應的經營責任

在管理理論中，責任與權利可以說是一對孿生兄弟，有什麼樣的決策權利，就有什麼樣的經濟責任。所以，當一個管理部門被授予經營決策權時，就必須對其決策承擔相應的經濟責任，這也是對其有效使用權利的一種制約。企業設置每一責任中心，都必須根據授予的經營決策權的範圍確定其應承擔的經濟責任。

3. 責任中心的生產經營業績能夠明確劃分和辨認

這也就是說，責任中心的責任必須具體明確、界定清晰、指標量化。

4. 責任中心要具有明顯的層次劃分

企業為了有效地規劃和控制自身業務活動，應當將整個企業逐級劃分為許多責任中心，以體現責任中心的層次性。每個責任中心有能力規劃和控制一部分業務活動，並對它的工作業績負責。

(四) 構建預算管理下的責任中心

確定責任中心是預算管理的一項基礎工作。責任中心是企業內部成本、利潤、投資的發生單位，這些內部單位被要求完成特定的職責，其責任人被賦予一定的權利，以便對該責任區域進行有效的控制。在一個企業內，一個責任中心可大可小，它可以是一個銷售部門、一條專門的生產線、一座倉庫、一臺機床、一個車間、一個班組、一個人，也可以是分公司、事業部甚至是整個企業。根據不同責任中心的控制範圍和責任對象的特點，可將其分為三種：成本中心、利潤中心和投資中心。

1. 成本中心及其職責

成本中心是責任人只對其責任區域內發生的成本負責的一種責任中心。成本中心是成本發生單位，一般沒有收入，或僅有無規律的少量收入，其責任人可以對成本的發生進行控制，但不能控制收入與投資。因此，成本中心只需對成本負責，無需對利潤情況和投資效果承擔責任。

2. 利潤中心及其職責

利潤中心是既能控制成本，又能控制收入的責任單位。因此，它不但要對成本和收入負責，也要對收入與成本的差額即利潤負責。利潤中心屬於企業中的較高層次，同時具有生產和銷售的職能，有獨立的、經常性的收入來源，可以決定生產什麼產品、生產多少、生產資源在不同產品之間如何分配，也可以決定產品銷售價格、制定銷售政策，它與成本中心相比具有更大的自主經營權。

3. 投資中心及其職責

投資中心是指不僅能控制成本和收入，而且能控制占用資產的單位或部門。也就是說，在預算管理中，該責任中心不僅要對成本、收入、預算負責，而且還必須對其與目標投資利潤率或資產利潤率相關的資本預算負責。只有具備經營決策權和投資決策權的獨立經營單位才能成為投資中心。

4. 責任中心之間的聯繫

(1) 轉移定價是責任中心之間聯繫的紐帶

分散經營的組織單位（各個責任中心）之間相互提供產品或勞務時，需要制定一個內部轉移價格。制定轉移價格的目的有兩個：一是防止成本轉移帶來的部門間責任轉嫁，使每個利潤中心都能作為單獨的組織單位進行部門業績評價；二是運用價格引導各責任中心在經營中採取與企業整體目標一致的決策。轉移價格對於提供產品勞務的生產部門來說表示收入，對於使用這些產品或勞務的購買部門來說則表示成本。因此，轉移價格影響這兩個部門的獲利水平，部門經理非常關心轉移價格的制定。轉移

價格的確定一般有以下三種方法：

①以成本為依據制定轉移價格。以成本為依據制定轉移價格即根據轉移產品的變動成本或全部成本來確定轉移價格。這種方法簡單明瞭、方便易行，但掩蓋了除產品最終對外銷售部門以外的其他內部轉移單位付出的勞動，不能分清責任，甚至導致各部門在生產經營決策中做出有損企業整體利益的不明智決定。

②以市場價格作為轉移價格。企業的利潤中心、投資中心如果具有較大的經營自主權，可以用市場價格或一定時期的市場平均價格作為轉移價格。這樣，企業內部各單位猶如市場上的獨立企業，相互之間公平買賣。

③協商定價。協商定價主要用於產品沒有現成的市場價格，或者市場上有多種價格的情況。在有確定的市場價格可供參考時，由於產品內銷可以節省一定的費用，買賣雙方可以通過協商採用略低於市場價格的轉移價格，節約下來的費用按協商比例在雙方之間分配。

（2）不同的預算管理責任中心在企業中處於不同的地位

投資中心處於最高層次，就利潤和投資向企業最高層領導負責，下轄若干利潤中心或成本中心；利潤中心就利潤向投資中心負責，下轄若干成本中心；成本中心就其責任向上級利潤中心或投資中心負責，下轄若干下級成本中心，成本中心屬於企業中最基礎的層次。高層次責任預算統馭著低層次的責任預算，低層次責任預算又支撐著高層次的責任預算，不同層次的責任預算以責任網絡的方式系統地規範了企業各個部門、各個環節和全體人員的目標責任。這樣整個企業就形成了一個預算管理責任網絡。

五、全面預算管理系統運行的制度保障

（一）建立全員參與制度

1. 建立全員參與制度是全面預算管理機制有效運行的前提

要實施全面預算管理，首先企業高層管理者要對全面預算管理有較深刻的認識，這是全面預算管理機制有效運行的重要前提。因為全面預算管理機制的運行必須要有企業最高管理者來具體組織和推動。

2. 建立全員參與制度是全面預算管理機制良好運行的重要條件

建立全員參與制度，這並不是說只要有了高層管理者的組織和推動，編製好預算，全面預算管理就卓見成效。預算只不過是一個管理的載體，預算機制的良好運行需要企業全員參與和支持，特別是中基層管理者對預算的參與、支持尤為重要。這就要求企業管理者在實施全面預算管理之前首先要進行預算教育，使企業自上而下都瞭解全面預算管理，認識到實施全面預算管理的重要性，主動地參與、支持預算機制的運行，並接受預算機制的限制和約束，為預算機制創造了一個良好的運行環境；否則，全面預算管理就不能良好運行。

（二）完善生產管理制度

1. 現代化企業大生產需要建立生產管理制度

企業製造任何一種產品，都需要經過一定的生產過程。在現代化企業大生產中，

工業企業的生產過程必須根據其生產規模、產品特性和工藝方法進行科學的勞動分工，使生產中的三要素（勞動者、勞動對象和勞動資料）緊密地結合起來，形成一個有機的整體。優化生產過程、規範生產程序、推動生產發展，必須建立嚴格的管理制度。否則，生產過程就失去控製，成本開支就沒有節制，很容易造成生產資源的浪費。

2. 全面預算管理機制的運行需要建立生產管理制度

全面預算管理機制的運行需要進一步完善生產管理制度，企業應根據目標利潤、生產需求、資源能力等，制訂生產計劃，確定生產方式，進行生產調度和生產檢查。對於產品生產的操作規程要科學地加以規範，並輔之以相應的獎懲機制，對於科學規範操作的工人予以獎勵，對違反操作規範及效率低下的工人進行處罰。嚴格的生產管理制度使企業生產安全、有序、高效，為全面預算管理機制的運行提供了可靠的保障。

(三) 建立質量管理制度

全面預算管理是一種全面管理，而不局限於財務管理方面，如果為了降低產品成本而導致質量下降，就會給企業帶來負面影響。只有在嚴格的質量標準控製下，才能進行正常的全面預算管理。要生產出優質產品，首先，必須對大量的生產經營活動和技術管理業務加以標準化，形成工作質量標準。也就是說，對生產過程中的每一道工序、每一項作業都建立生產程序標準、作業標準、質量標準、檢查考核標準，把大量的、重複的、錯綜複雜的管理業務形成管理標準。其次，要對產品的可靠性、耐用性、效率性、經濟性、適應性及安全性等方面的特性加以規定，形成產品質量標準。工作質量標準的嚴格執行，是產品質量達到標準的保證。全面預算管理機制只有建立在嚴格的質量控製制度的基礎上，才能健康而有效地運行。

(四) 優化企業管理制度

優化企業管理制度主要體現在制定和優化激勵制度方面。制定激勵制度是確保預算系統長期有效運行的一個重要因素，因為人的工作努力程度往往受到業績評價和獎勵辦法的影響，預算的考評應遵循激勵的原則。制定明確的激勵機制，讓預算執行者在預算執行前就明確業績與獎勵之間的關係，知道什麼樣的業績將會得到什麼樣的獎勵，使個人目標與企業的總目標和經營成果緊密地連接在一起，以此引導員工自覺約束自己的行為，激勵他們努力工作，增強組織歸屬感，完成或超額完成預算目標；「如果將預算的執行和對績效的考核與一定的激勵制度結合起來，這種激勵作用就會更大」。因此，優化激勵制度也是實現企業預算總目標的一種有力手段。

(五) 健全的會計財務制度

全面預算管理機制的運行，需要企業具有良好的會計基礎與健全的會計財務制度，特別是高層管理者必須精通企業財務管理和會計知識。這是全面預算管理機制良好運行的基礎。這裡所說的會計主要是指企業財務會計與管理會計，管理會計信息在整個全面預算管理過程中至關重要。這是因為，全面預算管理的首要環節是預測。通過預測來確定企業的目標利潤，而這種預測要以大量的準確信息為依據，這些信息主要包括企業內部信息和企業外部信息，其中很多信息屬於管理會計範疇或與管理會計有聯

繫，管理會計為企業管理者的預測提供了大量的信息支持，使管理者通過預測所確定的預算目標更為合理；在預算執行控制過程中，管理會計對預算執行信息的分析和解釋以及所提供的解決問題的建議，又大大提高了預算機制的運行效率。所以，全面預算管理「與管理會計始終左右相伴，管理會計信息在全面預算管理中起著不可替代的作用」。預算執行過程中需要對實際的發生有詳細準確的原始記錄及核算，分析實際與預算的差異，形成準確的預算報告；同時，也要根據預算嚴格審查、控製費用的支出，而這些工作又是由財務會計來完成的。

六、全面預算管理的制度體系

全面預算管理的制度體系包括預算組織制度、預算指標體系、預算編製程序與方法體系、預算監控與調整制度、預算報告制度、預算考評制度六個方面。

(一) 預算組織制度

預算組織制度是與一個公司治理結構、管理體制相關的，致力於明確、規範公司股東大會、董事會、預算委員會、經理層（包括母子公司、各職能部門），在預算工作組織、指標管理的權限、責任、程序的體系。見圖6-1。

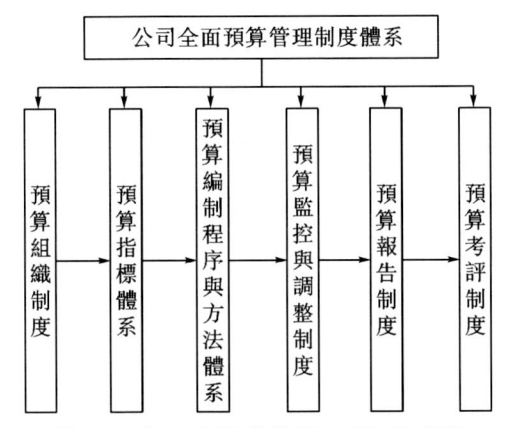

圖6-1　公司全面預算管理制度體系框架圖

(二) 預算指標體系

預算指標體系是關於公司預算內容的體系，該內容體系與公司管理、經營責任相關。既有總公司預算，也有分子公司預算；既有投資中心預算，也有利潤中心預算、成本中心和費用中心預算。

(三) 預算編製程序與方法體系

預算編製程序與方法體系和預算編製相關，致力於提高公司預算編製工作效率，規範編製工作標準，減少預算指標形成的隨意性，探討設計調整預算、滾動預算、零基預算、彈性預算等方法在公司的運用方面。

(四) 預算監控與調整制度

預算監控與調整制度和預算實施相關，包括公司重大事項分項決策、簽署權限一覽表，旨在明確、規範股東大會、董事會、高層經理、部門經理、各分公司等在投資、融資、擔保、合同、費用開支、資產購置等方面的預算權限劃分。公司預算在實施中調整決策制度。預算調整是預算管理中的正常現象，但是預算調整與預算指標的確立分解一樣是很嚴肅的環節，必須規範，建立嚴格的預算調整審批制度和程序。

(五) 預算報告制度

預算報告制度與責任會計相關，致力於建立反應預算執行情況的責任會計體系包括帳簿、報表、流程和報告規範。報告規範中又包括預算報告的內容格式、時間安排和程序。

(六) 預算考評制度

預算考評制度是致力於解決目前總公司在業績考核上與預算脫節的問題，設計預算的考評指標、方法、考評結果作為獎懲依據與薪酬計劃銜接，考評指標和考評方法與程序，如投資中心的考核指標、利潤中心的考評指標、成本中心的考評指標和費用中心的考評指標。

第二節　全面預算的編製方法

本書主要介紹固定預算法和彈性預算法、增量預算法和零基預算法、定期預算法和滾動預算法、項目預算法和作業基礎預算法八種全面預算的編製方法。

一、固定預算法和彈性預算法

預算按編製時的基礎不同，可分為固定預算和彈性預算兩大類。如果編製的基礎是某一個固定的業務量，那麼，所編製的預算就是固定預算；如果預算編製的基礎是一系列可以預見的業務量，那麼，所編製的預算就是彈性預算。

(一) 固定預算法

固定預算法又稱靜態預算法，是指根據預算期內正常的可能實現的某一業務活動水平而編製的預算。固定預算的基本特徵是：不考慮預算期內業務活動水平可能發生的變動，而只按照預期內計劃預定的某一共同的活動水平為基礎確定相應的數據；將實際結果與按預算期內計劃預定的某一共同的活動水平所確定的預算數進行比較分析，並據以進行業績評價、考核。固定預算方法適宜財務經濟活動比較穩定的企業和非營利性組織。企業制訂銷售計劃、成本計劃和利潤計劃等，都可以使用固定預算方法制訂計劃草案。

【例6-1】甲公司預計生產中產品100萬件，單位產品成本構成為直接材料100元，直接人工60元，變動性製造費用50元，其中間接材料10元、間接人工30元、動力費

10元；固定性製造費用150萬元，其中辦公費40萬元、折舊費100萬元、租賃費10萬元。該公司實際生產並銷售甲產品150萬件。採用固定預算方法，該公司生產成本預算如表6-1所示。

表6-1　　　　　　　　　　生產成本預算分析表　　　　　　　　單位：萬元

項目	固定預算	實際發生	差異
生產產量（萬件）	100	150	+50
變動成本			
直接材料	10,000	15,600	+5,600
直接人工	6,000	9,000	+3,000
變動性製造費用	5,000	7,500	+2,500
其中：間接材料	1,000	1,500	+500
間接人工	3,000	4,500	+1,500
動力費	1,000	1,500	+500
固定性製造費用	150	150	0
其中：辦公費	40	40	0
折舊費	100	100	0
租賃費	10	10	0
生產成本合計	21,150	32,250	+11,100

從表6-1中可以看出，這裡的生產成本預算分別以預計產量和實際產銷量為基礎，固定預算與實際發生額之間的差異不能恰當地說明企業成本控製的情況。也就是說，表6-1中的不利差異為11,100萬元。究竟是產銷量增加而引起成本增加，還是由於成本控製不利而發生超支，很難通過固定預算與實際發生的對比正確地反應出來。固定預算及其數據降低了控製、評價生產經營和財務狀況的作用。

(二) 彈性預算法

彈性預算法是在固定預算方法的基礎上發展起來的一種預算方法。它是根據計劃期或預算期可以預見的多種不同業務量水平，分別編製其相應的預算，以反應在不同業務量水平下所應發生的費用和收入水平。根據彈性預算隨業務量的變動而做相應調整，考慮了計劃期內業務量可能發生的多種變化，故又稱變動預算。彈性預算的表達方式主要有列表法和公式法。

1. 列表法

列表法是在確定的業務量範圍內，劃分若干個不同的水平，然后分別計算各項預算成本，匯總列入一個預算表格。在應用列表法時，業務量之間的間隔應根據實際情況確定。間隔較大，水平級別就少一些，可以簡化編製工作，但太大了就會失去彈性預算的優點；間隔較小，用以控製成本較為準確，但會增加編製的工作量。

列表法的優點是：不管實際業務量是多少，不必經過計算即可找到與業務量相近的預算成本，用以控製成本較為方便；混合成本中的階梯成本和曲線成本，可以按其形態計算填列，不必用數學方法修正為近似的直線成本。但是，運用列表法評價和考

核實際成本時，往往需要使用插補法來計算實際業務量的預算成本。

2. 公式法

公式法是利用公式「總成本＝固定成本＋單位變動成本×業務量」來近似表示預算數。所以，只要在預算中列示固定成本和單位變動成本，便可以隨時利用公式計算任意業務量的預算成本。公式法的優點是便於計算任何業務量的預算成本，但是階梯成本和曲線成本只能用數學方法修正為直線。必要時，還需要在「備註」中說明不同的業務量範圍內應採用不同的固定成本金額和單位變動成本金額。

【例6-2】甲公司在計劃期內預計銷售乙產品1,000件，銷售單價為50元，產品單位變動成本為20元。固定成本總額為1.5萬元。採用彈性預算方法編製收入、成本和利潤預算，見表6-2。

表6-2　　　　　收入、成本和利潤彈性預算表（列表法）　　　　　單位：元

項目	1,000（件）	1,500（件）	2,000（件）	2,500（件）
銷售收入	50,000	75,000	100,000	125,000
變動成本	20,000	30,000	40,000	50,000
邊際貢獻	30,000	45,000	60,000	75,000
固定成本	15,000	15,000	15,000	15,000
利潤	15,000	30,000	45,000	60,000

預算期內企業實際執行結果為銷售量1,500件、變動成本總額3.2萬元，固定成本總額增加3,000元。執行情況分析如表6-3所示。

表6-3　　　　　收入、成本和利潤彈性預算表（列表法）　　　　　單位：元

項目	固定預算（1,000）	彈性預算（1,500）	實際（1,500）	預算差異	成本差異
欄次	1	2	3	4=2-1	5=3-2
銷售收入	50,000	75,000	75,000	25,000	
變動成本	20,000	30,000	32,000	10,000	+2,000
邊際貢獻	30,000	45,000	43,000	15,000	-2,000
固定成本	15,000	15,000	18,000	15,000	+3,000
利潤	15,000	30,000	25,000		-5,000

從表6-3中可以看出，由於實際銷售量比固定預算原定的指標多500件，在成本費用開支維持正常水平的情況下，應當增加邊際利潤15,000元。這15,000元屬於預算差異。但是，將實際資料與彈性預算相比較會發現，出於變動成本和固定成本分別超支2,000元和3,000元，使實際利潤比彈性預算的要求減少5,000元，減少的這部分利潤屬於成本差異。這兩種差異的相互補充，可以更好地說明實際利潤比固定預算利潤增加10,000元的原因。銷售量的增加本來應當使利潤上升15,000萬元，但由於成本超支5,000元，企業利潤最終只增加了10,000元。

前面例子中介紹的彈性預算是按照不同的業務量水平分別確定相應利潤指標的。

此外，由於成本費用的內容複雜，其各項目隨著業務量的增長所發生的變動幅度各不相同。為了加強預算控制，更有必要按照不同的業務量水平編製彈性預算。一般來說，彈性成本預算主要用於涉及各種間接費用的預算，如間接製造費用、營業費用等預算。直接材料和直接人工是隨業務量成正比例變動的，可以通過標準成本進行控制，不一定要編製彈性預算。某企業的間接製造費用彈性預算如表6-4所示。

表6-4　　　　　　收入、成本和利潤彈性預算表（列表法）　　　　　單位：元

項目	1,000（工時）	1,500（工時）	2,000（工時）	2,500（工時）
變動費用	50,000	75,000	100,000	125,000
半變動費用	20,000	25,000	35,000	38,000
固定費用	30,000	30,000	30,000	30,000

二、增量預算法和零基預算法

編製成本費用預算的方法按其是否以基期水平為基礎，分為增量預算和零基預算兩種。

（一）增量預算法

增量預算法是指在上年度預算實際執行情況的基礎上，考慮了預算期內各種因素的變動，相應增加或減少有關項目的預算數額，以確定未來一定期間收支的一種預算方法。如果在基期實際數基礎上增加一定的比率，則叫增量預算法；反之，若是基期實際數基礎上減少一定的比率，則叫減量預算法。

這種方法主要適用於在計劃期由於某些採購項目的實現而應相應增加的支出項目。如預算單位計劃在預算年度上採購或拍賣小汽車，從而引起的相關小車燃修費、保險費等採購項目支出預算的增減。其優點是預算編製方法簡便、容易操作；其缺點是以前期預算的實際執行結果為基礎，不可避免地受到既成事實的影響，易使預算中的某些不合理因素得以長期沿襲，因而有一定的局限性。同時，也容易使基層預算單位養成資金使用上「等、靠、要」的思維習慣，滋長預算分配中的平均主義和簡單化，不利於調動各部門增收節支的積極性。

（二）零基預算法

零基預算法是指由於任何預算期的任何預算項目，其費用預算額都以零為起點，按照預算期內應該達到的經營目標和工作內容，重新考慮每項預算支出的必要性及其規模，從而確定當期預算。零基預算法的編製程序包括以下三個步驟：

（1）單位內部各有關部門根據單位的總體目標，對每項業務說明其性質和目的，詳細列出各項業務所需要的開支和費用；

（2）對每個費用開支項目進行成本效益分析，將其所得與所費進行對比，說明某種費用開支后將會給企業帶來什麼影響；然后把各個費用開支項目在權衡輕重緩急的基礎上，分成若干層次，排出先后順序；

（3）按照第二步所確定的層次順序，對預算期內可動用的資金進行分配，落實

預算。

現舉例說明零基預算的具體編製方法。

【例6-3】甲公司採用零基預算法編製下年度的營業費用預算，有關資料及預算編製的基本程序如下：

(1) 該公司銷售部門根據下半年企業的總體目標及本部門的具體任務，經認真分析，確認該部門在預算期內將發生如下費用：工資10萬元、差旅費5萬元、辦公費3萬元、廣告費13萬元、培訓費2萬元。

(2) 討論后認為，工資、差旅費和辦公費均為預算期內該部門最低費用支出，應全額保證，廣告費和培訓費則根據企業的財務狀況的情況增減。另外，對廣告費和培訓費進行成本—效益分析后得知：1元廣告費可以帶來20元利潤，而1元培訓費只可以帶來10元利潤。

(3) 假定該公司計劃在下年度為營業費用支出30萬元，其資金的分配應當是：

首先，全額保證工資、差旅費和辦公費開支的需要，即：

100,000+50,000+30,000 = 180,000 = 18（萬元）

其次，將尚可分配的12萬元即（30-18）資金按成本收益率的比例分配給廣告費和培訓費。

廣告費資金 = 12×20／（20+10）= 8（萬元）

培訓費資金 = 12×10／（20+10）= 4（萬元）

零基預算法的優點是：既能壓縮費用支出，又能將有限的資金用在最需要的地方；不受前期預算的影響，能促進各部門精打細算、合理使用資金。但這種預算法對一切支出均以零為起點進行分析，因此編製預算的工作相當繁重。

三、定期預算法和滾動預算法

按照預算期是否連續，編製預算方法可以分為定期預算和滾動預算兩種。

(一) 定期預算法

定期預算法是指在編製預算時以不變的會計期間（如日曆年度）作為預算期的一種編製預算的方法。

定期預算法的優點：能夠使預算期間與會計年度相配合，便於考核和評價預算的執行結果。定期預算法編的缺點：

(1) 缺乏遠期指導性。由於定期預算往往是在年初甚至提前兩三個月編製的，對於整個預算年度的生產經營活動很難做出準確的預算。尤其是對預算后期的預算只能進行籠統地估算，數據籠統含糊，缺乏遠期指導性，給預算的執行帶來很多困難，不利於對生產經營活動的考核和評價。

(2) 靈活性差。由於定期預算不能根據情況變化及時調整，當預算中所規劃的各種經營活動在預算期內發生重大變化時，就會造成預算滯后過時，阻礙預算的指導功能，甚至失去作用，成為虛假預算。

(3) 連續性差。由於受預算期間的限制，致使經營管理者的決策視野局限於本期

規劃的經營活動，不能適應連續不斷的生產經營過程，從而不利於企業的長遠發展。為了克服定期預算的缺點，在實踐中可以採用滾動預算的方法編製預算。

(二) 滾動預算法

定期預算法的特點是：隨著時間的推移和預算的實施所剩預算時間將越來越短。這類預算通常有以下不足：①由於預算的時間長，在其執行過程中可能出現意外事件，致使現有預算不能完全適應單位未來的業務活動；②所剩預算期逐漸變短，會促使管理人員考慮未來較短期內的業務活功，缺乏長遠打算。為彌補這些不足，可以用滾動預算法。

滾動預算是在定期預算的基礎上發展起來的一種預算方法。它是指隨著時間推移和預算的執行，其預算時間不斷延伸，預算內容不斷補充，整個預算處於滾動狀態的一種預算方法。滾動預算編製方式的基本原理是使預算期永遠保持 12 個月，每過 1 個月，立即在期末增列一個月的預算，逐期往后滾動。因而，在任何一個時期都使預算保持 12 個月的時間跨度，故亦稱「連續編製方式」或「永續編製方式」。這種預算能使單位各級管理人雖對未來永遠保持 12 個月時間工作內容的考慮和規劃，從而保證單位的經營管理工作能夠穩定而有序地進行。可以按月或季度滾動，如按季度滾動預算，見表 6-5。

表 6-5

2013 年預算（一）			
第一季度	第二季度	第三季度	第四季度
2013 年第一季節過去后，則預算變為：			
第二季度	第三季度	第四季度	第一季度
2013 年第二季節過去后，則預算變為：			
第三季度	第四季度	第一季度	第二季度
2013 年第三季節過去后，則預算變為：			
第四季度	第一季度	第二季度	第三季度

滾動編製方式還採用了長計劃、短安排的方法，即在基期編製預算時，先將年度分季，並將其中第一個季度按月劃分，建立各自的明細預算數字，以便監督預算的執行；至於其他三個季度的預算可以粗一點，只列各個季度的總數，到第一季度結束前，再將第二季度的預算按月細分，第二季度和第四季度以及增列的下一個年度的第一季度，只需列出各個季度的總數，依次類推。這種方式的預算有利於管理人員對預算資料做經常性的分析研究，並能根據當前預算的執行情況加以修改，這些都是傳統的定期預算編製方式所不具備的。

四、項目預算法和作業基礎預算法

按照預算期涉及對象不同，編製預算方法可以分為項目預算和作業基礎預算兩種。

(一) 項目預算法

在輪船、飛機、公路等從事工程建設，以及一些提供長期服務的企業中，需要編製項目預算。項目預算的時間框架就是項目的期限，跨年度的項目應按年度分解編製預算。在項目預算中，間接費用比較簡化，因為企業僅將一部分固定和變動間接費用分配到項目中，剩餘的間接費用不在項目中考慮。

項目預算的優點在於，它能夠包含所有與項目有關的成本，容易度量單個項目的收入、費用和利潤。企業在編製項目預算時，將過去相似項目的成功預算作為標杆，通過對計劃年度可能發生的一些重要事件進行深入分析，能夠大大提高本年度項目預算的科學性和合理性。

(二) 作業基礎預算法

與傳統的預算編製按職能部門確定預算編製單位不同，作業基礎預算法關注於作業（特別是增值作業）並按作業成本來確定預算編製單位。作業基礎預算法更有利於企業加強團隊合作、協同作業，提升客戶滿意度。

作業基礎預算法的支持者認為，傳統成本會計僅使用數量動因，將成本度量過度簡化為整個流程或部門的人工工時、機時、產出數量等指標，模糊了成本與產出之間的關係。作業基礎預算法通過使用類似「調試次數」的作業成本動因，更好地描述出資源耗費與產出之間的關係。只有當基於數量的成本動因是最合適的成本度量單位時，作業基礎預算法才會採用數量動因來確定成本。

作業基礎預算法的主要優點是它可以更準確地確定成本，尤其是在追蹤多個部門或多個產品的成本時。因此，作業基礎預算法適用於產品數量、部門數量以及諸如設備調試等方面比較複雜的企業。

上述預算編製方法是在預算管理發展過程中形成的幾種比較常用的方法，各有優缺點，在具體應用時，各單位沒必要強調方法的一致性，而應結合使用。同一個預算方案可以根據具體內容的不同，選取不同的方法；同樣，一種方法也可適用於不同的預算。各編製單位應根據不同預算內容的特點和要求，因地制宜地選用不同的預算編製方法，保證整體預算方案的最優化。

第三節　核心業務預算的編製

一、業務預算

(一) 銷售預算的編製

銷售預算左右整個企業的所有業務，並且是其他預算編製的基礎。企業只有明確了預算期內所要銷售的產品數量才能確定產量。產量確定之後，原材料的採購量、需要雇傭的職員數以及所需的製造費用才能隨之確定。預計的銷售和管理費用也在一定程度上取決於期望銷售量。所以，大多數情況下企業生產經營全面預算是以銷售預算

作為編製起點。生產、材料採購、成本、費用等方面的預算都要以銷售預算為基礎，準確的銷售預算能夠增強預算作為規劃控制工具的作用。準確的銷售預算應建立在銷售預測的基礎上，就此而言，銷售預測又是編製銷售預算的起點。在銷售預測中應考慮的影響因素有：①現在的銷售水平和過去幾年的銷售趨勢；②經濟和行業的一般狀況；③競爭對手的行動和經營計劃；④定價政策；⑤信用政策；⑥廣告和促銷活動；⑦未交貨的訂單。

銷售預測方法最主要的兩種方法是趨勢分析法和計量經濟學模型法。趨勢分析法可以是簡單的分佈圖目測法，也可以是複雜的時間序列模型。趨勢分析法的優點在於它只使用歷史數據，這些數據可以在公司記錄中方便地找到。但是，需要根據可能偏離趨勢的未來事項來調整預測結果；計量經濟學模型如迴歸分析和時間序列分析利用歷史數據和其他影響銷售的信息。計量經濟學模型法預測的優點在於其結果客觀、可證實且計量可靠。近年來，由於計算機的普及，計量經濟學模型法的使用越來越普遍。當然，比起只使用經驗判斷或模型分析的做法，將二者結合起來會得到更好的預測結果。

銷售預算則是在戰略規劃的指導下，結合整體市場情況，客觀詳細地分析企業外部和內部環境的優、劣勢，制定總體市場份額目標，研究競爭策略，確定下一年度所用資源和優先行動，形成以滿足市場需求、取得競爭優勢為導向的市場開拓、目標客戶開發計劃；同時參考各種產品歷史銷售量的分析，結合市場預測中各種產品發展前景等資料，按產品、地區、客戶或其他項目形成下一年度銷售預算。銷售預算應列示預期銷售價格下的預期銷售量、銷售收入額以及由此導致的現金流入狀況，並將相關預算責任落實到具體責任人。

【例6-4】甲公司預計某年四個季度 A 產品的銷售量分別為 3,000 件、2,500 件、2,800件和2,600 件，單價為 10 元/件；B 產品的銷售量分別為 2,000 件、2,100 件、2,200件和1,800 件，單價為 15 元/件。假設當季銷售價款的60%於當季收回，餘款於下季度收回，不考慮增值稅以及年初和年末應收回的銷售款的影響。表 6-6 是該公司的銷售預算表。

表 6-6　　　　　　　　　　　　某企業銷售預算
甲公司銷售部　　　　　　　　　　　　20××年　　　　　　　　　　　　金額單位：元

品種	期間	銷售數量 (1)	預計單價 (2)	銷售收入 (3)=(1)×(2)	預計現金流入額 一季度	二季度	三季度	四季度	合計	預算責任人
A	一季度	3,000	10	30,000	18,000	12,000			30,000	
	二季度	2,500	10	25,000		15,000	10,000		25,000	
	三季度	2,800	10	28,000			16,800	11,200	28,000	
	四季度	2,600	10	26,000				15,600	15,600	
	小計	10,900	10	109,000	18,000	27,000	26,800	26,800	98,600	

表6-6(續)

品種	期間	銷售數量 (1)	預計單價 (2)	銷售收入 (3)=(1)×(2)	預計現金流入額 一季度	二季度	三季度	四季度	合計	預算責任人
B	一季度	2,000	15	30,000	18,000	12,000			30,000	
	二季度	2,100	15	31,500		18,900	12,600		31,500	
	三季度	2,200	15	33,000			19,800	13,200	33,000	
	四季度	1,800	15	27,000				16,200	16,200	
	小計	8,100	15	121,500	18,000	30,900	32,400	29,400	110,700	
合計	一季度	5,000		60,000	36,000	24,000			60,000	
	二季度	4,600		56,500		33,900	22,600		56,500	
	三季度	5,000		61,000			36,600	24,400	61,000	
	四季度	4,400		53,000				31,800	31,800	
	合計	19,000		230,500	36,000	57,900	59,200	56,200	209,300	

(二) 生產預算

生產預算通常依據銷售預算進行編製。生產預算就是根據銷售目標和預計預算期末的存貨量決定生產量，並安排完成該生產量所需資源的取得和整合的整套規劃。生產量取決於銷售預算、期末產成品的預計餘額以及期初產成品的存貨量。預計生產量的公式為：

預計生產量＝預計銷售量＋預計期末產成品存貨－預計期初產成品存貨

影響生產預算的其他因素包括：①企業關於穩定生產和為降低產成品存貨而實施的靈活生產方面的態度；②生產設備的狀況；③原材料及人工等生產資料的可得性；④生產數量和質量方面的經驗。

編製生產預算時還應注意：年度預算的數據通常都是年內各季度數據的合計數，季度預算的數據通常是季度內各月份數據的合計數，但年末或季末的產成品存貨數量就是年末或季末當月份的預計期末存貨量，而不是各期期末存貨量的合計數。期初存貨量也是如此。也就是說，期初、期末數是年度或季度內特定時點的數額而不是整個期間的數額。

【例6-5】甲公司預計某年四個季度的預計銷售量分別為3,000件，2,500件，2,800件和2,600件，年初、年末存量分別為1,000件和300件。假定上一季度的期末存量為下一季度銷售量的10%，那麼該公司生產預算表格可如表6-7所示。

表6-7　　　　　　　　　　　　　甲公司生產預算　　　　　　　　　　　　單位：件

項目	一季度	二季度	三季度	四季度	合計
預計銷售量	3,000	2,500	2,800	2,600	10,900
加：期末存貨	250	280	260	300	300

表6-7(續)

項目	一季度	二季度	三季度	四季度	合計
需要產品量	3,250	2,780	3,060	2,900	11,200
減：期初存貨	1,000	250	280	260	1,000
預計產量	2,250	2,530	2,780	2,640	10,200

(三) 直接材料使用和採購預算

生產預算是編製直接材料使用和採購預算的基礎。直接材料使用預算應顯示生產所需的直接材料及其預算成本。在此基礎上，企業據以進一步編製直接材料採購預算。企業編製直接材料採購是為了保證有足夠的直接材料來滿足生產需求並在期末留有預定的存貨。

直接材料採購預算中的預計採購原材料存貨的情況，要根據企業的生產組織特點、材料採購的方法和渠道進行統一的規劃。其目的是為了在保證生產均衡有序進行的同時，避免因直接材料存貨不足或過多而影響資金運用效率和生產效率。材料採購預算還取決於該生產活動的公司政策。如採用即時採購系統還是儲備一些主要材料，以及公司對原材料質量的經驗判斷和供應商的可靠性等。預計直接材料採購量可按照下列計算公式計算：

生產所需的直接材料總額+期末所需的直接材料庫存額=預算內所需的直接材料總額

預算期內所需的直接材料總額-期初直接材料的存貨=所要採購的直接材料

注意：直接材料採購預算不僅應確定適度的預計採購量，而且也應提供預計直接材料採購的預算成本，從而據以確定企業材料採購所需的資金數額。

【例6-6】甲公司××年度需要採購甲、乙兩種材料，各季度需要採購甲材料的數量分別為3,200千克、3,100千克、3,000千克和3,100千克，單價為5元/千克；各季度需要採購的乙材料分別為2,200千克、2,100千克、2,300千克和2,000千克，單價為10元/千克。採購材料款當季支付60%，下個季度付清餘款，不考慮年初年末應付款支付的影響。甲公司採購預算的具體情況如表6-8所示。

表6-8　　　　　　　　　　甲公司採購預算

××年度　　　　　　　　　　金額單位：萬元

品種	期間	採購數量 (1)	單價 (2)	採購成本 (3)=(1)×(2)	進項稅 (4)	價稅款合計 (5)=(3)+(4)	預計現金流出額 一季度	二季度	三季度	四季度	預算責任人
甲材料	一季度	3,200	5	16,000	2,720	18,720	11,232	7,488			
	二季度	3,100	5	15,500	2,635	18,135		10,881	7,254		
	三季度	3,000	5	15,000	2,550	17,550			10,530	7,020	
	四季度	3,100	5	15,500	2,635	18,135				10,881	
	年度合計	12,400	5	62,000	10,540	72,540	11,232	18,369	17,784	17,901	

表6-8(續)

品種	期間	採購數量 (1)	單價 (2)	採購成本 (3) = (1) × (2)	進項稅 (4)	價稅款合計 (5) = (3) + (4)	預計現金流出額 一季度	二季度	三季度	四季度	預算責任人
乙材料	一季度	2,200	10	22,000	3,740	25,740	15,444	10,296			
	二季度	2,100	10	21,000	3,570	24,570		14,742	9,828		
	三季度	2,300	10	23,000	3,910	26,910			16,146	10,764	
	四季度	2,000	10	20,000	3,400	23,400				14,040	
	年度合計	8,600	10	86,000	14,620	100,620	15,444	25,038	25,974	24,804	
本部門總計	一季度	5,400		38,000	6,460	44,460	26,676	17,784			
	二季度	5,200		36,500	6,205	42,705		25,623	17,082		
	三季度	5,300		38,000	6,460	44,460			26,676	17,784	
	四季度	5,100		35,500	6,035	41,535				24,921	
	年度合計	21,000		148,000	25,160	173,160	26,676	43,407	43,758	42,705	

流通業企業不需做生產預算，而是用商品採購預算來代替生產企業的生產預算。商品採購預算應列示預算期內所需購買的商品數額。商品採購預算的基本形式融合了生產預算和直接材料採購預算；其預計採購數量的確定類似於生產預算中的預計產量確定方式，其採購數額及其所需資金量則與直接材料採購預算相同。

(四) 直接人工預算

與直接材料預算相同、直接人工預算的編製也要以生產預算為基礎進行。直接人工預算採用的基本計算公式為：

預計所需用的直接人工總工時＝預計產量×單位產品直接人工小時

不穩定的用工制度會降低雇員對企業的忠誠，增加他們的不安全感，進而導致效率低下。因此，許多企業都有穩定的雇傭或勞動合同做保障，以防止工人被隨意解雇。直接人工預算可以使企業人事部門安排好人員，以防出現突然解雇或人工短缺情況，並降低解聘人數。根據直接人工預算，企業可以判斷何時能夠重新安排生產活動或給閒置的工人分配其他臨時工作。許多採用新生產技術的企業可以用直接人工預算來計劃維護、修理安裝、檢測、學習使用新設備及其他活動。直接人工預算通常包括對生產所需的各類人員的安排，預算表格從略。

(五) 製造費用預算

製造費用預算是一種能反應直接人工預算和直接材料使用與採購預算以外的所有產品成本的預算計劃。製造費用按其成本性態，可分為變動性製造費用、固定性製造費用和混合性製造費用。固定性製造費用可在上年的基礎上根據預期變動加以適當修正進行預計；變動性製造費用根據預計生產量乘以單位產品預定分配率進行預計；混合性製造費用則可利用公式 $Y = A + BX$ 進行預計（其中 A 表示固定部分、B 表示隨產量變動部分，可以根據統計資料分析而得）。通常步驟都是先分析上一年度有關報表，制定總體成本目標（通常是營業收入的百分比），再根據下一年度的銷售預測和成本目

標，制定各項營運成本，匯總具體市場舉措所需的額外成本。

為了全面反應企業資金收支，在製造費用預算中，通常包括費用方面預期的現金支出。預計需用現金支付製造費用時，常用的計算公式為：

預計需用現金支付的製造費用＝預計製造費用－折舊等非付現成本

(六) 期末產成品存貨預算

期末產成品存貨預算有兩個目的：一是為編製損益預算提供銷售產品成本數據；二是為編製資產負債表預算提供期末產成品存貨數據。

其基本的內容包括：首先計算預計產成品單位成本，這是根據企業的各種技術和產品設計資料而確定的，包含產成品的人工、材料、間接費用以及其他費用的合計，按照完全成本法模擬預計得出；或根據企業生產的歷史情況並考慮優化及因素設計。將產成品單位成本乘以預計期末產成品存貨數量，即可得出預計期末產成品存貨金額。

(七) 管理費用預算

管理費用預算包括預算期內將發生的除製造費用和銷售費用以外的各項費用。在實際運用中，分部可以依據總部的平均管理費用率和本分部歷史最好的管理費用率的要求，考慮本預算期的變動因素和管理費用率降低要求，計算確定管理費用預算總額。在此基礎上，首先由各職能部門採用零基預算方法分別按照歸口專項費用和可控性費用預算。與此同時，計財處應確定約束性費用項目的預算額，因為它們是企業正常營運的最基本保障，而且不存在刪減的可能。然后，再確定各項酌量性費用項目可用預算總額。因為各項管理費用的預算額之和不能超出管理費用預算總額，因此，酌量性費用項目可用預算總額是管理費用預算總額與約束性費用預算總額的差額。當可用預算總額小於其需求額時，應該根據管理費用所對應作業的性質及其輕重緩急，適當地進行預算額的調整安排。

【例6-7】假設甲公司銷售額預算為1,500萬元，歷史最好的管理費用率為12%，總公司平均管理費用率為10%，根據上級的要求和自身的努力，本期管理費用率目標為11%。那麼，管理費用預算總額只能是：

1,500×11%＝165（萬元）

又假設，該公司的折舊、租金、管理人員工資等約束性費用額達80萬元，則酌量性費用項目可用預算額為：

165－80＝85（萬元）

當各責任單位上報的酌量性費用可用預算額之和超出85萬元時，應通過協商取消某些可暫緩的項目或按作業性質的權重、比例縮減各項費用額。

管理費用預算的編製流程如圖6-2所示。

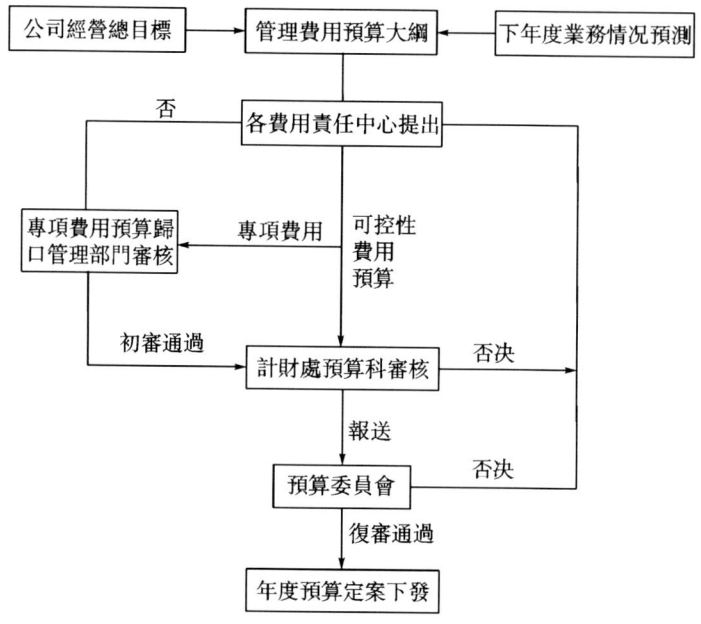

```
公司經營總目標 → 管理費用預算大綱 ← 下年度業務情況預測
                      ↓
              各費用責任中心提出
              ↓可控性費用預算
專項費用預算歸口管理部門審核 ← 專項費用
              ↓初審通過
              計財處預算科審核 → 否決
              ↓報送
              預算委員會 → 否決
              ↓復審通過
              年度預算定案下發
```

圖 6-2　管理費用預算編製流程圖

應該注意的是：管理費用預算中的許多費用項目均具有較強的隨意性，並且大都影響長遠，所以使用該預算進行業績評價時應謹慎。比如說，經理人員的激勵來自於獎勵計劃和晉升可能，因為削減短期費用能提高其收益，所以管理人員就可能通過削減顧客服務支出來提高收益，以顯示其良好的費用控製業績。這種削減顧客服務成本的行為不會立即顯示其不良效果，然而，它將會對公司未來的發展產生較大的負面影響。因此，公司在編製管理費用預算時，必須摒棄短期利益觀。

二、資本預算的編製

資本預算的編製具有戰略性，因此不僅需要納入全面預算管理體系，而且還必須從戰略角度來看待資本支出預算的管理問題。從總部及子公司的預算管理程序看，資本預算包括兩方面：①資本支出決策；②資本支出及相應的融資預算。也就是說，資本預算不僅要解決項目的經濟可行性等決策問題，更應該從資本支出項目的投資總額來確定不同時期的現金流出預算。這是因為，從時間序列看、項目投資總額並不完全等於現時付現總額。在項目建設期內，其現金流出並沒有固定的模式：有些是在初期一次性投入；有些則是先期投入大后期投入小；有些則是先期投入小而后期投入大；等等。因此，資本預算不僅要確定項目支出總額，而且還要在時間上規劃現金流出的時間分佈。更為重要的是，當多個項目重疊發生並在時間上有不同的交叉時，其投資總額與付現總額會出現明顯的差額。在這種情況下，詳細的不同時期的付現總額預算就顯得尤為重要。

資本預算的編製主要解決投資項目現金流的安排及其對整體現金流量的影響。預

算表格舉例如表 6-9、表 6-10 所示。

表 6-9　　　　　　　　　　　個別項目資本支出預算　　　　　　　金額單位：萬元

投資年限（年）／項目	0	1	2	3	4
初始投資期					
設備成本	-1,200				
安裝檢測、成本	-40				
墊支營運資本	-500				
處置舊設備	200				
生產經營期					
收入		2,200	2,200	2,200	2,200
付現成本		1,750	1,700	1,700	1,700
折舊		230	230	230	230
稅前淨利		220	270	270	270
所得稅		88	108	108	108
稅后淨利		132	162	162	162
營業現金淨流量		362	392	392	392
終結期					
營運成本收回					500
投資處置					160
職工再安置或遣散費					-200
對現金流量的淨影響	-1,540	362	392	392	852

表 6-10　　　　　　　　　　　多項目資本支出預算　　　　　　　金額單位：萬元

投資項目	投資支出總額	預計現金流出額						
		2002 年				2003 年	2004 年	2005 年	2006 年
		一季度	二季度	三季度	四季度				
長期債權投資									
長期股權投資									
全資子公司									
固定資產投資									
現金流出總量									

表 6-10（續）

	投資收益總額	預計現金流入額							
		2002 年				2003 年	2004 年	2005 年	2006 年
		一季度	二季度	三季度	四季度				
長期債權投資									
長期股權投資									
全資子公司									
固定資產投資									
現金淨流量									

三、現金流量（收支）預算及籌資預算的編製

現金流量（收支）預算由現金收入、現金支出、現金多余或不足以及資金的籌集與運用四個部分構成。其中，影響現金流量的關鍵性項目包括以下幾個：

（一）可使用的現金

該項目詳列了經營活動可利用現金的來源，通常包括預算期初的現金餘額和預算期內的現金收入。現金收入包括現金銷售和應收票據或應收帳款的現金回收。影響現金銷售收入和應收帳款的現金回收額的因素包括：①企業的銷售水平；②企業的信用政策；③企業的收帳經驗。企業從事非經常性交易也會產生現金，如出售設備、建築物等經營性資產或出售企業不再需要的已購置的建廠土地等非經營性資產。這些銷售所得的所有收入也都應包括在可使用現金部分。

（二）現金支出

該項目列示了所有的支出，包括直接材料和物品的採購支出、工資獎金支出、利息支出和稅金等。

（三）投融資

可使用現金和現金支出的差額就是期末現金餘額。一方面，如果現金餘額低於管理者設定的最低現金持有量時，公司就需融資補足資金；另一方面，如果公司預計的現金持有量有多餘，它就要決定將多餘資金進行投資。在可選擇的投資項目中應權衡收益性、流動性和風險性這三個因素。貸款計劃和投資計劃都包括在融資部分中。

然而在中國現實實務中，由於投融資決策權通常集中於集團總部，各子（分）公司的現金流量預算主要反應以經營活動為主的現金餘缺狀況，在此基礎上再由總部統一安排籌資預算。因此，現金流量預算和籌資預算也可以分別作為不同預算，由總部和子、分公司分別編製。其中，子（分）公司應編製的現金流量預算表格如表 6-11 所示。

表 6-11　　　　　　　　某子、分公司現金流量（收支）預算

××公司　　　　　　　　　××年度　　　　　　　　　單位：萬元

項目	序號	數據來源	一季度	二季度	三季度	四季度	年度合計	預算責任人
一、經營活動產生的現金流量	1							
銷售商品及提供勞務收到的現金	2							
收到的稅費返還	3							
收到的其他與經營活動有關的現金	4							
現金流入小計	5							
購買商品、接受勞務支付的現金	6							
支付給職工以及為職工支付的現金	7							
支付的各項稅費	8							
支付的其他與經營活動有關的現金	9							
現金流出小計	10							
經營活動產生的現金流量淨額	11							
二、投資活動產生的現金流量	12							
收回投資所收到的現金	13							
取得投資收益所收到的現金	14							
取得債券利息收入所收到的現金	15							
處置固定資產、無形資產和其他長期資產而收到的現金淨額	16							
收到的其他與投資活動有關的現金	17							
現金流入小計	18							
三、籌資活動產生的現金流量	19							
償還債務所支付的現金	20							
分配股利、利潤或償付利息所支付的現金	21							
支付的其他與籌資活動有關的現金	22							
現金流出小計	23							
本期現金淨流量	24							
加：期末現金餘額	25							
減：期初現金餘額	26							
現金餘缺額	27							

現金流量（收支）預算是企業管理的重要工具，它有利於企業事先對日常現金需要進行計劃和安排，如果沒有現金流量（收支）預算，企業無法對現金進行合理的平衡、調度，就有可能使企業陷入財務困境。企業為了生存和捕捉發展機會，經常持有適應現金是非常必要的。

（四）籌資預算

一旦確定不同時期的投資及現金流量（收支）預算後，企業還應該在此基礎上確定各期的籌資預算。籌資預算是企業在預算期內需要新借入的長短期借款、經批准發行的債券以及對原有借款、債券還本付息的預算。從理論上說，籌資預算應該是現金流量（收支）預算的組成部分。但如上所述，實務中它通常由總部統一編製。籌資預算主要應解決如下問題：①應在何時籌資、籌資額有多大；②籌資方式如何確定；③籌資成本與投資收益如何配比等。

但應注意，籌資預算具有一定的被動屬性。對於非金融性企業而言，生產經營活動和投資活動決定了籌資活動，很少或不存在單純的為籌資而籌資的行為。籌資預算表格如表 6-12 所示。

表 6-12　　　　　　　　　　某企業籌資預算

×× 年度　　　　　　　　　　　　　　　　　單位：萬元

項目	序號	一季度	二季度	三季度	四季度	合計	預算責任人
新增投、融資項目前的現金淨流量	1						
各子公司現金余缺額合計	2						
總公司管理費用和財務費用預算	3						
新增投、融資項目前的現金淨流量合計	4						
短期現金融通	5						
償還本金	6						
短期投資	7						
短期借款	8						
出售有價證券	9						
現金流量淨額小計	10						
長期投資預算所需現金流出	11						

第四節　全面預算的編製模式

一、全面預算的編製程序和編製方式

(一) 編製程序

企業全面預算的編製程序如下：
(1) 最高領導機構根據長期規劃、一定時期的總目標，下達規劃指標；
(2) 由基層成本控製人員自行草編預算，使預算能較為可靠，較為符合實際；
(3) 各部門匯總部門預算，並初步協調本部門預算，編出銷售、財務等業務預算；
(4) 預算委員會審查，平衡業務預算，匯總出公司的總預算；
(5) 經過行政首長批准，審議機構通過或者駁回預算；
(6) 主要預算指標報告給董事會或上級主管單位，討論通過或者駁回；
(7) 批准后的預算下達給各部門執行。

(二) 編製方式

預算編製方式有自上而下式、自下而上式和上下結合式三種。它們分別適用不同的企業環境和管理風格，並各具優缺點。

1. 自上而下式

預算由公司總部按照戰略管理需要，結合公司股東大會意願及企業所處行業的市場環境而提出，各分部或分公司只是預算執行主體，一切權力在總部。總部預算管理職責集中於預算管理委員會，通常做法是：對於單一產品由不同子（分）公司生產、經營的，總部視子（分）公司為其產品生產、銷售某一環節上的責任部門，該類子（分）公司一般定位為內部結算利潤中心。

自上而下式的優點是：能保證總部利益，同時考慮企業戰略發展需要；其缺點是：將權力高度集中在總部，從而不能發揮各子（分）公司自身管理的主動性和創造性，不利於「人本管理」，從而不利於企業的未來發展。自上而下式一般只適用於單一產品生產和經營的企業。

2. 自下而上式

公司總部主要起到管理中心的作用。在這種方式下，比較注重各子（分）公司預算管理的主動性，總部只對預算負有最終審批權，並將預算管理作為各子（分）公司落實其經營責任的管理手段。其一般做法是：總部的管理責任是確定財務目標，子（分）公司的管理責任是如何實現這一目標，因此，子（分）公司編製並上報的預算在總部看來只是對總部財務目標實現的一種承諾。總部審批子（分）公司上報預算的目的，只是出於對這一承諾可靠性進行的核實。

自下而上式的優點是：提高子（分）公司的主動性，體現分權主義和人本管理，同時將子（分）公司置於市場前沿，提高子公司獨立作戰的能力；其缺點是：它只強

調結果控製而忽略過程控製，一旦結果成為事實，沒有彌補過失的余地；子（分）公司從自己的利益出發，可能會寬打窄用，導致資源浪費，如為爭奪總部的資本資源而多報或少報預算；不利於子（分）公司盈利潛能的最大限度發揮。在這種方式下，總部對子（分）公司預算的審批非常關鍵，主要是防止子（分）公司經理人員可能存在的「偷懶」行為。自下而上式一般適用於資本型的控股集團（即財務控製型的母子管理關係）。

3. 上下結合式

上下結合式採納了前面兩種方式的長處，在預算編製過程中，經歷了自上而下和自下而上的往復。採用這一方式的關鍵是，並不在於其上與下的偏重，而是上與下如何結合、對接點如何確定的問題。總部的任務是：將預算目標自上而下下達，以充分發揮基層的主觀能動性，盡可能提高預算編製的效率；各預算責任體作為編製的具體行為者則應自下而上地體現目標的具體落實，各級責任部門通過編製預算需要明確「應該完成什麼，應該完成多少」的問題。總部還要根據各級責任部門編製的預算進行平衡、審核，確定總部預算后分解至各責任部門執行。因此，預算的編製過程是各責任單位的資源、狀況與企業預算目標相匹配的過程，是企業預算目標按部門、按業務、按人員分解的過程。

上下結合式的優點是：能夠有效保證企業總目標的實現；按照統一、明確的「游戲規則」分解目標，體現了公平、公正的原則，避免挫傷了「先進」、保護了「后進」；經過了總體平衡的階段，既充分考慮預算責任體的實際情況，又兼顧了全局利益，避免了預算編製過程中的討價還價、寬打窄用，提高了預算編製效率。

二、以銷售為核心的預算管理模式

（一）以銷售為核心的預算管理模式的內容及含義

以銷售為基礎的預算基本上是按「以銷定產」的體系編製的。預算的起點是以銷售預測為基礎的銷售預算；然后再根據銷售預算考慮期初期末存貨的變動來安排生產；最后是保證生產順利進行的各項資源的供應及配置。在考核時以銷售收入作為主導指標進行考核。以銷售為核心的預算管理模式的預算體系，主要由銷售預算、生產預算、供應預算、成本費用預算、利潤預算和現金流量預算等幾項組成。

（二）以銷售為核心的預算管理模式的預算組織

1. 預算管理組織

預算管理委員會：組成人員一般為企業最高層領導掛帥，由各職能部門主管參與共同組成，實際工作中通常由供、產、銷和財務等主管人員以及總會計師或財務總監等組成，以定期會議形式存在。在全面預算管理制度已經比較完善的企業中，還可以進一步細化設置專門的預算編製委員會、預算考評委員會、預算協調委員會等常設機構，以加強預算管理。

2. 預算執行組織

預算管理所涉及的銷售、生產、供應及其他職能部門都是預算的執行組織。以銷

售為核心的預算管理模式的基本目標是通過預算來保證內部各部門的運作協調一致，通過滿足市場需求來獲取效益，所以不同部門的工作重點各有側重。

（1）銷售部門的基本職責是如何在預算要求的價格水平上實現預算銷售量。

（2）生產部門要按質、按量、按時地完成銷售部門所要求的生產量，並且要將成本控制在預算所要求的水平之內。

（3）供應部門要保證生產部門所需原材料的數量和質量，同時要完成其成本控制任務。

（4）其他職能部門除了其特定管理職能之外，同樣負有成本費用控制的責任。以銷售預算為基礎的預算管理體系非常嚴密，要求各部門之間的運作協調進行，各預算執行組織之間的良好合作是確保企業全面預算管理目標順利實現的基本條件。

3. 預算編製的一般程序

（1）企業根據市場銷售預測，參考企業預算期間的預期利潤，採用適當的方法科學、合理地確定預算期間企業的銷售指標。

（2）銷售部門以銷售預測為基礎，根據企業實際情況和預算期間預計可能發生的變動情況編製銷售預算，以確保實現企業上級管理部門下達的銷售指標。

（3）生產部門在銷售預算基礎上，考慮期初、期末產品存貨的需要編製生產預算，保證預算期間銷售的需要。

（4）供應部門圍繞生產部門生產所需，認真編製料、工、費等各項預算，協調各項資源供給及配置，保證生產正常、有序地進行。

（5）相關職能部門根據上述各項預算分別編製相應的包括管理費用、財務費用和銷售費用等在內的成本費用預算，以加強企業預算管理和內部控制，確保預算總目標的實現。

（6）財務部門根據這些預算，結合所掌握的各種信息，在上述銷售預算、成本費用預算的基礎上，編製利潤預算，確定企業預算期內可望獲取的利潤，並據以對各級責任單位和個人進行考評和控制。同時，還可以編製現金流量預算，以便企業及早進行資金運作，保證生產經營活動所需資金，提高資金使用效益。

該模式可以用流程圖 6-3 表示。

4. 以銷售為核心的預算管理模式的適用範圍及其優缺點

（1）以銷售為核心的預算管理模式的適用範圍：①以快速成長為目標的企業。如果企業的目標不是追求一時一刻利潤的高低，而是追求市場佔有率的提高。②處於市場增長期的企業。這種類型的企業產品逐漸被市場接受，市場佔有份額直線上升，產品的生產技術較為成熟。這一時期企業的主要管理工作就是不斷開拓新的市場以提高自己的市場佔有率，增加企業銷售收入，以銷售為核心的預算模式能夠較好地適應企業管理和市場營銷戰略的需要。③季節性經營的企業。以銷售為核心的預算管理模式還適用於產品生產季節性較強或市場波動較大的企業。從特定的會計年度來看，這種企業所面臨的市場不確定性較大，其生產經營活動必須根據市場變化靈活調整。所以，按特定銷售活動所涉及的時期和範圍來進行預算管理，就能夠適應這種管理上的靈活性需求。

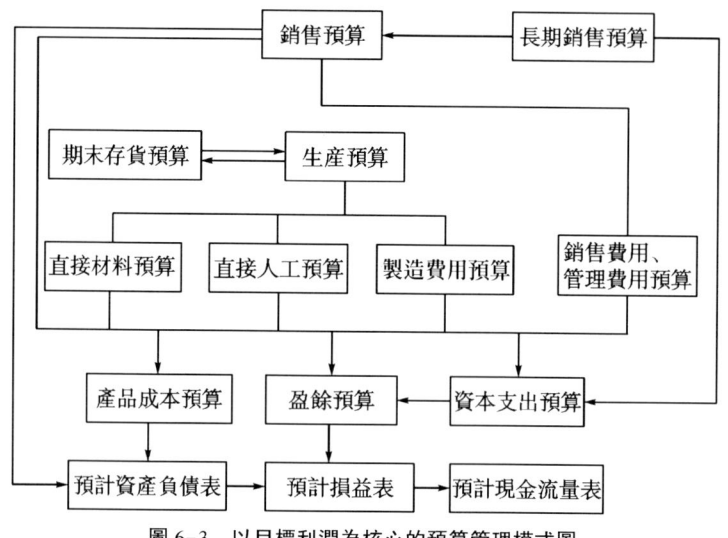

```
                    ┌─────────┐         ┌───────────┐
                    │ 銷售預算 │◄────────│長期銷售預算│
                    └─────────┘         └───────────┘
                         │                    │
         ┌──────────┐    ▼                    │
         │期末存貨預算│◄──►┌─────────┐         │
         └──────────┘    │ 生產預算 │         │
                         └─────────┘         │
              ┌──────────┬──────┴──┬──────────┐
              ▼          ▼         ▼          ▼
         ┌────────┐ ┌────────┐ ┌────────┐ ┌──────────┐
         │直接材料│ │直接人工│ │製造費用│ │銷售費用、│
         │  預算  │ │  預算  │ │  預算  │ │管理費用預算│
         └────────┘ └────────┘ └────────┘ └──────────┘
              │          │         │          │
              └──────────┼─────────┘          │
                         ▼                    ▼
         ┌────────┐ ┌────────┐          ┌──────────┐
         │產品成本│ │盈餘預算│◄─────────│資本支出預算│
         │  預算  │ └────────┘          └──────────┘
         └────────┘     │
              │         │
              ▼         ▼                ┌──────────┐
         ┌──────────┐ ┌──────────┐      │預計現金流│
         │預計資產負│ │預計損益表│─────►│   量表   │
         │  債表    │ └──────────┘      └──────────┘
         └──────────┘
```

圖 6-3　以目標利潤為核心的預算管理模式圖

（2）以銷售為核心的預算管理模式的優點：①符合市場需求，實現以銷定產；②有利於減少資金沉澱，提高資金使用效率；③有利於不斷提高市場佔有率，使企業快速成長。

（3）以銷售為核心的預算管理模式的缺點：①可能會造成產品過度開發，不利於企業長遠發展；②可能會忽略成本降低，不利於提高企業利潤；③可能會出現過度賒銷，增加企業壞帳損失。

三、以目標利潤為核心的預算管理模式

（一）以目標利潤為核心的預算管理模式的內容及含義

以利潤為核心的預算管理模式的特點是企業「以利潤最大化」作為預算編製的核心，預算編製的起點和考核的主導指標都是利潤。由於母公司與子公司的關係主要由資本紐帶來維繫，因此母公司對子公司的考評主要只能依靠利潤指標和投資報酬率指標。同樣，當總公司與各分公司之間的關係比較鬆散時，母公司對分公司的考評也可以簡化為投資報酬率或利潤指標。

（二）以利潤為核心的預算管理模式的特點

（1）以利潤為核心的預算管理模式的理論依據是平均利潤率理論。根據平均利潤學說，等量資本要獲得等量利潤。因此，投資者要求的報酬＝總投資額×平均利潤率。以此為出發點，投資者就可以合理編製出各種預算來保證目標利潤的實現。

（2）以利潤為核心的預算管理模式中預算目標的主體是出資人。在集團公司模式下，母公司的主要職責是負責整體的協調運作，所有權和經營權的分離，使母公司一般不對公司的具體業務進行干涉，母公司和子公司之間的關係是簡單的投資與被投資的關係，母公司對子公司的考核也主要是通過投資報酬率和利潤指標來進行。

（3）以利潤為核心的預算管理模式的預算目標是利潤。

注意：利潤指標受制於會計政策和會計估計。因此，企業集團在給各子公司下達利潤指標時，必須明確利潤計算的口徑。

(三) 以利潤為核心的預算管理模式的預算體系

該模式的預算體系基本與以銷售為核心的預算管理模式相同，主要包括利潤預算、銷售預算、成本預算、現金預算。在利潤預算模式下，利潤預算的確定是關鍵。在確定目標利潤時，要以本企業的歷史資料為基礎，根據對未來發展的預測，通過對研究產品品種、結構、成本、技術、供求關係以及價格等因素的相互關係及其對利潤指標的綜合影響，在反覆研討、充分論證的基礎上加以確定。

目標利潤的確定必須考慮以下幾個原則：

（1）預算利潤應當有戰略性。目標利潤的戰略性是指企業目標利潤的確定，要考慮企業的長遠發展規劃，而不能只顧眼前利益。企業追求的目標利潤要能使企業保持持久的競爭優勢，而非本期利潤的簡單最大化。

（2）目標利潤應具有可行性。

（3）目標利潤應具有科學性。目標利潤的制定不是主觀臆斷，而是通過收集整理大量資料，經過可行性研究，以可靠的數據為基礎，採用科學的方法制定的。

（4）目標利潤應具有激勵性。

（5）目標利潤應具有統一性。統一性是指目標利潤必須與企業財務管理的總體目標協調一致。由於利潤指標的片面性，即單純的利潤指標沒有考慮貨幣時間價值和風險與報酬的關係，在制定預算利潤時，有必要考慮其他財務管理目標，以保證最終真正實現企業價值最大化。

(四) 該模式下目標利潤確定的一般方法

1. 環境分析法

環境分析分為企業外部環境和企業內部環境分析，用以明確企業在市場中的威脅、機會和企業自身的優勢和劣勢。

2. 量本利分析法

$$\text{預計產品銷售利潤} = \text{預計產品銷售收入} \times (1 - \text{預計變動成本率}) - \text{預計固定成本總額}$$

式中：$\text{變動成本率} = \dfrac{\text{變動成本總額}}{\text{銷售收入總額}} \times 100\%$

3. 相關比率法

與目標利潤相關的比率主要有銷售利潤率、成本利潤率、經營槓桿率及資本淨利率等。

（1）根據預測的銷售利潤率確定目標利潤：

目標利潤 = 預計銷售收入總額 × 基期銷售利潤率

（2）根據預測的成本利潤率確定目標利潤：

目標利潤 = 預計銷售總成本 × 成本利潤率

（3）根據經營槓桿來確定目標利潤：

目標利潤＝基期利潤×（1＋利潤變動率）

　　　　＝基期利潤×（1＋銷售變動率×經營槓桿率）

（4）根據資本淨利率確定目標利潤：

目標利潤＝預期權利資本淨利率×預算期所有者權益的加權平均數

或　目標利潤＝預期全部資本淨利率×預算期資本的加權平均數

式中：資本淨利率＝$\dfrac{淨利潤}{資本金}$×100%

4. 簡單利潤增長比率測算法

目標利潤＝上年度實現利潤×（1＋預計利潤增長率）

5. 標杆瞄準法

標杆瞄準法是指以最強的競爭企業或同行業領先的、最有名望的企業為基準，將本企業產品、服務和管理措施等方面的實際狀況與基準企業進行量化評價與比較，分析基準企業的績效達到優秀水平的原因，在此基礎上選擇改進的最優策略，並在企業連續不斷地進行，以改進和提高企業績效的一種管理方法。

其步驟如下：①設定標杆目標；②選擇標杆對象；③收集資料和數據進行比較，分析存在的差距；④確定目標利潤。

（五）該模式下預算編製的一般程序

（1）母公司確定各子公司的利潤預算數並下達給子公司。母公司確定各子公司利潤預算數通常有兩種方法：第一種，預算利潤數＝對子公司的投入資本總額×投資者要求的必要報酬率；第二種，預算利潤數＝子公司上年利潤實際數×（1＋利潤調整系數），母公司匯總收益＝各子公司目標利潤之和－母公司管理費用

（2）子公司與母公司就母公司初擬的利潤目標進行協商。由於在確認利潤基數的過程中上下級之間存在信息不對稱現象，可以嘗試採用以預算指標去確定的「真實誘導法」來克服這一缺點。

（3）子公司根據母公司正式下達各子公司的年度利潤指標編製預算，並將目標利潤層層分解、層層落實，最后將預算情況上報母公司。

（4）母公司匯總各子公司的預算，編製全公司預算。

該模式可以用圖6-4表示。

（六）該模式的適用範圍及優缺點

（1）該模式的適用範圍：①以利潤最大化為目標的企業；②大型企業集團的利潤中心。

（2）該模式的優點：①有助於使企業管理方式由直接管理轉向間接管理；②明確工作目標，激發員工的積極性；③有利於增強企業集團的綜合盈利能力。

（3）該模式的缺點：①可能引發短期行為，只顧預算年度利潤，忽略企業長遠發展；②可能引發冒險行為，使企業只顧追求高額利潤，增加企業的財務和經營風險；③可能引發虛假行為，使企業通過一系列手段虛降成本、虛增利潤。

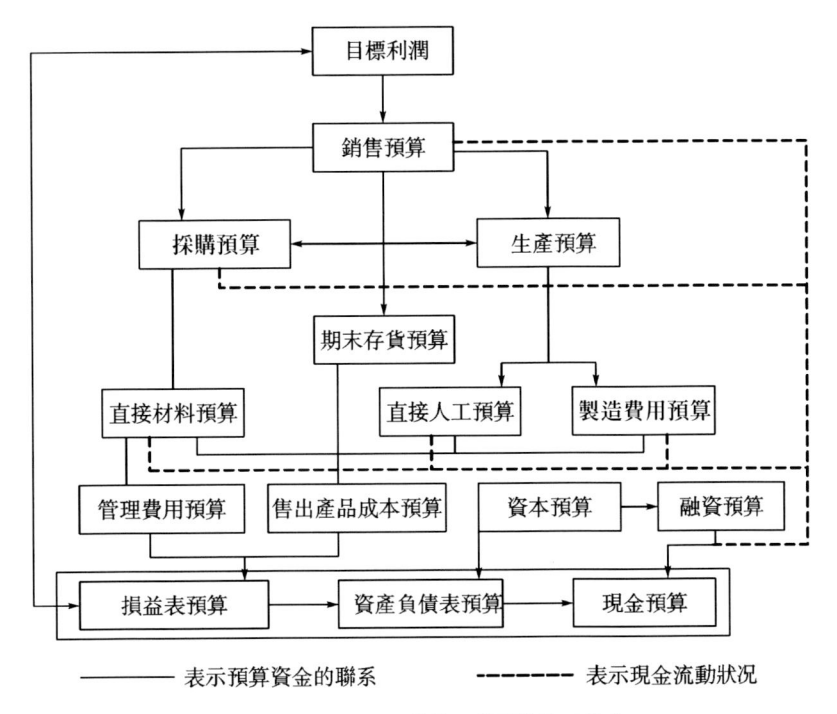

圖 6-4　以目標利潤為核心的預算管理模式

四、以現金流量為核心的預算管理模式

(一) 以現金流量為核心的預算管理模式的含義

以現金流量為核心的預算管理模式是指主要依據企業現金流量預算進行預算管理的一種模式。現金流量是這一預算管理模式下預算管理工作的起點和關鍵所在。實踐中，以現金流量為核心的預算管理模式主要有兩種形式：一種是以現金流量為起點的預算管理模式，另一種則是以現金流量為核心的預算管理模式。這二者並無重大差別。應該明確，以現金流量為核心的預算管理模式更多的意義上是從財務管理的角度出發，而前述以銷售、利潤以及成本等為核心的預算管理模式則是從企業管理角度出發而非單純地從企業財務角度出發，具有較強的管理導向性。但是，這些模式與以現金流量為核心的預算管理模式之間具有很強的功能上的互補性和模式上的兼容性。

(二) 以現金流量為核心的預算管理模式下預算編製的一般程序

(1) 資金管理部門根據各組織單位的責任範圍，下達現金預算應包括的內容和格式。只發生現金收入的部門只編製現金預算；只發生現金流出的部門只編製現金支出預算；既發生現金支出又發生現金收入的部門，其預算內容包括現金收入預算和現金支出預算。

(2) 各責任部門根據資金管理部門的要求和自身的實際情況編製相應的現金流量

預算並向上報出，逐級匯總。

（3）資金管理部門將各組織單位編製的現金流量預算進行匯總，按照量入為出的原則進行統籌安排，並將預算的調整數通知各下級預算編製單位並與之進行協商，二者協商一致的金額就是最後敲定的現金流量預算數。

該流程可以用圖6-5表示。

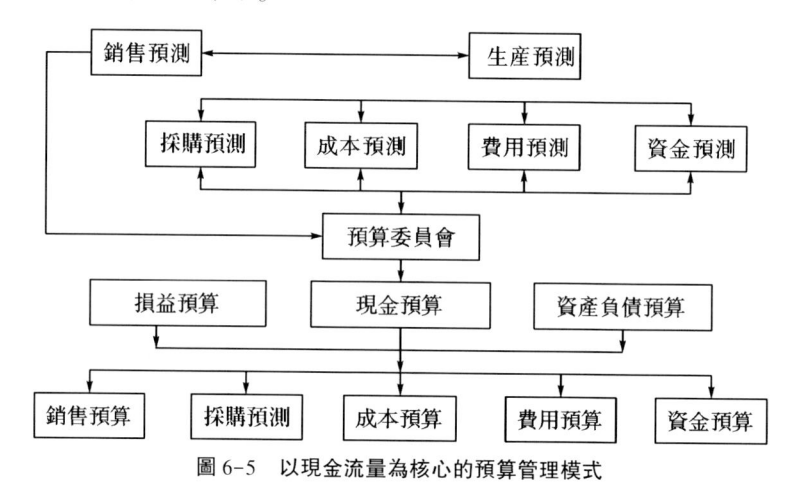

圖6-5 以現金流量為核心的預算管理模式

（三）以現金流量為核心的預算管理模式的適用範圍和優缺點

（1）以現金流量為核心的預算管理模式的適用範圍：①產品處於衰退期的企業。重視現金回流，尋找新投資機會，維持企業長遠生存。②財務困難的企業。③重視現金回收的企業。理財穩健，重視現金流量的增加。

（2）以現金流量為核心的預算管理模式的優點：①有利於增加現金流入；②有利於控制現金流出；③有利於實現現金收支平衡；④有利於盡快擺脫財務危機。

（3）以現金流量為核心的預算管理模式的缺點：①預算中安排的資金投入較少，不利於企業高速發展；②預算思想保守，可能錯過企業發展的有利時機。

五、以成本為核心的預算管理模式

（一）以成本為核心的預算管理模式的含義

以成本為核心的預算管理模式就是以成本為核心，預算編製以成本預算為起點，預算控制以成本控制為主軸，預算考評以成本為主要考評指標的預算管理模式。它在明確企業目前實際情況的前提下，通過市場調查，結合企業潛力和預期利潤進行比較，進而倒擠出企業目標成本，加以適當的量化和分類整理，形成一套系統完善的預算指標，進而將其分解落實到各級責任單位和個人，直至規劃出達到每個目標的大致過程，並明確相應的以成本指標完成情況為考評依據的獎懲制度，使相關責任單位和個人權、責、利緊密結合。在企業生產經營過程中跟蹤成本流程，按照預算指標進行全過程地控製管理。雖然預算控制的對象和範圍較為寬廣，包括整個企業和各級責任單位與個

人應該負責的成本、收入、利潤以及資金等方方面面，但其中最為關鍵的是「成本控制」。這是預算控制的基礎，也是企業成本管理中的核心環節。由於成本是一項綜合性極強的經濟指標，為了保證預算指標和各級責任預算的順利完成，需要企業各級責任單位和個人的共同參與和努力。

(二) 以成本為核心的預算管理模式下預算編製的一般程序

1. 設定目標成本

目標成本的設定是整個以成本為核心的預算管理模式的起點。從技術上看，它一般有兩種方式：

（1）修正方式。修正方式是指在企業過去達到的成本管理水平上，結合企業未來成本挖潛的潛力及相關環境變化，對歷史成本指標進行適當修正以得到當期目標成本的一種方法。修正時注意：弄清影響成本的一切內外因素，以及這些因素對成本的影響方向以及對成本的影響度。

（2）倒擠方式。倒擠方式是指在企業進行充分的市場調查，初步明確產品的市場售價以及市場佔有份額的基礎上，確定企業的預期收益，結合企業預期利潤，倒擠出企業目標成本的一種方法。用公式表達為：

目標成本＝預期收益－預期利潤

目標單位成本＝預期單位產品售價－預期單位產品利潤

從理論上講，目標成本包括理想的目標成本、正常的目標成本和現實的目標成本三種：

①理想的目標成本。理想的目標成本是以現有生產經營條件處於最優狀態為基礎確定的最低水平的目標成本。這種目標成本通常是根據理論上的生產要素耗用量，最理想的生產要素價格和可能實現的最高生產經營能力利用程度來制定的。實際中，這種目標成本可以作為標桿，但不宜作為考評依據。

②正常的目標成本。正常的目標成本根據正常的耗用水平、正常的價格、正常的生產經營能力利用程度制定。這種目標成本是依據過去較長時間實際成本的平均值，剔除生產經營活動中的異常情況，並考慮未來的變動趨勢進行制定的。這種目標成本應用較為廣泛。

③現實的目標成本。現實的目標成本也稱為可以達到的目標成本，是在現有生產技術條件下進行有效經營的基礎上，根據下一期最可能發生的各種生產要素的耗用量、預計價格和預計的生產經營能力利用程度而制定的目標成本。這種目標成本可以包含管理當局認為短期內還無法完全避免的某些不應有的低效、失誤和超量消耗。較接近實際成本，容易達到，但缺乏激勵作用。這種目標成本最適合在經濟形式變化多端的情況下使用。

2. 分解落實目標成本

在目標成本確定之後，接著就應該將各成本預算指標按照一定的要求，採用一定的形式和方法，細化為各責任單位和個人的具體目標，並通過對這些細化後明確落實到各責任單位和個人的指標的考評、控制與獎懲中確保目標成本的實現。目標成本的

分解應該注意以下原則：

（1）結合企業產品生產、技術和經營管理的特點來科學地選擇目標成本分解的具體依據和方法。便於落實責任、監控和考評。

（2）要根據成本的具體內容，盡量把目標成本細化到最小單元，這樣有利於全面、具體地落實目標成本，進而更好地控製、分析和考核。做到「主要從細、次要從簡、細而有用、簡而有理」。

（3）要注意目標成本分解過程中的一致性原則，要按照目標成本的特性要求，使分解后的子目標具體化、數量化、各子目標之間協調一致，形成一個有機的目標成本體系。

目標成本的分解方法，一般可以從以下三個方面考慮：

（1）將目標成本按成本控製的對象，即物的要素進行分解。

①按產品結構進行分解：主要適合於裝配式、組合式生產企業。

②按產品功能進行分解：借助價值工程方法，通過功能系統圖確定產品功能區域，最后將目標成本分解到各個小功能區域。

③按產品的加工過程進行分解：把產品目標成本按產品設計、物資採購、加工製造、產品銷售過程分別分解核定。

④按產品的經濟形態進行分解：把目標成本按照固定成本和變動成本進行分解。

⑤按產品的成本項目進行分解。

⑥按產品的作業程序進行分解。

注意：不同的成本分解方式各有優點，可以結合使用，除第⑤種分解方式外，其他各種方式在匯總計算產品的實際成本時都有一定的轉換程序。

（2）將目標成本沿成本控製的主體，即按企業組織管理系統（如子公司、車間、班組、個人）進行分解；或按經濟責任制系統，即各級責任單位和個人進行分解，分解后形成一個由責任單位和個人組成的子目標控製體系。

（3）將目標成本沿成本控製的時間序列，即預算期間進行分解。

3. 實現目標成本

目標稱本體系建立以后，為保證目標成本的實現，主要有以下幾個方面的工作要做：①建立責任會計制度，保證成本指標落實到責任單位；②建立信息反饋系統，及時反應成本目標控製的偏差；③建立崗位責任制度；④建立目標成本實現與業績掛勾的獎懲制度。

（三）以成本為核心的預算管理模式的適用範圍及其優缺點

（1）以成本為核心的預算管理模式的適用範圍：①產品處於市場成熟期的企業；②大型企業集團的成本中心。

（2）以成本為核心的預算管理模式的優點：①有利於促使企業採取降低成本的各種辦法，不斷降低成本，提高盈利水平；②有利於企業採取低成本擴張戰略，擴大市場佔有率，提高企業成長速度。

（3）以成本為核心的預算管理模式的缺點：①可能會只顧降低成本，而忽略新產

品開發；②可能會只顧降低成本，而忽略產品質量。

　　這裡所討論的預算管理模式在實際工作中並無絕對的界限，往往需要結合使用。例如：在企業實施以利潤為核心的預算管理模式的同時，為加強對企業成本費用的控製，可以採用以成本為核心的預算管理模式；對於新開發的或對企業關係重大的特定產品和市場，可以專門實施以銷售為核心的預算管理模式；而當應收帳款較多時，則應適當推行以現金流量為核心的預算管理模式。至於在企業全面預算管理的具體實施過程中，預算的編製、預算的目標分解以及預算的控製、考評和預算差異的分析等具體方法的交叉使用、工作思路的相互借鑑，則更不勝枚舉。

第五節　全面預算的控製與考評

一、預算的控製

　　預算執行與控製的首要任務是確定預算執行的責任中心和責任人，將預算指標分解到各個成本中心和費用中心，確定具體的工作目標和責任。在明確責任的基礎上，各責任中心和責任人通過事前、事中、事後控製，及時糾正執行中的重大偏差，努力完成既定目標。通過控製系統的建立，可以有效協調公司各部門的工作，進行合理的業績計量和評價，激勵員工，從而為完成計劃或預算的目標提供保障。

（一）預算控製的目的

　　預算的控製主要分為管理控製和作業控製。管理控製是指「管理者確保資源的取得及有效運用，以達到企業目標的過程」；也就是研究工作執行、控製計劃，以期相互溝通、協調，共同實現企業目標。而作業控製是指「有效地完成既定任務的過程」。作業控製與管理控製的主要區別，在於前者不需要太多的管理判斷，只要按照既定規則進行即可。

　　因此，預算控製的主要目的是：①作業最終的結果與既定的預算目標相符合（事後控製）；②隨時提供信息，便於及時修正錯誤（事中控製）。控製行為必須詳加規劃，否則實際發揮時，缺乏方向，徒勞無功。

（二）預算控製的基本要素

　　一般預算控製的基本要素如下：

　（1）訂立標準或比較基礎；
　（2）實際與標準或比較基礎比較，即衡量績效；
　（3）採取糾正行動，即差異分析。

（三）年度預算的控製

　　年度預算的控製主要包括銷貨預算的控製、存貨預算的控製、生產預算的控製、製造預算控製、銷售和管理費用預算控製、資本支出預算控製和現金預算控製。

1. 銷貨預算控制

銷貨預算管理控制，強調規劃的事中控制與實際銷貨收入的成果控制。它主要包括：銷貨預算區分為若干部分，每一部分應派專人負責；建立工作時間進度表，使工作項目井然有序；建立有系統的預算評估程序。

一般銷貨預算分為直線責任與輔助責任。關於促銷與廣告方案、取得與完成訂單的成本估計，以及計劃的銷貨數量與金額等，均為直線責任。而協助銷貨預測、市場分析及經濟預測、輔助建議等，均為輔助責任。直線責任與輔助責任二者必須相互配合，共同完成銷貨預算。

2. 存貨預算控制

這裡的存貨控制，主要是指產成品。通常情況下，產品的銷量波動比較頻繁。為了穩定生產，必須控制存貨的波動在最低安全存量與最高安全存量之間，其中最高存量是由銷貨預測及標準存貨週轉率決定的。既定的生產還應符合管理控制上的要求，下年度銷貨預測值應與預期的存貨量比較，如果其比率與標準存貨週轉率相差很大，就需要加以調整。

3. 生產預算控制

生產預算控制的好壞，受銷貨預算控制及存貨預算控制的影響。一般指導原則為：①決定每項或每類產品的標準存貨週轉率；②由每項或每類產品的標準存貨週轉率及其銷售預測值來決定存貨應有的增減量；③年度生產預算即等於銷貨預算加（減）存貨增（減）量。

生產預算控制必須做到：①符合管理控制政策而使生產穩定；②存貨量保持在最低安全存量以上；③常將存量保持在可能的最低水準，或符合管理決策所決定的最高存貨量以下。

依據生產預算，與有關部門協商後，就可以發出製造指令，進行實際的生產活動，並控制生產進度與數量。

4. 製造預算控制

製造預算控制分為直接材料預算控制、直接人工預算控制和製造費用預算控制。

（1）直接材料預算控制

材料控制的目的是：能在最適當的時機發出訂單，向最佳的供應廠商訂購，以便按適當的價格與品質取得適當的數量。材料存貨控制必須做到：①保證生產所需的材料，以實現有效而無間斷地作業；②出現季節性或循環性供應短缺時，能夠提供充分的材料存貨，並能預期價格的波動；③對材料應確保適當的存量，避免火災、盜竊，以及處理時毀損等損失；④系統的匯報材料狀況，以使呆滯、過剩、陳舊的材料項目達到最低限度；⑤材料存貨投資，應與營業需求及管理計劃保持一致。

（2）直接人工預算控制

有效的直接人工預算控制，需要根據領班及主管們持續幹練的監督、直接的觀察和個人的接觸來定。通常，有必要設置標準，這樣才能進行績效衡量。工作流程的規劃以及物料、設備等的布置與安排，對直接人工成本都會產生影響。

(3) 製造費用預算控製

　　製造費用預算控製的重點，原則上應優先考慮「可控製」者。至於不可控製的費用，如果能找到相關聯的費用，也應該審慎處理。因此，要控製費用，只限於直接費用，對於分離的製造費用，可不作為考慮的重點。

　　5. 銷售和管理費用預算控製

　　要實施有效的費用管理，必須在「控製過多」與「控製不足」二者間保持平衡。過多的控製將會危害企業體中各成員的合作精神與工作效率；控製不足則又會使管理當局無法及時採取糾正的行動，從而使情況惡化。因此，有效的控製應有充分的頻率和對差異的接受度。

　　費用預算控製的充分頻率隨作業狀況及管理層次而有所不同。在預算決策中，不應期望能有百分之百的精確度，否則有關人員在擬訂預算時會預留一些緩動數量，而在期末時集中花費比實際需要更多的費用，以掩飾其預留緩衝余地的行為。因此，最好的方法是指出何種差異是可以被接受的。當然差異也會隨企業活動與管理層次而發生變化。例如，領班加班預算的可接受差異應當約為 2%，而銷售員出差費預算的可接受差異則應當是 5% 或 10%。

　　明確指出可接受的差異範圍后，還應告訴有關員工，只要費用未超出可接受的差異範圍，就不會產生問題；而在費用超出可接受差異範圍時，也並不一定會受到責罰。例如，一位工頭，因為修理一個損壞的機器而超出加班預算，但若機器修好后，工人在很長的一段期間內都不需要再加班工作，則該工頭不但不應被責備，反而由於使許多員工避免閒置時間的浪費，替公司節省許多加班費用，而應被嘉獎。因此，承認某些不可避免的差異也是很重要的。

　　6. 資本支出預算控製

　　資本支出預算控製的重要性不能過於強調。控製並不僅僅是對支出向下壓制，控製必須依賴確實的經營規劃，使支出限制在合適的基礎上，以防止資本資產的維護、重置及取得的停滯。

　　主要資本支出控製的第一階段在於正式授權進行這一項目（包含資金的指揮），即使該項目包含在年度計劃內也相同。對於主要的資本支出項目，企業管理當局應留有最后授權進行的權利，該項授權可能是正式或非正式的通知，根據內部的具體情況而定。

　　主要資本支出控製的第二階段，關係到工作進行成本資料的累積。一旦主要的資本支出經核准並實施，應立即設立項目號碼，記錄成本。此項記錄應提供根據責任及形式分類的成本累積，以及有關工作進度的補充資料。每個項目的資本支出情況報告，應每隔一段期間匯報給最高經營管理當局。

　　對於較小的資本支出控製，只需通過授權程序和實際支出的累積數來加以管理。實際支出定期與資本支出報告的規劃數額相比較，該報告應表示出差異及未支用的余額。

　　7. 現金預算控製

　　企業財務人員應直接負起現金狀況控製的責任。實際的現金收支與預期的年度利

潤計劃（預算）必有差異。這些差異產生的原因可能有：現金影響因素的變化，突然及意想不到的情況影響經營或現金控制的缺乏。一個優良的現金控制制度是非常重要的，因其潛在的影響作用太大。一般現金的控製方法為：①對現金及未來可能的現金狀況做適當及持續的評價。這個程序涉及定期（每月）評估及報告至今所發生的實際現金狀況，同時對下一期間可能發生的現金流量再進行預測。②保存每日（或每週）的現金狀況的資料。為減少利息成本，確保現金充裕，有些財務主管對現時現金狀況每日都進行評估，這種方法特別適合於現金需要差異較大，以及分支機構分散而有龐大現金流動的公司。許多公司都編製現金收支日報表，以方便控製現金流量。

二、預算的分析和報告

（一）差異分析

實際成果與預算目標的比較，是控製程序的重要環節。如實際成果與預算標準的差異重大，應導致企業管理當局審慎調查，並判定其發生原因，以便採取適當的矯正行動。在評估與調查差異發生的基本原因時，應當考慮以下情況：①差異可能是微不足道的；②差異可能是由於報告上的錯誤所致——會計部門所提供的預算目標及實際資料，應該檢查書寫上有無錯誤；③差異可能是由於特定的經營決策所致——為了改善效率，或為了應付某些緊急事故，企業管理當局下達決策而導致差異的發生；④許多差異可能是不可控製因素造成的，而這些因素又可加以辨認；⑤對於不知道真正原因的差異，應予格外關心，且應認真調查。

調查差異以便判定基本原因的途徑很多，主要有：①所涉及特定主管、領班及其他人員開會磋商；②分析工作情況，包括工作流程、業務協調、監督效果以及其他存在的環境因素；③直接觀察；④由直接職員進行實地調查；⑤由輔助者（明確指定其責任）進行調查；⑥由內部稽核輔助進行稽核工作；⑦特殊研究；⑧差異分析。

（二）業績報告

分析報告是控製流程的重要部分，通過分析報告管理層可以獲得預算執行進度、指標完成情況及分析建議，能夠對今後的生產經營有所預見與指導。當期預算執行完畢並進行差異分析之後，就應由責任中心完成業績報告。業績報告包括以下三個部分的內容：

1. 進度報告

對於預算執行進度進行分析，包括當月進度分析及累計進度分析，累計計算並匯總各月完成預算情況，以收入預算完成進度為起點分析成本和費用進度，為調整計劃和控製提供指導。

2. 差異分析與業績評價

根據各部門預算完成情況，通過差異分析的方法，分析產生差異的原因，評價部門業績；通過對預算考核指標的分析，對責任中心進行考核。

3. 調整對策與建議

根據預算完成進度，在年度預算的指導下，針對外部及內部的重大調整需要，在

不影響年度預算目標的前提下，對以後各期預算進行必要的調整，為各級領導決策提供支持和建議。

業績報告是執行與控製及差異分析的重要成果，一方面它揭示了預算的執行進度，並反應預算與實際值之間的差異及其原因，同時也為預算的考核提供依據；另一方面，它要求責任中心負責人或公司經理人不能只是解釋產生差異的原因，同時要為完成年度預算目標通過調整經營計劃對年度預算進行調整，調整的預算需經預算管理委員會審核，並到公司預算執行與控製室備案，作為今后執行與考核的依據。

三、預算考評

（一）預算考評的作用

預算考評機制是對企業內各級責任部門或責任中心預算執行結果進行考核和評價的機制，是管理者對執行者實行的一種有效的激勵和約束形式。預算考評的兩個基本含義是：①對整個預算管理系統的考評，也是對企業經營業績的評價，是完善並優化整個預算管理系統的有效措施；②它是對預算執行者的考核及其業績的評價，是實現預算約束與激勵作用的必要措施。預算考評是預算控製過程中的一部分，由於預算執行中及完成後都要適時進行考評，因此它是一種動態的綜合考評。預算考評在整個預算管理循環過程中是一個承上啟下的環節。

預算考評的作用主要有以下幾個方面：

（1）確保實現目標。目標確定並細化分解以後，預算目標就成為企業一切工作的核心，這種目標具有較強的約束作用。在預算執行中，管理者對預算執行情況與預算的差異適時進行確認，及時糾正企業人力、財力、物力、信息等資源管理上的浪費與執行中的偏差，為預算目標的順利實現提供可靠的保障。

（2）預算考評可以協助企業管理者及時瞭解企業所處的環境及發展趨勢，進而衡量企業有關的預算目標的實現程度，評估預算完成後的效益。

（3）對預算執行結果的考評，反應整個企業的經營業績。它是編製下期預算有價值的資料，是管理者完善並優化整個預算管理系統可靠的資料依據。

（4）預算考評是評價預算執行者業績的重要依據。目標的層層分解和延伸細化，使企業全員都有相應的預算目標。這種預算目標與執行中的經濟活動在時間上相一致，其經營環境和條件也基本相同。以預算目標與執行者的實際業績水平相比較，評價執行者的業績，確定責任歸屬，是比較公正、合理、客觀的，尤其是對企業人才的業績評價，具有較強的說服力。

（5）預算考評可以增強管理者的成就感與組織歸屬感。預算考評具有較強的激勵作用，將工作業績與獎懲制度掛勾，勢必增強管理者的成就感與組織歸屬感，從而進一步激發管理者的工作能動性。

（二）預算考評的原則

1. 目標原則

實施預算管理的根本目的是要實現企業目標，在目標確定之前，管理者已經進行

了科學預測。因此，在預算考評時如無特殊原因，未能實現預算目標就說明執行者未能有效地執行預算，這是實施預算管理考評的第一原則。

2. 激勵原則

人的行為是由動機引起的，而動機又產生於需要。行為科學告訴我們，激勵導致努力，努力導致成績。因此，在實施預算管理的同時，企業應設計一套與預算考評相適應的激勵制度。沒有科學的激勵制度，預算執行者就缺乏執行預算的積極性與主動性，預算考評也就失去了它的真正意義。企業應根據自己的具體情況，制定科學、合理的獎懲制度，激勵預算執行者完成或超額完成預算。

3. 時效原則

企業對預算的考評應適時進行，並依據獎懲制度及時兌現。只有這樣，才有助於管理上的改進，保證目標利潤的完成。本期的預算執行結果拿到下期或更長時間去考評，就失去了考評的激勵作用。

4. 例外原則

實施預算管理，企業的高層管理者只需對影響目標實現的關鍵因素進行控製，並要特別關注這些因素中的例外情況。一些影響因素並不是管理者所能控製的，如產業環境的變化、市場的變化、執行政策改變、重大意外火災害等。如果企業受到這些因素的影響，就應及時按程序修正預算，考評按修正后的預算進行。

5. 分級考評的原則

預算考評是根據企業預算管理的組織結構層次或預算目標的分解次序進行的。預算執行者是預算考評的主體對象，每一級責任單位負責對其所屬的下級責任單位進行預算考評，而本級責任單位預算的考評則由所屬上級部門來進行，也就是說預算考評應遵循分級考評的原則。

(三) 預算考評的層次及內容

在預算考評過程中，各個層次的責任中心應向上一級的責任中心報送責任報告。首先，最低層次的責任中心在對其工作成果進行自我分析評價的基礎上形成責任報告，報送直屬的上級責任中心；然後，由上級責任中心根據所屬各責任中心的責任報告，對各責任中心的工作成果進行分析、檢查，明確其成績，並指出其不足；該上級責任中心也要編製本責任中心的責任報告，對本身的工作成果進行自我分析評價，並向更上一級責任中心報送。通過這樣層層匯總、分析與評價，直至企業最高領導層，全面反應企業各層次責任中心的責任預算執行結果。

預算考評是預算事中控製和預算事後控製的主要手段，是一種動態的考評過程。在預算執行過程中，各級管理者對預算執行結果的隨時考評確認及考評信息的反饋，有利於最高管理者對整個預算執行進行適時控製、整體控製，也有利於最高管理者對企業的整體效益進行評價。

在預算考評的內容方面，不同的責任中心應有不同的側重點。比如：成本中心以評價責任成本預算執行結果為主；利潤中心以評價責任預算執行結果為主；投資中心以評價資本所創造的效益為主。為了全面反應各責任中心的責任預算執行結果，除了

評價主要責任預算之外，也應分析、評價其他一些相關責任預算的執行。

四、預算考評的激勵措施

(一) 預算考評的激勵措施

在預算考評過程中，預算是考核的標準，獎懲制度是評價的依據。以預算目標為標準，通過實際與預算的比較和差異分析，確認其責任歸屬，並根據獎懲制度的規定，使考評結果與責任人的利益掛勾，達到人人肩上有指標，項項指標連收入，以此激發、引導執行者今後完成預算的積極性，對於企業實現目標利潤具有積極的激勵和推動作用。激勵是多層次的。一般而言，報酬是業績函數，企業應將報酬作為激勵措施的首選。此外，諸如表揚、批評、提升、降職等激勵與約束機制也是行之有效的。綜合運用這些措施會收到更好的效果。

對於完成責任預算的責任中心應給予獎勵，完不成責任預算的則應予以處罰。獎懲的辦法可視具體情況而定，如可以採用百分制綜合獎懲的辦法，即將責任中心的各責任預算執行結果換算成分值（其中主要責任預算的分值應相對高一些），並制定加減分的計算辦法；然後綜合計算責任中心的總得分，再根據獎金與分值確定責任中心的獎金總額。也可以採用直接獎懲的辦法，即規定各項責任預算應得的獎金額，並制定超額完成或未完成責任預算加獎或扣獎的計算辦法，然後根據責任中心的各項責任預算執行結果分別計算應得或應扣獎金數額，並匯總確定責任中心的獎金總額。

(二) 公司預算的考核

預算考核是對各責任中心執行預算情況的評價，提供業績指標完成情況並據以進行獎懲。預算考核從整體上看是對公司調配資源適應市場變化能力的評價和檢驗，從局部看是對公司各組成部分對企業實現整體目標的貢獻的評價和檢驗。

1. 考核指標的確定

公司的責任中心均為成本中心及費用中心，其考核指標主要是成本指標及費用指標。這裡應注意的是，不僅將總量指標作為考核指標，而且將預算目標中的分項指標也作為重要評價依據。其中，市場銷售部作為主要的銷售單位，應將其銷售業績及其成長性作為考核指標。此外，預算編製的準確性也將作為各責任中心的考核指標之一。這樣，一方面能使預算編製的方法得以真正改善，另一方面可以有效防止責任中心為追求較高的業績而低估收入、高估成本的現象。各責任中心應將本中心的考核指標進一步分解到小組或責任人，這些具體的指標包括相對指標與絕對指標、定性指標與定量指標。

確定預算的考核指標，要充分考慮預算的總體目標。隨著公司全面預算管理的深入及預算指標的細化，公司發展的整體目標逐漸具體化，總戰略意圖轉變為可操作、可考核的預算指標。但是值得注意的是，在這個過程中，總目標依舊是預算的最終目標，因此不能被具體目標所淹沒，更不能因為局部目標的實現危害整體目標。比如若以單一的成本指標考核生產資源部，就有可能出現服務質量下降的問題，並會因此而影響公司的形象和銷售收入，這顯然是與公司的總體目標相背離的。所以，在考核生

產資源部時一方面要求其節約成本，另一方面又要結合其他考核指標如服務質量等來進行綜合考核，才能實現公司總體目標。

2. 考核的週期

公司根據其生產營運特點，按月度進行預算考核，年度總體評定。

3. 考核的依據

考核的依據是預算差異分析的結果。通過差異分析，可以剔除非可控因素的影響，找出與工作績效相關的差異因素，從而使考核趨於公平。

4. 預算考核的意義

為了體現預算管理的權威性，必須對預算執行的結果進行評價，如果沒有以預算為基礎的考核，預算就會流於形式、失去控製力。預算考核的形式往往是獎懲，但對於公司這樣飛速發展且初次進行預算管理的企業而言，考核的目的更重要的是總結經驗，發現問題，不斷改進，以便把將來的事情做得更好。

考核對比以預算為基礎，而不是以上年同期的業績為基礎，具有其優越性。以上年同期的業績為基礎進行考核評價，雖然可以瞭解各指標項目的歷史漸進過程，累積歷史資料，但其明顯弊端在於「鞭打快牛」。公司的市場部每年定收入指標時均要適當留有餘地，其原因就在於今年高了明年還要高。而市場競爭越來越激烈，雖然隨著公司運力的增加，規模擴大，收入可能逐年呈上升趨勢，但不可能以同一比例增長，故其市場部經理在制定銷售指標時有所顧慮。另外，市場和公司自身資源近兩年變化均很快，故上年與今年的絕對數值不具備可比性，反而會出現誤導。以預算為基礎考核，而不是以上年實際數為基礎，可以很大程度上解決上述問題，因為預算是根據今年的實際情況預測編製而成的，充分考慮了預算期企業內部可能出現的特殊情況，因而與實際情況有良好的可比性。但是以預算期作為評價基礎，對預算的科學性也提出較高要求，而且差異分析是關鍵。如果差異分析認為預算差異是由於預算編製的不準確性造成的，則應改進編製方法，提高其準確性；如果差異分析結果說明差異是由於預算執行方面原因造成的，則應該尋找改進執行的途徑。

本章小結

全面預算管理是指將企業制定的發展戰略目標層層分解、下達於企業內部各個經濟單位，通過一系列的預算、控製、協調、考核，建立的一套完整的、科學的數據處理系統。它具有全員、全額、全程的特徵，確立目標、整合資源、溝通信息、評價業績四項基本功能，發揮有助於現代企業制度的建設、有助於企業戰略管理的實施、有助於現代財務管理方式的實現、有助於強化內部控製和提高管理效率、有助於企業集團資源的整合五個方面的作用。從預算涉及的內容分為損益預算、現金流量預算、資本預算和其他預算四個類別；從預算管理功能分為經營預算和管理預算兩個層次。預算編製方式有自上而下式、自下而上式和上下結合式三種，編製模式有以銷售為核心的預算管理模式、以目標利潤為核心的預算管理模式、以現金流量為核心的預算管理模式、以成本為核心的預算管理模式四種。全面預算管理包括預算編製、預算執行、預

算控製、預算調整和預算考評五個基本環節。

關鍵術語

全面預算；固定預算；彈性預算；零基預算；滾動預算；概率預算；增量預算；業務預算；資本預算；現金流預算；籌資預算；預算編製；預算執行；預算控製；預算調整；預算考評

綜合練習

一、單項選擇題

1. 企業經營業務預算的基礎是（　　）。
   A. 生產預算　　　　　　　　B. 現金預算
   C. 銷售預算　　　　　　　　D. 成本預算
2. 下列項目中，屬於專門決策預算的是（　　）。
   A. 財務預算　　　　　　　　B. 現金預算
   C. 支付股利預算　　　　　　D. 成本預算
3. 預算在執行過程中自動延伸，使預算期永遠保持在一年的預算稱為（　　）。
   A. 零基預算　　　　　　　　B. 滾動預算
   C. 彈性預算　　　　　　　　D. 概率預算
4. 為了克服固定預算的缺陷，可採用的方法是（　　）。
   A. 零基預算　　　　　　　　B. 滾動預算
   C. 彈性預算　　　　　　　　D. 增量預算
5. 為區別傳統的增量預算，可採用的方法是（　　）。
   A. 零基預算　　　　　　　　B. 滾動預算
   C. 彈性預算　　　　　　　　D. 概率預算
6. 下列（　　）不是實施預算管理的好處。
   A. 加強了企業活動的協調　　B. 更精確的對外財務報表
   C. 更好的激勵經理們　　　　D. 改善部門間的交流

二、多項選擇題

1. 全面預算管理的基本功能包括（　　）。
   A. 確立目標　　　　　　　　B. 整合資源
   C. 溝通信息　　　　　　　　D. 評價業績
2. 從預算管理的功能分類，預算可以分為（　　）。
   A. 經營預算　　　　　　　　B. 損益預算
   C. 資本預算　　　　　　　　D. 管理預算

3. 根據不同責任中心的控制範圍和責任對象的特點，可將責任中心分為（　　）。
   A. 成本中心　　　　　　　　B. 收入中心
   C. 利潤中心　　　　　　　　D. 投資中心
4. 全面預算的編製方法包括（　　）等主要方法。
   A. 固定預算　　　　　　　　B. 零基預算
   C. 彈性預算　　　　　　　　D. 滾動預算
5. 常見的全面預算編製模式有（　　）。
   A. 以銷售為核心的預算管理模式　　B. 以目標利潤為核心的預算管理模式
   C. 以成本為核心的預算管理模式　　D. 以現金流量為核心的預算管理模式
6. 預算的控製主要方式可分為（　　）。
   A. 管理控製　　　　　　　　B. 收入控製
   C. 作業控製　　　　　　　　D. 支出控製
7. 預算控製的基本要素包括（　　）。
   A. 訂立標準　　　　　　　　B. 成本監測
   C. 衡量績效　　　　　　　　D. 糾正差異
8. 預算考評過程是對預算執行效果的認可過程，預算考評應遵循（　　）。
   A. 目標原則　　　　　　　　B. 激勵原則
   C. 時效原則　　　　　　　　D. 例外原則
9. 預算的作用有（　　）。
   A. 計劃　　　　　　　　　　B. 控製
   C. 評價　　　　　　　　　　D. 激勵

三、判斷題

1. 預算按其是否可以根據業務量調整，分為固定預算和彈性預算。（　　）
2. 零基預算是根據上期的實際支出，考慮本期可能發生的變化編製的預算。（　　）
3. 全面預算是由一系列相互聯繫的預算構成的一個有機整體，由經營業務預算、財務預算和固定預算組成。（　　）
4. 銷售預算、生產預算等其他預算的編製，要以現金預算為基礎。（　　）
5. 銷售預算是整個預算的基礎。（　　）
6. 固定預算又稱靜態預算，是指根據預算期內正常的可能實現的某一業務活動水平而編製的預算。（　　）
7. 概率預算可為企業不同的經濟指標水平或同一經濟指標的不同業務量水平計算出相應的預算額。（　　）
8. 現金流量預算綜合了所有預算活動對現金的預計影響，它反應了預算期內的所有現金流入和現金流出狀況。（　　）

四、簡答題

1. 簡述企業實行滾動預算的意義。
2. 簡述企業實行全面預算的意義。

五、實踐練習題

實踐練習 1

目的：練習彈性預算的編製

資料：

某企業按照 8,000 直接人工小時編製的預算資料如表 6-13 所示。

表 6-13　　　　　　　　　　　　　　　　　　　　　　　　　　單位：元

變動成本	金額	固定成本	金額
直接材料	6,000	間接人工	11,700
直接人工	8,400	折舊	2,900
電力及照明	4,800	保險費	1,450
合計	19,200	電力及照明	1,075
		其他	875
		合計	18,000

要求：按公式法編製 9,000 直接人工小時、10,000 直接人工小時、11,000 直接人工小時的彈性預算。（該企業的正常生產能量為 10,000 直接人工小時，假定直接人工小時超過正常生產能量時，固定成本將增加 6%）

實踐練習 2

目的：練習零基預算的編製

資料：

某公司採用零基預算法編製下年度的銷售及管理費用預算。該企業預算期間需要開支的銷售及管理費用項目及數額如表 6-14 所示。

表 6-14　　　　　　　　　　　　　　　　　　　　　　　　　　單位：元

項目	金額
產品包裝費	12,000
廣告宣傳費	8,000
管理推銷人員培訓費	7,000
差旅費	2,000
辦公費	3,000
合計	32,000

經公司預算委員會審核后，認為上述五項費用中產品包裝費、差旅費和辦公費屬於必不可少的開支項目，保證全額開支；其余兩項開支根據公司有關歷史資料進行「成本—效益分析」。其結果為：

廣告宣傳費的成本與效益之比為 1：15；

管理推銷人員培訓費的成本與效益之比為 1：25。

假定該公司在預算期上述銷售及管理費用的總預算額為 29,000 元。要求編製銷售以及管理費用的零基預算。

第七章　成本控製

【知識目標】
- 瞭解成本控製的概念、原則和程序
- 掌握標準成本的制定、標準成本差異的分析
- 掌握質量成本、質量成本控製及管理

【能力目標】
- 理解成本控製、標準成本控製及質量成本控製的特點
- 熟悉標準成本的制定及質量成本控製應用
- 掌握標準成本差異分析的應用

第一節　成本控製概述

一、成本控製的概念

　　成本控製主要是指運用成本會計方法，對企業經營活動進行規劃和管理，將成本規劃與實際相比較，以衡量業績，並按照例外管理的原則，消除或糾正差異，提高工作效率，不斷降低成本，實現成本目標的一系列成本管理活動。

　　成本控製有廣義和狹義之分。廣義的成本控製包括事前控製、事中控製和事後控製。事前控製又稱之為前饋控製，是在產品投產之前就進行產品成本的規劃，通過成本決策，選擇最佳方案，確定未來目標成本，編製成本預算實行的成本控製。事中控製也稱過程控製，是在成本發生的過程中進行的成本控製，它要求成本的發生按目標成本的要求來進行。但實際上，成本在發生過程中往往與目標成本不一致，會產生差異，因此就需要將超支或節約的差異反饋給有關部門，以便及時糾正或鞏固成績。事後控製就是將已發生的成本差異進行匯總、分配，計算實際成本，並與目標成本相比較，分析產生差異的原因，以利於在今后的生產過程中加以糾正。狹義的成本控製是指在產品的生產過程中進行成本控製，是成本的過程控製，不包括事前控製和事後控製。在現代成本管理中，往往採用廣義的成本控製概念，與傳統的事後成本控製是截然不同的，這是現代化生產的必然要求。

　　成本控製的內容較為寬泛，包括目標成本控製、標準成本控製、質量成本控製、作業成本控製、責任成本控製等。這裡主要介紹較具代表性的標準成本控製和質量成

本控製。

二、成本控製的原則

(一) 全面控製原則

全面控製原則是指成本控製的全員、全過程和全部控製。所謂全員控製是指成本控製不僅僅是財會人員和成本管理人員的事，還需要高層管理人員、生產技術人員及基層人員等全體員工積極參與，才能有效地進行。企業必須充分調動每個部門和每個職工控製成本、關心成本的積極性和主動性，加強職工的成本意識，做到上下結合，人人都有成本控製指標任務，建立成本否決制，這是能否實現全面成本控製的關鍵。全過程控製要求以產品壽命週期成本形成的全過程為控製領域，從產品的設計階段開始，包括試製、生產、銷售直至產品售後的所有階段都應當進行成本控製。全部控製是指對產品生產的全部費用進行控製，不僅要控製變動成本，也要控製產品生產的固定成本。

(二) 例外控製原則

貫徹這一原則，是指在日常實施全面控製的同時，有選擇地分配人力、物力和財力，抓住那些重要的、不正常的、不符合常規的關鍵性成本差異（即例外）。成本控製要將注意力放在成本差異上，分析差異產生的異常情況。實際發生的成本與預算或目標會產生出入，出入不大，不必過分關注，要將注意力集中在異乎尋常的差異上。這樣，在成本控製過程中，既可抓住主要問題，又可大大降低成本控製的耗費，使目標成本的實現有更可靠的保證。

在實務中，確定「例外」的標準通常可以考慮如下三項標誌：

（1）重要性。這是指根據實際成本偏離目標成本差異金額的大小來確定是否屬於重大差異。一般而言，只有金額大的差異，才能作為「例外」加以關注。這個金額的大小通常以成本差異占標準或預算的百分比來表示，如有的企業將差異率在10%以上的差異作為例外處理。

（2）一貫性。如果有些成本差異雖未達到重要性標準，但一直在控製線的上下限附近徘徊，則也應引起成本管理人員的足夠重視。因為這種情況可能是由於原標準已過時失效或成本控製不嚴造成的。西方國家有些企業規定，任何一項差異持續一星期超過50元，或持續三星期超過30元，均視為「例外」。

（3）特殊性。凡對企業的長期獲利能力有重要影響的特殊成本項目，即使其差異沒達到重要性標準，也應視為「例外」，查明原因。

(三) 經濟效益原則

成本控製的目的是為了降低成本，提高經濟效益。提高經濟效益，並不是一定要降低成本的絕對數，更為重要的是實現相對的成本節約，取得最佳經濟效益，以一定的消耗取得更多的成果。同時，成本控製制度的實施，也要符合經濟效益原則。

三、成本控製的程序

（一）制定成本標準

成本標準是用以評價和判斷成本控製工作完成效果和效率的尺度。在成本控製過程中，必須事先制定一種準繩，用以衡量實際的成本水平，沒有這種準繩，也就沒有成本控製。標準成本控製中的標準成本、目標成本控製中的目標成本以及定額成本控製中的成本定額都是這樣的成本標準。在實際工作中，成本控製的標準應根據成本形成的階段和內容的不同具體確定。成本標準不宜定得過高，也不宜過低，過高或過低的成本標準都難以體現成本控製的價值。

（二）分解落實成本標準，具體控製成本形成過程

將成本標準層層分解，具體落實到崗位、班組和個人身上，結合責、權、利，充分調動全體員工成本控製的積極性和創造性，控製成本的形成過程。成本形成過程的控製主要包括以下幾個方面：

（1）設計成本的控製。產品成本水平的高低主要取決於產品設計階段，也是成本控製的源頭。就像水庫的水閘，它對以後的水量大小起決定性作用。設計得先進合理，就可以生產出優質、優價、低成本的產品，給企業帶來良好的經濟效益。產品設計成本控製包括新產品的研製和原有產品的改進兩方面的成本控製。產品的設計階段不僅可以控製產品投產后的生產成本，也可以控製產品用戶的使用成本，在市場競爭激烈的今天，這一點尤其重要。確立成本優勢，就是要在成本水平一定的情況下提高客戶的使用價值，或成本水平提高不大，客戶的使用價值能大幅度地提高，要做到這一點，設計階段的成本控製是關鍵。因此，必須從全局出發，研究產品生產成本與使用成本之間的關係，比較各設計方案的經濟效果，做出適當的決策。

（2）生產成本控製。它是一個通過對產品生產過程中的物流控製來控製價值形成的過程，包括對供應過程中的原材料採購和儲備的控製、生產過程中的原材料耗用控製及各項生產費用的控製。這是一個動態的控製過程，必須不斷地對照成本標準，對成本的實際發生過程進行控製。

（3）費用預算控製。產品製造費用的控製，主要通過預算控製來進行，使成本的發生處於預算監督之下。

（三）揭示成本差異

利用成本標準、預算與實際發生的費用相比較計算成本差異，是成本控製的中心環節。通過揭示差異，發現實際成本與成本標準或預算是否相符，是節約還是超支。如果實際成本高於成本標準或預算，就存在不利差異，就要分析差異產生的原因，採取相應措施，控製成本的形成過程。為了便於比較，揭示成本差異時所收集的成本資料的口徑應與成本標準的制定口徑一致，避免出現兩者不可比的現象。

（四）進行考核評價

通過對成本責任部門的考核與評價，獎優罰劣，促進成本責任部門不斷改進工作，

實現降低成本的目標。同時，通過考核評價，發現目前成本控製中存在的問題，改進現行成本控製制度及措施，以便有效地進行成本控製。

第二節　標準成本控製

一、標準成本的概念和特點

標準成本起源於泰羅的「科學管理學說」，經過不斷演進，已成為控製成本的有效工具。標準，即為一定條件下衡量和評價某項活動或事物的尺度。所謂標準成本，是指按照成本項目反應的、在已經達到的生產技術水平和有效經營管理條件下，應當發生的單位產品成本目標。它有理想標準成本、正常標準成本和現實標準成本三種類型。

（1）理想標準成本是企業的經營管理水平、生產設備狀況、職工技術水平等條件都處於最佳狀態，停工損失、廢品損失、機器維修保養、工人休息停工時間等都不存在時的最低成本水平。由於這種成本的要求過高，只是一種純粹的理論觀念，即使企業全體員工共同努力，也無法常常達到，因此不宜作為現行標準成本。

（2）正常標準成本是根據過去一段時期實際成本的平均值，剔除其中生產經營活動中的異常因素，並考慮未來的變動趨勢而制定的標準成本。這種標準成本把未來看成歷史的延伸，是一種經過努力可以達到的成本，企業可以此為現行成本。但它的應用有局限性，企業只有在國內外經濟形勢穩定、生產發展比較平穩的情況下才能使用。

（3）現實標準成本是根據企業最可能發生的生產要素耗用量、生產要素價格和生產經營能力利用程度而制定的。由於這種標準包含企業一時還不能避免的某些不應有的低效、失誤和超量消耗，因此它是經過努力可以達到的既先進又合理、又切實可行且接近實際的成本。

標準成本控製的核心是按標準成本記錄和反應產品成本的形成過程與結果，並借以實現對成本的控製。其特點是：①標準成本帳戶只計算各種產品的標準成本，不計算各種產品的實際成本。「生產成本」、「產成品」、「自制半成品」等成本帳戶均按標準成本入帳。②實際成本與標準成本之間的各種差異分別記入各成本差異帳戶，並根據它們對日常成本進行控製和考核。③標準成本控製可以與變動成本法相結合，達到成本管理和控製的目的。

二、標準成本控製的程序

（1）正確制定成本標準；
（2）揭示實際消耗量與標準耗用量的差異；
（3）累積實際成本資料，並計算實際成本；
（4）比較實際成本與標準成本的差異，分析成本差異產生的原因；
（5）根據差異產生的原因，採取有效措施，在生產經營過程中進行調整，消除不利差異。

三、標準成本的制定

(一) 標準成本的制定方法

制定標準成本有多種方法，最常見的有：

1. 工程技術測算法

它是根據一個企業現有的機器設備、生產技術狀況，對產品生產過程中的投入產出比例進行估計而計算出來的標準成本。

2. 歷史成本推算法

它是將過去發生的歷史成本數據作為未來產品生產的標準成本，一般以企業過去若干期的原材料、人工等費用的實際發生額計算平均數，要求較高的企業往往以歷史最好的成本水平來測算。

以上兩種方法，各有優缺點。如歷史成本測算法省時省力，又易於做到，但它不能適應變化著的市場的要求。

(二) 標準成本的一般公式

產品的標準成本主要由直接材料、直接人工和製造費用三個項目組成。無論是哪一個成本項目，在制定其標準成本時，都需要分別確定其價格標準和用量標準，兩者相乘即為每一個成本項目的標準成本；然后匯總各個成本項目的標準成本，就可以得出單位產品的標準成本。其計算公式為：

某成本項目標準成本＝該成本項目的標準用量×該成本項目的標準價格

單位產品標準成本＝直接材料標準成本＋直接人工標準成本＋製造費用標準成本

(三) 標準成本各項目的制定

1. 直接材料標準成本的制定

直接材料標準成本是由直接材料耗用量標準和直接材料價格標準兩個因素決定的。

直接材料耗用量標準也稱為材料消耗定額，是指企業在現有生產技術條件下，生產單位產品應當耗用的原料及主要材料數量，包括構成產品實體應耗用的材料數量、生產中的必要消耗以及不可避免的廢品損失中的消耗等。

材料標準耗用量應根據企業產品的設計、生產和工藝的現狀，結合企業的經營管理水平的情況和成本降低任務的要求，考慮材料在使用過程中發生的必要損耗（如切削、邊角余料等），並按照產品的零部件來制定各種原料及主要材料的消耗定額。材料消耗標準一般應由生產技術部門制定提供，定額制度健全的企業，也可以依據材料消耗定額來制定。

直接材料價格標準是指以訂貨合同中的合同價格為基礎，考慮未來各種變動因素，所確定的購買材料應當支付的價格，即標準單價。它包括材料買價、運雜費、檢驗費和正常損耗等成本。它是企業編製的計劃價格，通常由財務部門和採購部門共同協商制定。

確定了直接材料標準耗用量和標準價格后，將各種原材料標準耗用量乘以標準單價，就得到直接材料標準成本。其計算公式為：

單位產品直接材料成本＝∑【各種材料標準用量×各種材料標準價格】

2. 直接人工標準成本的制定

直接人工標準成本是由直接人工工時耗用量標準和直接人工價格標準兩個因素決定的。人工工時耗用量標準也稱工時消耗定額，即直接生產工人生產單位產品所需要的標準工時，是指在企業現有的生產技術條件下，生產單位產品所需要的工作時間，包括對產品的直接加工工時、必要的間歇和停工工時以及不可避免的廢品耗用工時等。人工工時耗用量標準通常需由生產技術部門和人力資源部門根據技術測定與統計調查資料來確定。直接人工價格標準是每一標準工時應分配的標準薪酬，即標準薪酬率，以職工薪酬標準來確定。確定了標準工時和薪酬率後，用下列公式來計算單位產品直接人工標準成本：

單位產品直接人工標準成本＝人工標準工時×標準薪酬率

3. 製造費用標準成本的制定

由於製造費用無法追溯到具體的產品品種上，包括固定性製造費用和變動性製造費用，因此，不能按產品制定消耗額。製造費用的標準成本是由製造費用的標準價格和製造費用的標準用量決定的，製造費用價格標準即製造費用標準分配率，製造費用用量標準即工時用量標準。其計算公式如下：

單位產品製造費用標準成本＝製造費用標準用量×製造費用標準分配率

製造費用標準分配率＝變動製造費用標準分配率＋固定製造費用標準分配率

變動製造費用標準分配率＝變動製造費用預算÷預算產量的標準工時

固定製造費用標準分配率＝固定製造費用預算÷預算產量的標準工時

4. 制定標準成本舉例

【例7-1】假定甲企業20×3年A產品預計消耗直接材料、直接人工、製造費用資料以及A產品標準成本計算如表7-1所示。

表7-1　　　　　　　　　　　產品標準成本計算表

產品：A產品　　　　　　　　　20×3年×月×日　　　　　　　　　單位：元

	原料號碼	單位	數量	標準單價	部門 1	部門 2	合計		操作號碼	標準時數	標準工資率	部門 1	部門 2	合計
直接材料	1~6 3~5 4~7	千克 千克 千克	5 10 6	10 7 10	50	70 60	50 70 60	直接人工	1~3 2~4 3~5	2 5 6	5 4 3	10	20 18	10 20 18
	直接材料成本合計				50	130	180		直接人工成本合計			10	38	48
	標準時數	標準分配率			部門 1	部門 2	合計		標準時數	標準分配率		部門 1	部門 2	合計
變動製造費用	2 11	3 4			6	44	6 44	固定製造費用	2 11	2 3		4	33	4 33
	變動製造費用合計				6	44	50		固定製造費用合計			4	33	37
製造費用合計														87
產品標準成本合計														315

四、成本差異的計算與分析

這裡的成本差異是指產品的實際成本與標準成本之間的差額。在生產經營過程中，實際發生的成本會高於或低於標準成本，它們間的差額就是成本差異。實際成本高於標準成本時的差額稱為不利差異，實際成本低於標準成本的差額稱為有利差異。實行標準成本控製就是要發揚有利差異，消除不利差異。值得注意的是，有利差異對企業未必都是好事，不利差異對企業也未必都是壞事，管理人員應進一步收集資料加以具體分析，以便得出恰當的結論。

標準成本包括直接材料標準成本、直接人工標準成本、變動製造費用標準成本、固定製造費用標準成本。與此相對應，成本差異也有直接材料成本差異、直接人工成本差異、變動製造費用成本差異、固定製造費用成本差異。每一個標準成本項目均可分解為用量標準和價格標準。成本差異也分解為數量差異和價格差異，標準成本差異分析實際上就是運用因素分析法（又稱連環替換法）的分析原理和思路對成本差異進行分析，同時遵循該方法中的因素替換原則和要求，故進行標準成本的差異計算與分析應結合因素分析法加以考慮。

對成本差異既分成本項目，又分變動成本和固定成本，還分用量和價格因素等進行多方面、多角度的深入分析。其根本動因在於，找出引起差異的具體原因，做到分清、落實部門和人員的責任，使成本控製真正得以發揮。

成本差異的通用計算公式如圖 7-1 所示。

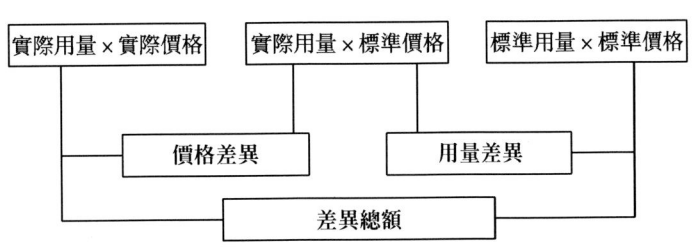

圖 7-1　成本差異的通用計算公式

(一) 直接材料成本差異的計算與分析

直接材料成本差異是直接材料的實際成本與其標準成本之間的差額，包括用量差異和價格差異。由於直接材料的用量和價格指標是最接近人們一般理解中的用量和價格概念的，故比直接人工、製造費用的差異計算和分析更易於理解和接受。直接材料的用量差異的計算公式為：

直接材料的用量差異 =（實際用量×標準價格）-（標準用量×標準價格）
　　　　　　　　　 =（實際用量-標準用量）× 標準價格
　　　　　　　　　 = △用量 ×標準價格

導致直接材料用量差異的因素主要有設備故障、原材料質量不高、員工技術不熟練、產品質量標準變化、生產管理不力等。這些差異主要在生產過程中發生，應由生

產部門負責。當然，也存在生產部門不可控的因素，如採購部門為了降低採購成本，降低了原材料的質量，這些就不是生產部門的責任，應由採購部門負責。

導致直接材料價格差異的因素主要有採購批量、送貨方式、購貨折扣、材料品質、採購時間等。這些因素主要由採購部門控制，應該由採購部門負責。當然，也存在例外情況，如生產中出現材料緊缺，必須緊急採購，價格就難以控製，造成採購成本提高，其責任又另當別論。直接材料的價格差異的計算公式為：

直接材料的價格差異 =（實際用量×實際價格）-（實際用量×標準價格）
　　　　　　　　　= 實際用量×（實際價格-標準價格）
　　　　　　　　　= △價格 ×實際用量

【例7-2】某企業A產品本月實際產量為120件，材料消耗標準用量為10千克，每千克標準價格為50元，實際材料耗用量為1,100千克，實際單價為51元。其實際材料標準成本差異的計算如下：

直接材料的實際成本 = 1,100×51 = 56,100（元）
直接材料的標準成本 = 120×10×50 = 60,000（元）
直接材料成本差異 = 56,100-60,000 = -3,900（元）
其中：
數量差異 =（1,100-120×10）×50 = -5,000（元）
價格差異 =（51-50）×1,100 = 1,100（元）
驗證：-5,000+1,100 = -3,900

上述計算結果說明，該企業材料數量差異為-5,000元。這表明生產部門管理得力，或生產技術水平提高等原因，節約了材料耗用量，降低了材料成本，為有利差異。價格差異為1,100元，這是市場價格的變化帶來的不利差異，導致了材料的成本上升。

（二）直接人工差異的計算與分析

直接人工差異的確定與直接材料大致相同，不同之處在於直接人工的用量指標是「工時」，而工時可以反應工作效率的高低，所以其用量差異也稱為人工效率差異；價格指標是「薪酬率」，所以其價格差異就是薪酬率差異。其計算公式為：

直接人工效率差異(量差) =（實際工時×標準薪酬率）-（標準工時×標準薪酬率）
　　　　　　　　　　　=（實際工時-標準工時）× 標準薪酬率
　　　　　　　　　　　= △工時×標準薪酬率
直接人工薪酬率差異(價差) =（實際工時×實際薪酬率）-（實際工時×標準薪酬率）
　　　　　　　　　　　　= 實際工時×（實際薪酬率-標準薪酬率）
　　　　　　　　　　　　= △薪酬率 × 實際工時

薪酬率是在聘用合同中條款規定的，實際支付與預算額一般不會出現差異。但當企業的人力資源管理變動時，會導致薪酬率差異，如在生產經營中降級或升級使用員工、員工人數的增減、總體薪酬水平變動等情況發生時。

員工生產經驗不足、原材料質量不合格、設備運轉不正常、工作環境不佳等多種因素均會導致直接人工效率差異。在通常情況下，效率差異由生產部門負責，但如果

影響因素是生產部門的不可控因素，責任應由相關部門承擔。

【例7-3】某企業B產品直接人工成本差異如表7-2所示。

表7-2　　　　　　　　　直接人工成本差異計算表

項目	工時數（小時）	薪酬率（元/小時）	金額（元）
標準成本	5,200	11.8	61,360
實際成本	5,000	12.6	63,000
薪酬率差異	（12.6-11.8）×5,000=4,000		
效率差異	（5,000-5,200）×11.80=-2,360		
直接人工成本差異	4,000+（-2,360）=1,640		

（三）變動製造費用差異的計算與分析

變動製造費用差異的確定與直接人工大致相同，用量指標也為「工時」，故用量差異也就是其效率差異；其價格指標是「製造費用分配率」。而費用分配率反應的是耗費水平的高低，故其價格差異也稱為耗費差異。其計算公式為：

變動製造費用效率差異（量差）
=（實際工時-標準工時）×變動製造費用標準分配率
=△工時 × 標準分配率

變動製造費用耗費差異（價差）
=（變動製造費用實際分配率-變動製造費用標準分配率）× 實際工時
=△分配率 × 實際工時

變動製造費用耗費差異，可能是由於實際價格與變動製造費用預算不一致造成的，也可能是由於製造費用項目的過度使用或浪費造成的。

變動製造費用效率差異產生的原因與直接人工效率差異大致相同。

【例7-4】某產品變動製造費用實際發生額為7,540元，實際耗用直接工時1,300小時，產量為120,000件，單位產品標準工時為0.01小時，製造費用標準分配率為6元/小時。變動製造費用差異的計算如下：

變動製造費用標準成本=0.01×120,000×6=7,200（元）
變動製造費用成本差異=7,540-7,200=340（元）
其中：
耗費差異=7,540-1,300×6=-260（元）
效率差異=1,300×6-0.01×120,000×6=600（元）
驗證：-260+600=340（元）

（四）固定製造費用差異的計算與分析

固定製造費用有兩種計算分析方法：一是兩因素差異分析法，二是三因素差異分析法。兩因素差異分析法將固定製造費用差異分為耗費差異和數量差異，這裡的數量差異又稱為能量差異。其計算公式如下：

固定製造費用成本差異＝固定製造費用實際發生額-實際產量下標準固定製造費用
其中：
耗費差異＝固定製造費用實際發生額-固定製造費用預算額
能量差異＝固定製造費用預算額-實際產量下標準固定製造費用
　　　　＝（預算工時-實際產量下的標準工時）×固定製造費用標準分配率

固定製造費用包括管理人員薪酬、保險費、廠房設備折舊、稅金等項目，這些項目在一定時期內不會隨產量水平的變化而變動。因此，一般來講，它與預算成本差異不大。

如果企業出現固定製造費用數量差異，說明生產能力的利用程度與預算不一致。若生產能力超額利用，實際產量的標準工時會大於生產能量，形成有利差異；反之，則是生產能力沒有得到充分利用，造成生產能力的閒置。

【例7-5】某年A產品固定製造費用預算成本為30,000元，預算直接人工為1,000小時，單位產品標準工時為0.01小時，固定製造費用標準分配率為30元/小時，預算產量為100,000件，實際產量為90,000件，實際發生製造費用28,700元。要求：用兩因素差異分析法計算固定製造費用成本差異。

解：固定製造費用實際與標準的差異＝28,700-90,000×0.01×30＝1,700（元）
耗費差異＝28,700-30,000＝-1,300（元）
能量差異＝30,000-30×0.01×90,000＝3,000（元）
或　能量差異＝（100,000×0.01-90,000×0.01）×30＝3,000（元）
驗證：-1,300＋3,000＝1,700（元）

三因素差異分析法就是進一步將能量差異分為效率差異和生產能力利用差異，再加上前面的耗費差異就構成了三種影響因素，耗費差異的計算與前面完全一致。另外兩種差異的計算公式如下：

效率差異＝（實際工時-實際產量下標準工時）×固定製造費用標準分配率
生產能力利用差異＝（預算工時-實際工時）×固定製造費用標準分配率

注意：①預算工時是根據企業的生產能力水平確定的；②固定製造費用標準分配率也稱為固定製造費用預算分配率，因為其確定的依據是固定製造費用的預算成本及預算產量下的標準工時。

實際工時脫離標準工時反應的是效率的快慢和高低，故這類差異稱為「效率差異」；預算工時與實際工時的不一致反應的是生產能力的利用程度，如實際工時低於預算工時說明生產能力存在閒置，尚未充分利用生產能力；如實際工時高於預算工時說明企業超負荷運轉，存在生產能力的透支使用，故這類差異稱為「生產能力利用差異」或「閒置能量利用差異」。生產能力利用差異無論是正數還是負數，即無論表現為節約還是超支均是不利差異，這與其他差異的性質有所不同，在進行差異分析時應引起關注。恰當的做法是盡量充分利用生產能力開展生產經營活動，才是企業持續發展的戰略選擇。超負荷進行生產，雖然短期內能帶來成本上的節約，表面上是成本發生的有利差異但無益於企業的長遠發展，這種飲鴆止渴的短期化行為在進行成本差異分析時是必須警惕的。

【例7-6】接上例，假設 A 產品實際所耗工時為 990 工時。要求：用三因素差異分析法計算固定製造費用成本差異。

解：固定製造費用實際與標準的差異 = 28,700-90,000×0.01×30 = 1,700（元）
耗費差異 = 28,700-30,000 = -1,300（元）
效率差異 = （990-90,000×0.01）×30 = 2,700（元）
生產能力利用差異 = （1,000-990）×30 = 300（元）
總差異 = -1,300+2,700+300 = 1,700（元）

第三節　質量成本控製

一、質量成本和質量成本控製的含義

(一) 質量成本的概念

要明確質量成本的概念，首先應當先明確什麼是質量。本節所述及的「質量」是指產品或服務能使消費者使用要求得到滿足的程度，主要包括設計質量和符合質量兩項內容。設計質量是指產品設計的性能、外觀等指標符合消費者需要和需求的程度；符合質量是指實際所生產的產品符合設計要求的程度。設計質量與符合質量體現了產品或勞務的性能和效果；二者是一個有機的統一整體。高質量的產品或服務不僅要在性能上滿足顧客的需求，而且在性能的實際效果上要達到顧客的要求。一般來說，質量較高的產品或服務，其成本較高，相應的市場價格也較高。

質量成本是指企業為保持或提高產品質量所發生的各種費用和因產品質量未達到規定水平所產生的各種損失的總稱。質量成本是質量經濟性與成本特殊性相結合的一個新的成本範疇。一方面，質量經濟性要求質量與經濟相結合，質量與成本相結合，以避免質量「不經濟」的行為；另一方面，成本廣義化趨勢及其向質量領域延伸，構成成本應用的一個特殊領域。

(二) 質量成本的種類

1. 按質量成本的經濟性質分類

按質量成本的經濟性質劃分，可分為：①材料、燃料、動力、低耗品等材料成本要素。它是質量管理過程中從事預防、鑒定、控製和提高產品質量所發生的各種材料、燃料、動力和低耗品等的耗費。②薪酬成本要素。它是與產品質量活動有關人員的薪酬支出。③折舊成本要素。它是提高產品質量專用機器、設備、儀器、儀表等固定資產折舊費和修理維護費用等。④其他質量成本要素。它是以上沒有包括的其他質量成本要素。

2. 按質量成本的經濟用途分類

按質量成本的經濟用途劃分，可分為：①預防成本項目。它是用於保證和提高產品質量，防止產生廢次品的各種預防性支出，包括質量計劃工作費用、產品評審費用、

工序能力研究費用、質量審核費用、質量情報費用、人員培訓費用和質量獎勵費用等內容。②鑒定成本項目。它是用於質量檢測活動發生的各種費用支出，包括原材料驗收檢測費、工序檢驗費、產品檢驗費、破壞性試驗的產品試驗費、檢驗設備的維護、保養費用及質量監督成本等內容。③內部損失成本項目。它是產品出廠前，因質量未能達到規定標準而發生的損失，如報廢損失、返修損失、復檢損失、停工損失、事故分析處理費用、產品降級損失等。④外部損失成本項目。它是產品出廠後，因質量未能達到規定標準而發生的損失，如索賠費用、退貨損失、保修費用、折價損失、訴訟費用及企業信譽損失等。

(三) 質量成本控製

質量成本控製是指企業根據預定的質量成本標準或目標，對質量成本形成過程中的一切耗費進行計算和審核，找出質量成本差異發生的原因，並不斷予以糾正的過程。企業主要通過質量成本報告對質量成本實行控製。

隨著經濟全球化的深入發展，高新技術的不斷湧現，消費者需求日益個性化，競爭環境日趨複雜，質量成本控製在企業的成本控製中的地位越來越重要，必須將它納入企業成本控製系統之中。

二、質量成本控製程序

要做好質量成本控製工作，必須建立完善的控製體系，它決定著質量成本控製的成效。質量成本控製體系是圍繞質量成本控製程序來設計的。質量成本控製程序的步驟如下：

(1) 建立健全全面質量管理的組織體系，確立生產流程中的質量成本控製點，作為質量成本控製的責任中心。在責任中心中，嚴格區分可控成本和不可控成本，分清責任，強化管理。例如：鑒定成本由質檢部門負責，對供應商的評估由採購部門負責，內部損失成本由生產部門負責，質量成本總額由質量管理部門負責。確定了質量成本責任中心，企業管理層才能將質量成本目標分解，進行控製和管理，並及時掌握質量成本的變化情況，採取有效措施。

(2) 確定各質量成本項目的控製指標和偏差範圍。成本控製總是以一定的基準為實際成本的對照物，這些基準就是各種不同的控製指標。進行質量成本控製，必須制定各質量成本項目允許的偏差範圍作為控製依據，按照「例外管理」原則控製。

(3) 實行全面質量成本控製，對產品的設計階段、生產階段、使用階段，實施整個生命週期的全過程控製。

三、最優質量成本觀

質量成本控製的目標是以最小的質量成本，生產出最優質的產品。最優產品所消耗的最低水平的成本，就是最優質量成本。它是評價質量成本控製績效的理想指標，但很難達到。對於最優質量成本，存在傳統觀和現代觀兩種不同的認識。

(一) 傳統最優質量成本觀

該觀點認為，控製成本（預防成本和鑒定成本）與故障成本（內部和外部損失成本）之間存在著一種此消彼長的關係，當控製成本增加，損失成本減少時，總質量成本水平也會隨之下降並將穩定在某一個平衡點上。此時的質量水平被認為是傳統觀可接受的質量水平。

任何一項產品的規格指標或質量指標是一個區間範圍，不超過這個範圍就屬於合格產品，這就意味著企業允許不合格產品存在，並銷售給顧客。對於企業，產品出現允許範圍內的不合格，是可以接受的，但對於顧客，買到不合格產品，其權益卻是百分之百受到損害。因此，該觀點具有明顯的局限性。

該觀點允許而且鼓勵一定數量的次品生產。這種觀點一直盛行至20世紀70年代才受到零缺陷觀點的挑戰。20世紀80年代中期，零缺陷模型向健全質量模型進一步推進，又一次向傳統觀發出挑戰。根據健全觀，生產與目標值有偏離的產品就會帶來損失，而且偏離越大損失也越大。因此，只有努力改進質量，才能形成節約的潛力。

(二) 現代最優質量成本觀

該觀點認為，預防成本和鑒定成本在增加到一定程度后，也可以降低。所以，隨著預防成本和鑒定成本的增加和損失成本的下降，質量成本總水平不僅會下降，而且會持續下降，並不像傳統觀所描述的停留在最優平衡點上。隨著全面質量管理卓有成效的實施和健全零缺陷狀態的實現，預防成本、鑒定成本等可控成本可以先增后減，內、外部損失成本有可能降至零，總質量成本也可能繼續下降，而產品質量卻能不斷提高。

(三) 兩種最優質量成本觀的區別

(1) 在接近健全零缺陷狀態時，控製成本並非無限制地增加；
(2) 隨著接近健全狀態，控製成本可能是先增后減；
(3) 故障質量成本有可能降至零；
(4) 傳統觀反應的是靜態的質量成本，現代觀反應的則是動態的質量成本。

四、質量成本管理

現代質量成本觀念形成之前，企業主要根據傳統觀念進行質量成本管理，重視生產過程中的產品質量，忽視售后服務質量，因此在這些方面的耗費也沒有引起足夠的重視。對企業而言，產品質量標準由企業自己制定，忽視國際化質量標準的存在，在經濟全球化的今天，這必然會影響企業的生存與發展。

現代質量管理是全面的質量管理，強調從產品的整個生命週期來考慮，強調全員參與，形成一個既重生產質量又重服務質量的完整體系。其特點是：
(1) 質量成本控制是從產品的設計和投產開始，貫穿產品的整個生命週期；
(2) 質量成本控制的最終目標是「零缺陷」；
(3) 從戰略的高度來權衡質量與成本的關係，兼顧企業的長遠利益和短期利益，

確定成本的合理結構。

五、質量成本控製業績報告

為了全面反應質量成本管理的業績，必須將質量成本控製中的有關信息及時向管理層匯報，以便於管理層決策。這種信息的傳輸主要採用內部報告的形式。

質量成本報告是衡量企業在某特定期間質量成本分佈情況的報表，是用來反應一個企業在質量改進項目上進展程度的書面文件。質量成本報告並沒有統一的格式，常隨著編製目的的不同而有多種不同的類型。

不論企業採用何種方式編製質量成本報告，其內容不外乎強調各成本要素的比例關係（如預防成本與鑒定成本佔質量成本的比率），以及其衡量基礎（如質量成本佔銷售收入或銷售成本的比率）。

企業質量成本報告一般有短期質量成本報告、多期趨勢質量成本報告和長期質量成本報告三種類型。

（一）短期質量成本報告

短期質量成本報告用來反應當期標準或目標的進展情況。每年企業都必須制定短期質量標準，並據以制訂計劃，以達到該質量目標水平。期末，短期業績報告通過將當期的實際質量成本和預算質量成本進行比較，可以反應實際質量成本與預算質量成本之間的差距，從而找出短期質量改進的目標。參考格式如表 7-3 所示。

表 7-3　　　　　　　　　　短期質量成本報告　　　　　　　　單位：元

項目	實際成本	預算成本	差異
預防成本			
質量計劃			
質量培訓			
質量審核			
質量獎勵			
產品評審			
預防成本合計			
鑒定成本			
原材料檢驗			
產品驗收			
流程驗收			
破壞性試驗			
質量監督			
鑒定成本合計			
內部損失成本			
返修			
廢料			
復檢			
停工			
產品降級			
內部損失成本合計			

表7-3(續)

項目	實際成本	預算成本	差異
外部損失成本			
索賠			
保修			
退貨			
折價			
外部損失成本合計			
質量成本合計			

(二) 多期趨勢質量成本報告

多期趨勢質量成本報告用來反應從質量改進項目實施起的進展情況。多期趨勢質量成本報告可以反應質量成本的總體變化，從而可以對質量項目的總體趨勢進行評估。

多期趨勢質量成本報告是將期內質量改進項目的進展程度以圖表的形式加以表達的報告。一般以橫坐標表示期數，以縱坐標表示相應時間內的銷售百分比，將多期質量成本占銷售百分比描述在坐標圖上，即可以反應質量改進項目的執行情況。

質量成本趨勢分析圖如圖7-2、圖7-3所示。

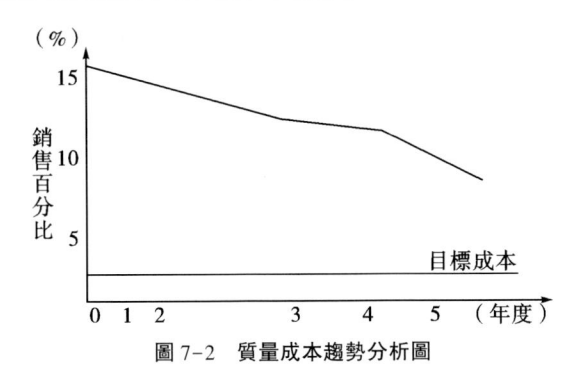

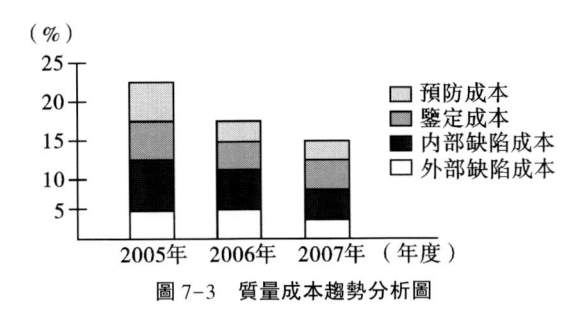

圖 7-2　質量成本趨勢分析圖

圖 7-3　質量成本趨勢分析圖

(三) 長期質量成本報告

長期質量成本報告用來反應長期標準或目標的進展情況。在每期期末，長期質量成本報告通過將該期的實際質量成本與企業期望最終達到的目標質量成本進行比較，

提醒管理者牢記最終的質量目標，反應質量改進的空間，便於編製下一期的計劃。

由於現代質量成本管理的目標是追求零缺陷，因而不應該存在缺陷成本。長期質量成本報告對當期的實際質量成本與達到零缺陷時允許的目標質量成本進行比較。如果目標成本選擇恰當，則目標成本都是增值成本，而實際成本與目標成本的差異是非增值成本。因此，長期質量成本報告只是增值成本與非增值成本之間的差異報告。參考格式如表 7-4 所示。

表 7-4　　　　　　　　　　　　　　長期質量成本報告　　　　　　　　　　　單位：元

項目	實際成本	目標成本	差異
預防成本			
質量計劃			
質量培訓			
質量審核			
質量獎勵			
產品評審			
預防成本合計			
鑒定成本			
原材料檢驗			
產品驗收			
流程驗收			
破壞性試驗			
質量監督			
鑒定成本合計			
內部損失成本			
返修			
廢料			
復檢			
停工			
產品降級			
內部損失成本合計			
外部損失成本			
索賠			
保修			
退貨			
折價			
外部損失成本合計			
質量成本合計			

本章小結

本章在介紹成本控制的概念、原則和程序的基礎上,著重闡述標準成本的制定及如何進行標準成本的差異分析,對成本差異既分成本項目,又分變動和固定成本,還分用量和價格因素等進行多方面、多角度的深入分析;在瞭解質量成本和質量成本控製的含義及程序的基礎上,展開分析最優成本觀及質量成本管理和質量成本控製業績報告等。

關鍵術語

成本控製;標準成本;標準成本控製;數量差異;價格差異;兩因素差異分析法;三因素差異分析法;質量成本;質量成本控製;質量成本管理

綜合練習

一、單項選擇題

1. 在成本差異分析中,與變動製造費用效率差異類似正確的是( )。
   A. 直接人工效率差異   B. 直接材料用量差異
   C. 直接材料價格差異   D. 直接材料成本差異

2. 固定製造費用效率差異體現的是( )。
   A. 實際工時與標準工時之間的差異
   B. 實際工時與預算工時之間的差異
   C. 預算工時與標準工時之間的差異
   D. 實際分配率與標準分配率之間的差異

3. 在成本差異分析中,與變動製造費用耗費差異類似的是( )。
   A. 直接人工效率差異   B. 直接材料價格差異
   C. 直接材料成本差異   D. 直接人工價格差異

4. 如果直接人工實際工資率超過了標準工資率,但實際耗用工時低於標準工時,則直接人工的效率差異和工資率差異的性質是( )。
   A. 效率差異為有利;工資率差異為不利
   B. 效率差異為有利;工資率差異為有利
   C. 效率差異為不利;工資率差異為不利
   D. 效率差異為不利;工資率差異為有利

5. 某企業甲產品3月份實際產量為100件,材料消耗標準為10千克,每千克標準價格為20元;實際材料消耗量為950千克,實際單價為25元。直接材料的數量差異為( )。
   A. 3,750元   B. 20,000元

C. -1,000 元　　　　　　　　　　D. 4,750 元
6. 下列項目中，屬於核定預防成本內容的是（　　）。
   A. 責任的成本
   B. 維持客戶忠誠成本
   C. 對產品和服務進行檢驗、測試和對許多數據進行審核的成本
   D. 品質管理和經營成本
7. 關於品質改進，理解正確的是（　　）。
   A. 低頭解決問題
   B. 與資金無關
   C. 一定要圍繞整個公司的資金營運狀況
   D. 能讓現金流停滯
8. 下列項目中，不屬於質量成本管理中鑒定成本的是（　　）。
   A. 質量監督成本　　　　　　　　B. 破壞性試驗成本
   C. 流程驗收成本　　　　　　　　D. 產品評審成本

二、多項選擇題

1. 作為確定例外控製原則中的「例外」的標誌有（　　）。
   A. 重要性　　　　　　　　　　　B. 一貫性
   C. 特殊性　　　　　　　　　　　D. 全面性
2. 成本控製的原則可概括為三條，即（　　）。
   A. 全面控製原則　　　　　　　　B. 因地制宜原則
   C. 例外控製原則　　　　　　　　D. 經濟效益原則
3. 標準成本的類型有（　　）。
   A. 理想標準成本　　　　　　　　B. 正常標準成本
   C. 現實標準成本　　　　　　　　D. 基本標準成本
4. 材料用量差異產生的原因有（　　）。
   A. 設備故障　　　　　　　　　　B. 原材料質量不高
   C. 員工技術不熟練　　　　　　　D. 生產管理不力
5. 對最優質量成本的不同認識有（　　）。
   A. 傳統最優質量成本觀　　　　　B. 近代最優質量成本觀
   C. 現代最優質量成本觀　　　　　D. 當代最優質量成本觀
6. 成本形成過程的控製主要包括（　　）。
   A. 設計成本控製　　　　　　　　B. 生產成本控製
   C. 費用預算控製　　　　　　　　D. 質量成本控製
7. 實際工時脫離標準工時形成的成本差異，以下叫法正確的有（　　）。
   A. 效率差異　　　　　　　　　　B. 數量差異
   C. 價格差異　　　　　　　　　　D. 耗費差異
8. 在固定製造費用差異分析中，預算工時與實際工時的不一致所引起的成本差異，

以下說法正確的有（　　）。

  A. 反應的是生產能力的利用程度　　B. 可稱為「生產能力利用差異」
  C. 可稱為「閒置能量利用差異」　　D. 可稱為「能量差異」

三、判斷題

1. 變動性製造費用的價格差異就是其耗費差異。　　　　　　　　　（　　）
2. 標準成本差異分析實際上就是運用因素分析法的分析原理和思路對成本差異進行的分析，同樣遵循因素分析法中的因素替換規則。　　　　　　　　（　　）
3. 直接材料用量差異的影響因素均為生產部門的可控因素。　　　　（　　）
4. 直接人工的效率差異應該全部由生產部門負責。　　　　　　　　（　　）
5. 質量成本一般包括設計質量和符合質量兩項內容。　　　　　　　（　　）
6. 固定製造費用的能量差異也稱為閒置能量差異。　　　　　　　　（　　）
7. 現代最優質量成本觀認為，故障質量成本有可能降至零。　　　　（　　）
8. 質量成本控制的最終目標是「零缺陷」。　　　　　　　　　　　（　　）
9. 預防成本包括質量培訓、產品評審、產品驗收、流程驗收等環節發生的成本。
  　　　　　　　　　　　　　　　　　　　　　　　　　　　　（　　）
10. 最優質量成本就是最優產品所消耗的最低水平成本。　　　　　（　　）

四、實踐練習題

實踐練習1

某企業生產產品需要一種材料，有關資料如下：

表 7-5

材料名稱	A 材料
實際用量	1,000 千克
標準用量	1,100 千克
實際價格	50 元/千克
標準價格	45 元/千克

要求：計算這種材料的成本差異，並分析差異產生的原因。

實踐練習2

某企業本月固定製造費用的有關資料如下：

生產能力　　　　　　　　2,500 小時
實際耗用工時　　　　　　3,500 小時
實際產量的標準工時　　　3,200 小時
固定製造費用的實際數　　8,960 元
固定製造費用的預算數　　8,000 元

要求：

（1）根據所給資料，計算固定製造費用的成本差異。

（2）採用三因素差異分析法，計算固定製造費用的各種差異。

實踐練習 3

某企業月固定製造費用預算總額為 100,000 元，固定製造費用標準分配率為 10 元/小時，本月固定製造費用實際發生額為 88,000 元，生產 A 產品 4,000 個，其單位產品標準工時為 2 小時/個，實際耗用工時 7,400 小時。

要求：用兩因素差異分析法和三因素差異分析法分別進行固定製造費用的差異分析。

實踐練習 4

某企業生產產品需要兩種材料，有關資料如下：

表 7-6

材料名稱	甲材料	乙材料
實際用量	3,000 千克	2,000 千克
標準用量	3,200 千克	1,800 千克
實際價格	5 元/千克	10 元/千克
標準價格	4.5 元/千克	11 元/千克

要求：分別計算甲、乙兩種材料的成本差因，分析差異產生的原因。

第八章　責任會計

【知識目標】

- 瞭解責任預算和責任報告的編製
- 理解責任會計的定義，掌握責任會計的內容與核算原則
- 掌握內部轉移價格的類型及優缺點
- 理解和掌握員工激勵機制的方式和原則

【能力目標】

- 掌握各責任中心的類型和特點
- 掌握各責任中心考核指標的計算
- 掌握內部轉移價格的適用範圍及價格確定方法

第一節　責任會計及責任中心

一、責任會計的定義

責任會計是指以企業內部建立的各級責任中心為主體，以責、權、利的協調統一為目標，利用責任預算為控製的依據，通過編製責任報告進行業績評價的一種內部會計控製制度。

二、責任會計的內容

責任會計是現代分權管理模式的產物。它是通過在企業內部建立若干個責任中心，並對其分工負責的經濟業務進行規劃與控製，從而實現對企業內部各責任單位的業績考核與評價。責任會計的要點就在於，利用會計信息對各分權單位的業績進行計量、控製與考核。其主要內容包括以下幾個方面：

（一）合理劃分責任中心，明確規定權責範圍

實施責任會計，首先要按照分工明確、責任易於區分、成績便於考核的原則，合理劃分責任中心。所謂責任中心是指企業具有一定權利並承擔相應工作責任的各級組織和各個管理層次。其次必須依據各個責任中心生產經營的具體特點，明確規定其權責範圍，使其能在權限範圍內，獨立自主地履行職責。

(二) 編製責任預算，確定各責任中心的業績考核標準

編製責任預算，使企業生產經營總體目標按責任中心進行分解、落實和具體化，作為它們開展日常經營活動和評價其工作成果的基本標準。業績考核標準應當具有可控性、可計量性和協調性等特徵。即其考核的內容只應為責任中心能夠控製的因素，考核指標的實際執行情況，要能比較準確地計量和報告，並能使各個責任中心在完成企業總的目標中，明確各自的目標和任務，以實現局部和整體的統一。

(三) 區分各責任中心的可控製費用和不可控製費用

對各個責任中心工作成果的評價與考核，應限於能為其工作好壞所影響的可控製項目，不能把不應由它負責的不可控項目列為考核項目。為此，要對企業發生的全部費用——判別責任歸屬，分別落實到各個責任中心，並根據可控製費用來科學地評價各責任中心的業績。

(四) 合理制定內部轉移價格

為分清經濟責任，正確評價各個責任中心的工作成果，各責任中心之間相互提供的產品和勞務，應根據各責任中心經營活動的特點，合理地制定內部轉移價格並據以計價結算。所制定的內部轉移價格必須既有助於調動各個方面生產經營的主動性、積極性，又有助於實現局部和整體之間的目標一致。

(五) 建立健全嚴密的記錄、報告系統

建立健全嚴密的記錄、報告系統就是要建立一套完整的日常記錄、計算和考核有關責任預算執行情況的信息系統，以便為計量和考核各責任中心的實際經營業績提供可靠依據，並能對實現責任中心的實際工作業績起反饋作用。一個良好的報告系統，應當具有相關性、適時性和準確性等特徵，即報告的內容要能適合各級主管人員的不同需要，只列示其可控範圍內的有關信息；報告的時間要適合報告使用者的需要；報告的信息要有充分的準確性，保證評價和考核的正確性、合理性。

(六) 制定合理而有效的獎懲制度

也就是要制定一套完整、合理、有效的獎懲制度，根據責任單位實際工作成果的好壞進行獎懲，做到功過分明、獎懲有據。如果一個責任中心的工作成果因其他責任單位的過失而受到損害，則應由責任單位賠償。該制度應有助於實現權、責、利的統一。

(七) 評價和考核實際工作業績

根據原定業績考核標準對各責任中心的實際工作成績進行比較，據以找出差異，分析原因，判明責任，採取有效措施鞏固成績，改正缺點，及時通過信息反饋來保證生產經營活動沿著預定的目標進行。

(八) 定期編製業績報告

通過定期編製業績報告，對各個責任中心的工作成果進行全面的分析、評價，並

按成果的好壞進行獎懲，以促使各個責任中心相互協調並卓有成效地開展有關活動，共同為最大限度地提高企業生產經營的總體效益而努力。

三、責任會計的核算原則

責任會計是用於企業內部控製的會計，各個企業可以根據各自的不同特點確定其責任會計的具體形式。但是，無論採用何種責任會計形式，在組織責任會計核算時，都應遵循以下基本原則：

（一）責任主體原則

責任會計的核算應以企業內部的責任單位為對象，責任會計資料的收集、記錄、整理、計算對比和分析等項工作，都必須按責任單位進行，以保證責任考核的正確進行。

（二）目標一致原則

企業責任單位內部權責範圍的確定、責任預算的編製以及責任單位業績的考評，都應始終注意與企業的整體目標保持一致，避免因片面追求局部利益而影響整體利益，促使企業內部各責任單位協調一致地為實現企業的總體目標而努力工作。

（三）可控性原則

對各責任中心所賦予的責任，應以其能夠控製為前提。在責任預算和業績報告中，各責任中心只對其能夠控製的因素的指標負責。在考核時，應盡可能排除責任中心不能控製的因素，以保證責、權、利關係的緊密結合。

（四）激勵原則

責任會計的目的之一在於激勵管理人員提高效率和效益，更好地完成企業的總體目標。因此，責任目標和責任預算的確定應是合理的、切實可行的，經過努力完成目標后所得到的獎勵和報酬與所付出的勞動比值是值得的，這樣就可以不斷地激勵各責任中心為實現預算目標而努力工作。

（五）反饋原則

為了保證責任中心對其經營業績的有效控制，必須及時、準確、有效地反饋生產經營過程中的各種信息。這種反饋主要包括兩個方面：一是向各責任中心反饋，使其能夠及時瞭解預算的執行情況，不斷調整偏離目標或預算的差異，實現規定的目標；二是向其上一級責任中心反饋，以便上一級責任中心能及時瞭解全轄範圍內的情況。

四、責任中心的含義及特徵

（一）責任中心的定義

責任中心（Responsibility Center）是承擔一定經濟責任，並擁有相應管理權限和享受相應利益的企業內部責任單位的統稱。

企業為了保證預算的貫徹落實和最終實現，必須把總預算中確定的目標和任務，

按照責任中心逐層進行指標分析分解，形成責任預算，使各個責任中心據以明確目標和任務；在此基礎上，進一步考核和評價責任預算的執行情況。由此可見，責任中心是責任會計核算的主體，科學地劃分不同責任層次，建立分工明確、相互關係協調的責任中心體系，是推行責任會計制度、確保其有效運作的前提。

(二) 責任中心的特徵

責任中心通常同時具備以下特徵：

1. 責任中心是一個責、權、利結合的實體

作為責任會計的主體，每個責任中心都要對一定的財務指標承擔完成的責任。同時，賦予責任中心與其所承擔責任的範圍和大小相適應的權利，並規定出相應的業績考核標準和利益分配標準。

2. 責任中心具有承擔經濟責任的條件

所謂責任中心具有承擔經濟責任的條件，有兩方面的含義：一是責任中心具有履行經濟責任中各條款的行為能力；二是責任中心一旦不能履行經濟責任，能對其后果承擔責任。每個責任中心所承擔的具體經濟責任必須能落實到具體的管理者頭上。

3. 責任中心所承擔的責任和行使的權利都應是可控的

每個責任中心只能對其責權範圍內可控的成本、收入、利潤和投資等相應指標負責，在責任預算和業績考核中也只應包括他們能控製的項目。可控是相對於不可控而言的，不同的責任層次，其可控的範圍不同。一般而言，責任層次越高，其可控範圍也就越大。

4. 責任中心具有相對獨立的經營業務和財務收支活動

它是確定經濟責任的客觀對象及責任中心得以存在的前提條件。

5. 責任中心能進行獨立核算、業績考核與評價

責任中心不僅要劃清責任而且要能夠進行單獨的責任核算。劃清責任是前提，單獨核算是保證。只有既劃清責任又能進行單獨核算的企業內部單位，才能作為一個責任中心。

(三) 責任中心的類型及考核指標

根據企業內部責任單位的權責範圍及業務活動的特點不同，可以將企業內部的責任中心分為成本中心、利潤中心和投資中心三大層次類型。

1. 成本中心

(1) 成本中心的含義

成本中心 (Cost Center) 是指只對其成本或費用承擔責任的責任中心，它處於企業的基礎責任層次。由於成本中心不會形成可以用貨幣計量的收入，因而不應當對收入、利潤或投資負責。

成本中心的範圍最廣。一般來說，凡企業內部有成本發生、需要對成本負責，並能實施成本控製的單位，都可以成為成本中心。工業企業上至工廠一級，下至車間、工段、班組，甚至個人都有可能成為成本中心。總之，成本中心一般包括負責產品生產的生產部門、勞務提供部門以及給予一定費用指標的管理部門。

（2）成本中心的類型

按照成本中心控製的對象的特點，可將成本中心分為技術性成本中心（Engineered Cost Center）和酌量性成本中心（Discretionary Cost Center）兩類。

①技術性成本中心

技術性成本中心又稱標準成本中心、單純成本中心或狹義成本中心，是指把生產實物產品而發生的各種技術性成本作為控製對象的成本中心。該類中心不需要對實際產出量與預算產量的變動負責，往往通過應用標準成本制度或彈性預算等手段來控製產品成本。

②酌量性成本中心

酌量性成本中心又稱費用中心，是指把為組織生產經營而發生的酌量性成本或經營費用作為控製對象的成本中心。該類中心一般不形成實物產品，不需要計算實際成本，往往通過加強對預算總額的審批和嚴格執行預算標準來控製經營費用開支。

（3）成本中心的特點

①成本中心只考評成本費用不考評收益

成本中心一般不具有經營權和銷售權，其經濟活動的結果不會形成可以用貨幣計量的收入；有的成本中心可能有少量的收入，但從整體上講，其產出與投入之間不存在密切的對應關係，因而，這些收入不作為主要的考核內容，也不必計算這些貨幣收入。因此，成本中心只以貨幣形式計量投入，不以貨幣形式計量產出。

②成本中心只對可控成本承擔責任

成本（含費用）按其是否具有可控性（即其責任主體是否可控製）可劃分為可控成本（Controllable Cost）與不可控成本（Uncontrollable Cost）兩類。

具體來說，可控成本必須同時具備以下四個條件：

第一，可以預計，即成本中心能夠事先知道將發生哪些成本以及在何時發生；

第二，可以計量，即成本中心能夠對發生的成本進行計量；

第三，可以施加影響，即成本中心能夠通過自身的行為來調節成本；

第四，可以落實責任，即成本中心能夠將有關成本的控製責任分解落實，並進行考核評價。

凡不能同時具備上述四個條件的成本通常為不可控成本。

屬於某成本中心的各項可控成本之和構成該成本中心的責任成本。從考評的角度看，成本中心工作成績的好壞，應以可控成本作為主要依據，不可控成本核算只有參考意義。在確定責任中心成本責任時，應盡可能使責任中心發生的成本成為可控成本。

成本的可控與不可控是以一個特定的責任中心和一個特定的時期作為出發點的，這與責任中心所處管理層次的高低、管理權限及控製範圍的大小和營運期間的長短有直接關係。因而，可控成本與不可控成本可以在一定的時空條件下發生相互轉化。

首先，成本的可控與否，與責任中心的權力層次有關。某些成本對於較高層次的責任中心來說是可控的，對於其下屬的較低層次的責任中心而言可能是不可控的。對整個企業來說，幾乎所有的成本都是可控的；而對於企業下屬各層次、各部門乃至個人來說，則既有各自的可控成本，又有各自的不可控成本。

其次，成本的可控與否，與責任中心的管轄範圍有關。某項成本從某一責任中心看是不可控的，而對另一個責任中心則可能是可控的，這不僅取決於該責任中心的業務內容，也取決於該責任中心所管轄的業務內客的範圍。如產品試製費，從產品生產部門看是不可控的，而對新產品試製部門來說，就是可控的。但如果新產品試製也歸口由生產部門進行，則試製費又成為生產部門的可控成本。

再次，某些從短期看是不可控的成本，從較長的期間看，又成了可控成本。如現有生產設備的折舊，從具體使用它的部門來說，其折舊費用是不可控的；但是，當現有設備不能繼續使用，要用新的設備來代替它時，是否發生新設備的折舊費又成為可控成本了。

最後，隨著時間的推移和條件的變化，過去某些可控的成本項目，可能轉變為不可控成本。

一般說來，成本中心的變動成本大多是可控成本，而固定成本大多是不可控成本；各成本中心直接發生的直接成本大多是可控成本，其他部門分配的間接成本大多是不可控成本。但在實際工作中，必須以發展的眼光看問題，要具體情況具體分析，不能一概而論。

③成本中心只對責任成本進行考核和控製

責任成本（Responsibility Cost）是各成本中心當期確定或發生的各項可控成本之和，又可分為預算責任成本（Budgetary Responsibility Cost）和實際責任成本（Actual Responsibility Cost）。前者是指根據有關預算所分解確定的，各責任中心應承擔的責任成本；后者是指各責任中心由於從事業務活動實際發生的責任成本。

對成本費用進行控製，應以各成本中心的預算責任成本為依據，確保實際責任成本不會超過預算責任成本；對成本中心進行考核，應通過各成本中心的實際責任成本與預算責任成本進行比較，確定其成本控製的績效，並採取相應的獎懲措施。

(4) 成本中心考核

一般是在事先編製的責任成本預算的基礎上，通過提交責任報告將責任中心發生的責任成本與其責任成本預算進行比較而實現的。實際數大於預算數的差異是不利差異，用「+」號表示；反之，用「-」號表示。

成本（費用）降低額＝預算責任成本－實際責任成本

$$成本（費用）降低率 = \frac{成本（費用）降低額}{預算責任成本} \times 100\%$$

【例8-1】某成本中心的有關項目的實際指標見表8-1。要求：考核評價該中心的預算執行情況。

表 8-1　　　　　　　　　某成本中心責任成本報告　　　　　　　單位：元

項目	實際	預算	差異
下屬中心轉來的責任成本			
甲工段	11,400	11,000	+400
乙工段	13,700	14,000	−300
合計	25,100	25,000	+100
本中心的可控成本			
間接人工	1,580	1,500	+80
管理人員工資	2,750	2,800	−50
設備折舊費	2,440	2,440	+40
設備維修費	1,300	1,200	+100
合計	8,070	7,900	+170
本責任中心的責任成本合計	33,170	32,900	+270

由於本中心本身發生的可控成本超支 170 元（主要是因為設備維修費用超支了 100 元），甲工段超支 400 元，它們都沒有完成責任預算，最終導致該中心責任成本超支了 270 元。乙工段節約 300 元成本，超額完成了預算。

2. 利潤中心

（1）利潤中心的含義

利潤中心（Profit Center）是指對利潤負責的責任中心。由於利潤是收入與成本費用之差，因而，利潤中心既要對成本負責，還要對收入負責。

利潤中心往往處於企業內部的較高層次，是對產品或勞務生產經營決策權的企業內部部門，如分廠、分店、分公司等具有獨立的經營權的部門。

與成本中心相比，利潤中心的權利和責任都相對較大，它不僅要絕對地降低成本，而且更要尋求收入的增長，並使之超過成本的增長。通常利潤中心對成本的控制是結合對收入的控制同時進行的，它強調成本的相對節約。

（2）利潤中心的類型

按照收入來源的性質不同，利潤中心分為自然利潤中心（Physical Profit Center）與人為利潤中心（Suppositional Profit Center）兩類。

①自然利潤中心

自然利潤中心是指可以直接對外銷售產品並取得收入的利潤中心。這類利潤中心雖然是企業內部的一個責任單位，但它本身直接面向市場，具有產品銷售權、價格制定權、材料採購權和生產決策權，其功能與獨立企業相近。最典型的形式就是公司內的事業部，每個事業部均有銷售、生產、採購的機能，有很大的獨立性，能獨立地控制成本、取得收入。

②人為利潤中心

人為利潤中心是指只對內部責任單位提供產品或勞務而取得「內部銷售收入」的利潤中心。這種利潤中心一般不直接對外銷售產品。成立人為利潤中心應具備兩個條件：一是該中心可以向其他責任中心提供產品（含勞務）；二是能為該中心的產品確定

合理的內部轉移價格，以實現公平交易、等價交換。

（3）利潤中心的成本計算

利潤中心要對利潤負責，需要以計算和考核責任成本為前提。只有正確計算利潤，才能為利潤中心業績考核與評價提供可靠的依據。對利潤中心的成本計算，通常有兩種方式可供選擇：

①利潤中心只計算可控成本，不分擔不可控成本，即不分攤共同成本

這種方式主要適用於共同成本難以合理分攤或無需進行共同成本分攤。按這種方式計算出來的盈利不是通常意義上的利潤，而是相當於「邊際貢獻總額」。企業各利潤中心的「邊際貢獻總額」之和減去未分配的共同成本，經過調整後才是企業的利潤總額。採用這種成本計算方式的「利潤中心」，實質上已不是完整和原來意義上的利潤中心，而是邊際貢獻中心。人為利潤中心適合採取這種計算方式。

②利潤中心既計算可控成本，也計算不可控成本

這種方式適用於共同成本易於合理分攤或不存在共同成本分攤。這種利潤中心在計算時，如果採用變動成本法，應先計算出邊際貢獻，再減去固定成本，才是稅前利潤；如果採用完全成本法，利潤中心可以直接計算出稅前利潤。各利潤中心的稅前利潤之和，就是企業的利潤總額。自然利潤中心適合採取這種計算方式。

（4）利潤中心的考核指標

利潤中心的考核指標為利潤，通過比較一定期間實際實現的利潤與責任預算所確定的利潤，可以評價其責任中心的業績。但由於成本計算方式不同，各利潤中心的利潤指標的表現形式也不相同。

①當利潤中心不計算共同成本或不可控成本時，其考核指標是：

$$\text{利潤中心邊際貢獻總額} = \text{該利潤中心銷售收入總額} - \text{該利潤中心可控成本總額（或變動成本總額）}$$

值得說明的是，如果可控成本中包含可控固定成本，就不完全等於變動成本總額。但一般而言，利潤中心的可控成本大多只是變動成本。

②當利潤中心計算共同成本或不可控成本，並採取變動成本法計算成本時，其考核指標主要有以下幾種：

$$\text{利潤中心邊際貢獻總額} = \text{該利潤中心銷售收入總額} - \text{該利潤中心變動成本總額}$$

$$\text{利潤中心負責人可控利潤總額} = \text{該利潤中心邊際貢獻總額} - \text{該利潤中心負責人可控固定成本總額}$$

$$\text{利潤中心可控利潤總額} = \text{該利潤中心負責人可控利潤總額} - \text{該利潤中心負責人不可控固定成本總額}$$

$$\text{公司利潤總額} = \text{各利潤中心利潤總額之和} - \text{可控公司不可分攤的各種管理費用、財務費用}$$

為了考核利潤中心負責人的經營業績，應針對經理人員的可控成本費用進行考核和評價。這就需要將各利潤中心的固定成本進一步區分為可控的固定成本和不可控的固定成本。主要考慮某些成本費用可以劃歸、分攤到有關利潤中心，卻不能為利潤中

心負責人所控制，如廣告費、保險費等。在考核利潤中心負責人業績時，應將其不可控的固定成本從中扣除。

【例8-2】利潤中心考核指標的計算。

已知：某企業的第一車間是一個人為利潤中心。本期實現內部銷售收入600,000元，變動成本為360,000元，該中心負責人可控固定成本為50,000元，中心負責人不可控，但應由該中心負擔的固定成本為80,000元。

要求：計算該利潤中心的實際考核指標，並評價該利潤中心的利潤完成情況。

解：依題意，得

利潤中心邊際貢獻總額＝600,000－360,000＝240,000（元）

利潤中心負責人可控利潤總額＝240,000－50,000＝190,000（元）

利潤中心可控利潤總額＝190,000－80,000＝110,000（元）

評價：

計算結果表明該利潤中心各項考核指標的實際完成情況。為對其完成情況進行評價，需要將各指標與責任預算進行對比和分析，並找出產生差異的原因。

3. 投資中心

（1）投資中心的含義

投資中心（Investment Center）是指對投資負責的責任中心。其特點是不僅要對成本、收入和利潤負責，還要對投資效果負責。

由於投資的目的是為了獲得利潤，因而投資中心同時也是利潤中心，但它又不同於利潤中心。其主要區別有二：一是權利不同。利潤中心沒有投資決策權，它只能在項目投資形成生產能力後進行具體的經營活動；而投資中心則不僅在產品生產和銷售上享有較大的自主權，而且能相對獨立地運用所掌握的資產，有權購建或處理固定資產，擴大或縮減現有的生產能力。二是考核辦法不同。考核利潤中心的業績時，不聯繫投資多少或占用資產的多少，即不進行投入產出的比較；而在考核投資中心的業績時，必須將所獲得的利潤與所占用的資產進行比較。

投資中心是處於企業最高層次的責任中心，它具有最大的決策權，也承擔最大的責任。投資中心的管理特徵是較高程度的分權管理。一般而言，大型集團所屬的子公司、分公司、事業部往往都是投資中心。在組織形式上，成本中心一般不是獨立法人，利潤中心可以是也可以不是獨立法人，而投資中心一般是獨立法人。

由於投資中心要對其投資效益負責，為保證其考核結果的公正、公平和準確，各投資中心應對其共同使用的資產進行劃分，對共同發生的成本進行分配，各投資中心之間相互調劑使用的現金、存貨、固定資產等也應實行有償使用。

（2）投資中心的考核指標

投資中心考核與評價的內容是利潤及投資效果。因此，投資中心除了考核和評價利潤指標外，更需要計算、分析利潤與投資額的關係性指標，即投資利潤率和剩餘收益。

①投資利潤率

投資利潤率（Return on Investment，ROI）又稱投資報酬率，是指投資中心所獲得

的利潤與投資額之間的比率。其計算公式為：

$$投資利潤率 = \frac{利潤}{投資額} \times 100\%$$

投資利潤率還可進一步展開：

$$投資利潤率 = \frac{銷售收入}{投資額} \times \frac{利潤}{銷售收入}$$

$$= 總資產週轉率 \times 銷售利潤率$$

或　投資利潤率 = 總資產週轉率 × 銷售成本率 × 成本費用利潤率

以上公式中的投資額是指投資中心可以控製並使用的總資產。所以，該指標也可以稱為總資產利潤率。它主要說明投資中心運用每一元資產對整體利潤貢獻的大小，主要用於考核和評價由投資中心掌握、使用的全部資產的盈利能力。

為了考核投資中心的總資產運用狀況，也可以計算投資中心的總資產息稅前利潤率。其計算公式為：

$$總資產息稅前利潤率 = \frac{息稅前利潤}{總資產占用額} \times 100\%$$

值得說明的是，由於利潤或息稅前利潤是期間性指標，故上述投資額或總資產占用額應按平均投資額或平均占用額計算。

投資利潤率指標能反應投資中心的綜合盈利能力，具有橫向可比性。其不足是缺乏全局觀念。當一個投資項目的投資利潤率低於某投資中心的投資利潤率而高於整個企業的投資利潤率時，雖然企業希望能接受這個投資項目，但該投資中心可能拒絕它；反之，該投資中心會接受這個投資項目。

為了彌補這一指標的不足，使投資中心的局部目標與企業的總體目標保持一致，可採用剩餘收益指標來評價考核。

②剩餘收益

剩餘收益（Residual Income，RI）是一個絕對數指標，是指投資中心獲得的利潤扣減最低投資收益后的余額。最低投資收益是投資中心的投資額（或資產占用額）按規定或預期的最低收益率計算的收益。其計算公式為：

$$\frac{剩餘}{收益} = \frac{息稅前}{利潤} - \frac{投資}{總額} \times \frac{規定或預期的}{最低投資收益率}$$

如果考核指標是總資產息稅前利潤率時，則剩餘收益計算公式應做相應調整。其計算公式為：

$$\frac{剩餘}{收益} = \frac{息稅前}{利潤} - \frac{總資產}{占用額} \times \frac{規定或預期的總資產}{息稅前利潤率}$$

這裡所說的規定或預期的最低收益率和總資產息稅前利潤率通常是指企業為保證其生產經營正常、持續進行所必須達到的最低收益水平，一般可按整個企業各投資中心的加權平均投資收益率計算。只要投資項目收益高於要求的最低收益率，就會給企業帶來利潤，也會給投資中心增加剩餘收益，從而保證投資中心的決策行為與企業總體目標一致。

剩餘收益指標具有以下兩個特點：

第一，體現投入產出關係。由於減少投資（或降低資產占用）同樣可以達到增加剩餘收益的目的，因而與投資利潤率一樣，該指標也可以用於全面考核與評價投資中心的業績。

第二，避免本位主義。剩餘收益指標避免了投資中心的狹隘本位傾向，即單純追求投資利潤而放棄一些有利可圖的投資項目。因為以剩餘收益作為衡量投資中心工作成果的尺度，可以促使投資中心盡量提高剩餘收益，即只要有利於增加剩餘收益絕對額，投資行為就是可取的，而不只是盡量提高投資利潤率。

【例 8-3】投資中心考核指標的計算。

已知：某企業有若干個投資中心，報告期整個企業的投資報酬率為 14%，其中甲投資中心的投資報酬率為 18%。該中心的經營資產平均餘額為 200,000 元，利潤為 36,000 元。預算期甲投資中心有一追加投資的機會，投資額為 100,000 元，預計利潤為 16,000 元，投資報酬率為 16%，甲投資中心預期最低投資報酬率為 15%。

要求：

（1）假定預算期甲投資中心接受了上述投資項目，分別用投資報酬率和剩餘收益指標來評價考核甲投資中心追加投資後的工作業績；

（2）分別從整個企業和甲投資中心的角度，說明是否應當接受這一追加投資項目。

解：（1）投資報酬率 $= \dfrac{36,000+16,000}{200,000+100,000} \times 100\% = 17.33\%$

剩餘收益 $= 16,000 - 100,000 \times 14\% = 2,000$（元）

顯然，接受投資項目後，使甲投資中心的投資報酬率降低了；但其剩餘收益為 2,000 元，表明其仍有利可圖。

（2）從企業來看，該項目投資報酬率 16%＞企業的投資報酬率 14%，且剩餘收益 2,000 元＞0。結論是：無論從哪個指標看，企業都應當接受該追加投資。

從甲投資中心來看，按投資報酬率指標，不應接受；但按剩餘收益，則可以接受。

4. 成本中心、利潤中心和投資中心三者之間的關係

成本中心、利潤中心和投資中心彼此並非孤立存在的，每個責任中心都要承擔相應的經營責任。

最基層的成本中心應就經營的可控成本向其上層成本中心負責；上層的成本中心應就其本身的可控成本和下層轉來的責任成本一併向利潤中心負責；利潤中心應就其本身經營的收入、成本（含下層轉來成本）和利潤（或邊際貢獻）向投資中心負責；投資中心最終就其經管的投資利潤率和剩餘收益向總經理和董事會負責。

總之，企業各種類型和層次的責任中心形成一個「連鎖責任」網絡，這就促使每個責任中心為保證經營目標一致而協調運轉。

第二節　內部轉移價格

一、內部轉移價格的內涵及意義

內部轉移價格（Inter-company Transfer Price）簡稱內部價格，又稱為內部轉讓價格或內部移動價格，是指企業內部各責任中心之間轉移中間產品或相互提供勞務而發生內部結算和進行內部責任結轉所使用的計價標準。

制定內部轉移價格，有助於明確劃分各責任中心的經濟責任，有助於在客觀、可比、公正的基礎上對責任中心的業績進行考核與評價，以便協調各責任中心的各種利益關係，調節企業內部的各項業務活動，便於企業經營者做出正確的決策。

二、內部轉移價格的作用

在責任會計系統中，內部轉移價格主要應用於內部交易結算和內部責任結轉。

（一）內部交易結算的含義

企業內部的各個責任單位在生產經營活動過程中，經常發生各種既相互聯繫又相互獨立的業務活動。在管理會計中，將一個責任中心向另一個責任中心提供產品或勞務服務而發生的相關業務稱為內部交易。內部交易結算是指在發生內部交易業務的前提下，由接受產品或勞務服務的責任中心向提供產品或勞務服務的責任中心支付報酬而引起的一種結算行為。

採用內部轉移價格進行內部交易結算，可以使企業內部的兩個責任中心處於類似於市場交易的買賣兩極，起到與外部市場相似的作用。責任中心作為賣方即提供產品或勞務的一方必須不斷改善經營管理，提高質量，降低成本費用，以其收入抵償支出，取得更多的利潤；而買方即產品或勞務的接受一方也必須在競價後所形成的一定買入成本的前提下，千方百計降低自身的成本費用，提高產品或勞務的質量，爭取獲得更多的利潤。

（二）內部責任結轉的含義

內部責任結轉簡稱責任結轉，又稱責任成本結轉，是指在生產經營過程中，對於因不同原因造成的各種經濟損失，由承擔損失的責任中心對實際發生或發現損失的責任中心進行損失賠償的帳務處理過程。

利用內部轉移價格進行責任結轉有兩種情形：

（1）各責任中心之間由於責任成本發生的地點與應承擔責任的地點往往不同，因而要進行責任轉帳。如生產車間所消耗的原材料超定額是由於採購部門所供應的原材料質量不合格所致，則應由購進部門負責，應將這部分超定額成本消耗的成本責任轉移至採購部門。

（2）責任成本在發生的地點顯示不出來，需要在下道工序或環節才能發現，這也

需要轉帳。如前后兩道工序都是成本中心，在后道工序加工時，才發現前道工序轉來的半成品是次品。針對這些次品所進行的篩選、整理、修補等活動而消耗的材料、人工和其他費用，均應由前一道工序負擔。至於因這些次品而使企業發生的產品降價、報廢損失，則應分析原因，分別轉到有關責任中心的帳戶中去。

三、內部轉移價格變動對有關方面的影響

很明顯，在其他條件不變的情況下，內部轉移價格的變化，會使交易雙方當事人的責任中心的成本或收入發生相反方向的變化。但是從整個企業角度看，一方增加的成本可能正是另一方增加的收入；反之亦然。一增一減，數額相等、方向相反。因此，從理論上看，內部轉移價格無論怎樣變動，都不會改變企業的利潤總額，所改變的只是企業內部各責任中心的收入或利潤的分配份額。

四、制定內部轉移價格的原則

制定內部轉移價格時，必須遵循以下原則：

(一) 全局性原則

制定內部轉移價格必須強調企業的整體利益高於各責任中心的利益。內部轉移價格直接關係到各責任中心的經濟利益的大小，每個責任中心必然會最大限度地為本責任中心爭取最大的價格好處。在局部利益彼此衝突的情況下，企業和各責任中心應本著企業利潤最大化的要求，合理地制定內部轉移價格。不能以鄰為壑，在價格上互相傾軋。

(二) 公平性原則

內部轉移價格的制定應公平合理，應充分體現各責任中心的工作態度和經營業績，防止某些責任中心因價格優勢而獲得額外的利益，某些責任中心因價格劣勢而遭受額外損失。所謂公平性，是指各責任中心所採用的內部轉移價格能使其努力經營的程度與所得到的收益相適應。

(三) 自主性原則

在確保企業整體利益的前提下，只要可能，就應通過各責任中心的自主競爭或討價還價來確定內部轉移價格，真正在企業內部實現市場模擬，使內部轉移價格能為各責任中心所接受。企業最高管理當局不宜過多地採取行政干預措施。

(四) 重要性原則

重要性原則即內部轉移價格的制定應當體現「大宗細緻、零星從簡」的要求，對原材料、半成品、產成品等重要物資的內部轉移價格制定從細，而對勞保用品、修理用備件等數量繁多、價值低廉的物資，其內部轉移價格制定從簡。

五、內部轉移價格的類型

內部轉移價格主要包括市場價格、協商價格、雙重價格和成本轉移價格四種類型。

(一) 市場價格

1. 市場價格的定義

市場價格（Market Price）是根據產品或勞務的市場價格作為基價的內部轉移價格。以市場價格作為內部轉移價格的方法，是假定企業內部各部門都立足於獨立自主的基礎之上，它們可以自由地決定從外界或內部進行購銷。其理論基礎是：對於獨立的企業單位進行評價，就看它們在市場上買賣的獲利能力。以市場為基礎制定內部轉移價格，沒有必要考慮消除由市價帶來的競爭壓力。

2. 市場價格的優點及應遵循的原則

以正常的市場價格作為內部轉移價格有一個顯著的優點，就是供需雙方的部門都能按照市場價格買進或賣出它們所供和所需的產品。供需雙方的部門經理在相互交易時，同外部人員一樣進行交易。從公司的觀點看，只要供應一方是按生產能力提供產品，也可將之視同為在市場中進行交易。另外，一個公司的兩個責任中心相互交易，不管市場上是否存在同樣的貨物，內部進行買賣具有質量、交貨期等易於控製，可以節省談判成本等優點。因此，公司管理當局為了全公司的整體利益，應當鼓勵進行內部轉移。

採用市場價格制定轉移價格是應遵循的基本原則：除非責任中心有充分理由說明外部交易更為有利，否則各責任中心之間應盡量進行內部轉移。具體表現為：

（1）購買的責任單位可以同外界購入相比較。如果內部單位要價高於市價，則可以舍內求外，而不必為此支付更多的代價。

（2）銷售的責任單位不應從內部單位獲得比向外界銷售更多的收入。

這是正確評價各個利潤（投資）中心的經營成果，並更好地發揮生產經營活動的主動性和積極性的一個重要條件。但必須注意的是，購買部門向外界購入，將會使企業的部分生產能力閒置，但同時又從向外界購入得到一定的益處。此時，就應將其向外界購買所得到的收益與企業生產能力閒置而受的損失進行比較，如果前者能抵補後者，則允許向外界進行購入；否則，次優方案必須服從最優方案。

直接以市價作為內部轉移價格的主要困難在於，部門間提供的中間產品常常很難確定它們的市價，而且市場價格往往變動較大，或市場價格沒有代表性。從業績評價來說，以市價為內部轉移價格，將對銷售部門有利。這是因為，產品由企業內部供應，可以節省許多銷售、商業信用方面的費用。而直接以市價為轉移價格，則這方面所節約的費用將全部表現為銷售單位的工作成果，購買單位得不到任何好處，因而會引起它們的不滿。

3. 市場價格的適用範圍

以市場價格為基礎制定的內部轉移價格適合於利潤中心或投資中心採用。當產品有外部市場，「購」「銷」雙方都有權自由對外銷售產品和採購產品時，以市場價格作為轉移價格仍不失為一種有效的方法。另外，企業的中間產品應該有完全競爭的市場價格為參考。

【例8-4】甲公司是一家集團公司，其擁有20個分權性投資中心。這些投資中心

具有較大的自主權，包括產品定價、自主產品銷售權。甲公司對這些投資中心按剩餘收益（RI）指標進行業績考評。甲公司的 A 分部生產某一零部件，既可以外售又可以內售給 B 分部。甲公司 B 分部將 A 分部出售給它的零部件進一步加工成工業產品出售。現做如下假定：

（1）從短期進行分析，忽略長期因素；
（2）在短期內，轉移定價的確定不影響固定成本；
（3）各分部都自覺地追求自身貢獻毛益最大化和剩餘收益最大化；
（4）各分部管理當局是理性的，即各分部都立足於獨立自主的基礎上，公平地與公司內部其他部門以及外部企業進行交易；
（5）產品需要量預測以及成本、定價是準確的。

有關資料如表 8-2 所示。

表 8-2　　　　　　　　　　　　　　基本資料表

項目	A 分部	B 分部
單價（元）	50	100
單位變動成本（元）	20	30
生產能力（件）	2,200	400

其結果如表 8-3 所示。

表 8-3　　　　　　　　　完全競爭條件下的轉移定價　　　　　　　　　單位：元

項目	出售方（A 分部）	購買方（B 分部）	公司整體
轉移數量（件）	400	400	
總收入	400×50＝20,000	400×100＝40,000	40,000
變動成本總額	400×20＝8,000	400×30＝12,000	20,000
轉移價格或外購價格		400×50＝20,000	
邊際貢獻	12,000	8,000	20,000

從以上的計算可以看出，轉移定價實際上是將公司整體的貢獻毛益在不同的部分之間進行了分配。以市場價格為轉移定價時，購買方沒有得到內部轉移所帶來節約的好處，其業績仍與從外部採購時一樣，此時容易引發抵觸情緒，導致其不從內部而從外部採購。此時可以考慮按市場價格扣減適當銷售費用的節約額作為轉移定價，從而使銷售方和購買方的業績都能得到比較準確的反應。

另外，在進行產品由企業自制或外購及是否淘汰某一產品的決策時，以市場價格作為轉移價格幾乎完全無用。因為從企業作為一個整體的觀點來看，這些決策應以邊際成本或差異成本方法為基礎來制定。儘管以市場為內部轉移價格還有這樣或那樣的缺點，但由於以市場價格為轉移價格適合於利潤中心和投資中心組織，且有利於每一部分的業績評價，故在產品有外界市場、購銷雙方可以自由購買或銷售產品的情況下，以市場價格作為轉移價格仍不失為一種有效的方法。

（二）協商價格

1. 協商價格的定義

協商價格（Negotiated Price）也稱為議價，是指在正常市場價格的基礎上，由企業內部責任中心通過定期共同協商所確定的為供求雙方能夠共同接受的價格。

採用協商價格的前提是責任中心轉移的產品應在非競爭性市場上具有買賣的可能性，在這種市場內買賣雙方有權自行決定是否買賣這種中間產品。

2. 對協商價格的干預

如果發生以下三種情況之一者，企業高一級的管理層需要出面進行必要的干預：

（1）價格不能由買賣雙方自行決定；

（2）當協商的雙方發生矛盾而又不能自行解決時；

（3）雙方協商確定的價格不符合企業利潤最大化要求時。

這種干預應以有限、得體為原則，不能使整個協商談判變成上級領導包辦，完全決定一切。

3. 協商價格水平的上下限範圍

協商價格通常要比市場價格低。其最高上限是市價，下限是單位變動成本。

當交易的產品或勞務沒有適當的市價時，只能採用議價方式來確定。在這種情況下，可以通過各相關責任中心之間的討價還價，形成企業內部的模擬「公允市價」，以此作為計價的基礎。

4. 以協商價格作為內部轉移價格的優缺點

以協商價格作為內部轉移價格的優點：在協商價格確定的過程中，供求雙方當事人都可以在模擬的市場環境下討價還價，充分發表意見，從而可調動各方的積極性、主動性。

以協商價格作為內部轉移價格的缺點：首先，在協商定價的過程中要花費人力、物力和時間；其次，協商定價的各方往往會因各持己見而相持不下，需要企業高層領導干預做出裁定，這樣，弱化了分權管理的作用。

5. 協商價格的適用範圍

在中間產品有非競爭性市場，生產單位有閒置的生產能力以及變動生產成本低於市場價格，且部門經理有討價還價權利的情況下，可以採用協商價格作為內部轉移價格。

【例8-5】續【例8-4】中的有關資料。假定 A 分部將其產品（零部件）賣給 B 分部而不是賣給企業外部，則可以節省運輸費等，平均每件產品可以節省變動成本 2 元。該節約額在 A、B 分部之間平分，因此轉移定價確定為市場價格減節約的成本的 1/2，即 49 元（50-1）。其結果如表8-4所示。

表 8-4　　　　　　以經過協商的市場價格為基礎的轉移定價　　　　　　單位：元

項目	出售方（A 分部）	購買方（B 分部）	公司整體
轉移數量（件）	400	400	
總收入	400×49 = 19,600	400×100 = 40,000	40,000
變動成本總額	400×18 = 7,200	400×30 = 12,000	19,200
轉移價格或外購價格		400×49 = 19,600	
邊際貢獻	12,400	8,400	20,800

從表 8-4 可以看出，A 分部與 B 分部在企業內部進行交易的結果是使企業整體貢獻毛益增加 800 元（400×2）。

內部交易而形成的貢獻毛益額應由 A、B 兩個部門分享。如果以 50 元的市場價格定價，則企業內部交易形成的差額貢獻毛益將全部表現為 A 分部的業績，這會引起 B 分部的不滿，由此也會影響企業整體業績；相反，如果以 48 元（50-2）的價格定價，則內部交易所帶來的節省額或差額貢獻毛益將全部體現在 B 分部業績中，這也會引起 A 分部的不滿。比較合理的做法是，A、B 分部雙方經過理性的談判，使價格定在 48~50元之間，由此使差額貢獻毛益由雙方分享。如本例中雙方經過協商，將轉移價格定在 49 元，將使雙方都從中受益。

(三) 雙重價格

1. 雙重價格的定義

雙重價格（Dual Price）是指針對供需雙方分別採用不同的內部轉移價格而制定的價格。例如，對產品（半成品）的出售單位，按協商的市場價格計價；對購買單位，則按出售單位的變動成本計價。

2. 雙重價格的優缺點

雙重價格的優點：雙重價格有利於產品（半成品）接受單位正確地進行經營決策，避免因內部定價高於外界市場價格，接受單位向外界進貨，而不從內部購買，使企業內部產品（半成品）供應單位的部分生產能力由此閒置，而無法充分利用的情況出現；也有利於提高供應單位在生產經營中充分發揮主動性、積極性。這一方法可以促使接受單位從企業整體的立場上做出正確的經營決策，較好地適應不同方面的實際需要，從而很好地解決目標一致性、激勵等問題。

雙重價格的缺點：價格標準過多，在應用過程中，會因處理由此而形成的差異帶來一定麻煩。

3. 雙重價格制度的適用範圍

這種方法只有在任何單一內部轉移價格均無法達到目標一致性及激勵目的；中間產品有外部市場，生產（供應）單位生產能力不受限制，且變動成本低於市場價格的情況下，才會行之有效，並對企業有利。

（四）成本轉移價格

1. 成本轉移價格的概念

成本轉移價格是指以產品或勞務的成本為基礎而制定的內部轉移價格。用產品成本作為轉移價格，是制定轉移價格最簡單的方法。

2. 成本轉移價格的種類及特點

由於人們對成本概念的理解不同，成本轉移價格也包括多種類型。其中用途較為廣泛的成本轉移價格有以下三種：

（1）標準成本。它以產品（半成品）或勞務標準成本作為內部轉移價格。它適用於成本中心之間的產品（半成品）轉移的結算。其優點是：將管理和核算工作結合起來，可以避免供應方成本高低對使用方的影響，做到責任分明，有利於調動供需雙方降低成本的積極性。

（2）標準成本加成。它按產品（半成品）或勞務的標準成本加計一定的合理利潤作為計價的基礎。當內部交易價格涉及利潤中心或投資中心時，可將標準成本加上一定利潤作為轉移價格。其優點是：能分清相關責任中心的責任，有利於成本控製。但確定加成利潤率時，應由管理當局妥善制定，避免主觀隨意性。

（3）標準變動成本。它以產品（半成品）或勞務的標準變動成本作為內部轉移價格，能夠明確揭示成本與產量的性態關係，便於考核各責任中心的業績，也利於經營決策。其不足之處是：產品（半成品）或勞務中不包含固定成本，不能反應勞動生產率變化對固定成本的影響，不利於調動各責任中心提高產量的積極性。

（五）共同成本的分配

共同成本（Common Costs）也稱服務成本，如動力部門、維修部門等是指由作為成本中心的服務部門為生產部門提供服務所發生的成本。由於這些服務使各生產部門共同受益，需由各受益部門共同負擔，故稱為共同成本。

對於這些共同成本是否需要分配，應該分別對待。企業內部服務部門所發生的變動成本應該選擇合適的分配標準分配給各受益的責任中心。一般情況下，對於服務部門所發生的固定成本和上級責任中心發生的管理費用和營業費用，各個共同受益的責任中心無法控製，企業可以根據管理要求，將其分配給各受益責任中心，也可以不予分配。

在共同成本的分配中，分配基礎的選擇極為重要。間接成本分配的任何價值都只來自對成本分配賴以進行各種活動變量的計量，而沒有任何價值來自成本分配本身。如果在分配的基礎上存在特定的偏差（選擇的分配基礎不合理），則往往會對有關方面的行為產生嚴重影響。這種嚴重影響的結果有時往往會阻礙目標一致性的實現。共同成本的分配，作為內部轉移價格的一種具體表現形式，是責任會計中最複雜的問題之一，滲透在責任會計中的一些行為問題的考慮，使它難以得出一般的結論。某一分配基礎在某種情況（或某種服務項目）下可以導致所期望的行為，因而是可取的；而在另一種情況（或另一種服務項目）下，則可能引起行為上相反的結果。因此，試圖找出一種適合任何情況的最佳分配基礎是不現實的。

共同成本分配基礎歸納起來主要有三類：①以能反應成本因果關係的使用量作為

分配基礎；②以使用者的受益程度作為分配基礎；③以使用部門對間接成本的承擔能力大小作為分配基礎。以下結合實例對以使用量為標準的共同成本分配做一分析。

以實際使用服務量為基礎對實際發生的共同成本進行分配，是最常用的分配方式。這種分配基礎的理論依據在於其同成本與服務量之間有較明確的因果關係。這一分配基礎的優點是：有利於使用服務的部門對提供服務部門的工作效率進行監督。由於提供服務部門的效率高低會直接影響受益部門的業績水平，這就為監督服務部門的工作提供了有效的監督工具。儘管如此，這一分配基礎同時也存在以下不足：首先，其所分配的是實際成本，而不是預算成本；使服務部門的低效率轉嫁給受益部門。因為對服務提供部門來說，節約和浪費一樣，全部成本總是分配無餘，而不會對控製成本的業績進行考核，故這一分配基礎對於服務部經理完成其職責缺乏激勵作用。其次，按實際使用量分配固定成本，從而會使這一受益部門負擔的服務成本受其他受益部門的使用服務量多少的影響，易使受益部門的經理採取不利於實現企業整體目標的不良行為。下面以維修部門成本的分析為例予以說明。

【例 8-6】假定某企業有一個運輸部門為其兩個生產部門（製造部門和裝配部門）服務。當年有關資料如表 8-5 所示。

表 8-5　　　　　　　　　　　　　　基本資料

生產部門	使用運輸服務的里程（千米）
製造	50,000
裝配	30,000
合計	80,000

本年運輸部門發生的成本為 560,000 元，運輸成本分配情況如表 8-6 所示。

表 8-6　　　　　　　　　　　　　共同費用分配

	運輸里程（千米）	分配率（%）	運輸成本（元）
製造	50,000		350,000
裝配	30,000		210,000
合計	80,000	7	560,000

現假定第 2 年裝配部門仍用 30,000 千米，而製造部門使用的運輸里程數從原來的 50,000 千米降為 40,000 千米。運輸部門第 2 年所發生的維修成本與第 1 年相同，則運輸成本的分配情況如表 8-7 所示。

表 8-7　　　　　　　　　　　　　共同費用分配

	運輸里程（千米）	分配率（%）	運輸成本（元）
製造	40,000		320,000
裝配	30,000		240,000
合計	70,000	8	560,000

從表8-7可以看出，儘管裝配部門所使用的運輸里程數與第1年相同，但它所分擔的維修成本卻比第1年多30,000元。這是由於製造部門的經理用了較少的運輸服務，從而使兩個生產部門之間使用運輸服務的里程比率發生了變化，即裝配部門與製造部門的里程比率由原來的3：5變為3：4，裝配部門多負擔了一部分運輸成本。由此可見，這一分配基礎會使一部門的業績受另一部門使用服務量多少的影響，即部門經理人員可以採用少使用服務項目的辦法來將共同成本轉移給其他受益部門負擔，由此導致經理人員少利用服務項目的趨勢。然而，某些必要勞務的耗用不足，會損害企業的長遠利益。例如，機器設備的到期維修被延緩，使機器設備帶病運轉，由此造成企業後勁不足，從而使企業長期利益受到損害。

第三節　責任預算與責任報告

一、責任預算

（一）責任預算的含義

責任預算（Responsibility Budget）是指以責任中心為主體，以其可控的成本、收入、利潤和投資等為對象所編製的預算。

（二）責任預算的指標構成

責任預算由各種責任指標組成。這些指標可以分為主要責任指標和其他責任指標。

主要責任指標是指特定責任中心必須保證實現，並能夠反應各種不同類型的責任中心之間的責任和相應區別的責任指標。在上節所述及的有關責任中心的各項考核指標都屬於主要指標的範疇。

其他責任指標是指根據企業其他總目標分解而得到的或為保證主要責任指標完成而確定的責任指標。這些指標包括勞動生產率、設備完好率、出勤率、材料消耗率和職工培訓等內容。

（三）編製責任預算的意義

通過編製責任預算可以明確各責任中心的責任，並與企業的總預算保持一致，以確保企業目標的實現。責任預算既為各責任中心提供了努力目標和方向，也為控制和考核各責任中心提供了依據。在企業實踐中，責任預算是企業總預算的補充和具體化，只有將各責任中心的責任預算與企業的總預算有機地融為一體，才能較好地達到責任預算的效果。

（四）責任預算的編製程序

責任預算的編製程序有兩種：

1. 自上而下的程序

本程序是以責任中心為主體，將企業總預算目標自上而下地在各責任中心之間層層分解，進而形成各責任中心責任預算的一種常用程序。其優點在於：可以使整個企

業在編製各部門責任預算時，實現一元化領導，便於統一指揮和調度；其不足之處在於：可能會限制基層責任中心的積極性和創造性的發揮。

2. 自下而上的程序

本程序是由各責任中心自行列示各自的預算指標、層層匯總，最后由企業專門機構或人員進行匯總和協調，進而編製出企業總預算的一種程序。其優點在於：便於充分調動和發揮各基層責任中心的積極性；其不足之處在於：由於各責任中心往往只注意本中心的具體情況或多從自身利益角度考慮，容易造成彼此協調上的困難、互相支持少，以至於衝擊企業的總體目標，層層匯總的工作量比較大，協調的難度大，可能影響預算質量和編製時效。

(五) 不同經營管理方式下責任預算編製程序的選擇

責任預算編製程序與企業組織機構設置和經營管理方式有著密切關係。在集權管理制度下，企業通常採用自上而下的預算編製方式；在分權管理制度下，則企業往往採用自下而上的預算編製方式。

在集權組織結構形式下，公司的總經理大權獨攬，對企業的所有成本、收入、利潤和投資負責。公司往往是唯一的利潤中心和投資中心。而公司下屬各部門、各工廠、各工段、各地區都是成本中心，它們只對其權責範圍內控制的成本負責。因此，在集權組織結構形式下，首先要按照責任中心的層次，從上至下把公司總預算（或全面預算）逐層向下分解，形成各責任中心的責任預算；然後建立責任預算執行情況的跟蹤系統，記錄預算執行的實際情況，並定期由下至上把責任預算的實際執行數據逐層匯總，直到高層的利潤中心或最高層的投資中心。

在分權組織結構形式下，經營管理權分散在各責任中心，公司下屬各部門、各工廠、各地區等與公司自身一樣，可以同時是利潤中心和投資中心，它們既要控制成本、收入、利潤，也要對所占用的全部資產負責。在分權組織結構形式下，首先也應按責任中心的層次，將公司總預算（或全面預算）從最高層向最底層逐級分解，形成各責任單位的責任預算；然後建立責任預算的跟蹤系統，記錄預算實際執行情況，並定期從最基層責任中心把責任成本的實際數以及銷售收入的實際數，通過編製業績報告逐層向上匯總，一直到達最高的投資中心。

隨著預算數據的逐級分解，預算的責任中心的層次越來越低，預算目標越來越具體。這意味著公司總預算被真正落實到責任單位或個人，使預算的實現有了可靠的組織保障，也意味著公司總預算被分解到了具體的項目上，使預算的實現有了客觀的依據。

二、責任報告

(一) 責任報告的含義

責任會計以責任預算為基礎，通過對責任預算的執行情況的系統反應，確認實際完成情況同預算目標的差異，並對各個責任中心的工作業績進行考核與評價。責任中心的業績考核和評價是通過編製責任報告來完成的。

責任報告（Performance Report）也稱業績報告、績效報告，是指根據責任會計記

錄編製的反應責任預算實際執行情況，揭示責任預算與實際執行差異的內部會計報告。

（二）責任報告與責任預算的關係

責任報告是對各個責任中心責任預算執行情況的系統概括和總結。根據責任報告，可進一步對責任預算執行差異的原因和責任進行具體分析，以充分發揮反饋作用，以使上層責任中心和本責任中心對有關生產經營活動實行有效控製和調節，促使各個責任中心根據自身特點，卓有成效地開展有關活動以實現責任預算。

（三）責任報告的形式與側重點

責任報告主要有報表、數據分析和文字說明等幾種形式。將責任預算、實際執行結果及其差異用報表予以列示是責任報告的基本形式。在揭示差異時，還必須對重大差異予以定量分析和定性分析。其中，定量分析旨在確定差異的發生程度，定性分析旨在分析差異產生的原因，並根據這些原因提出改進建議。在現實工作中，往往將報表、數據分析和文字說明等幾種形式結合起來使用。

在企業的不同管理層次上，責任報告的側重點應有所不同。最低層次的責任中心責任報告應當最詳細，隨著層次的提高，責任報告的內容應以更為概括的形式來表現。這一點與責任預算的由上至下分解過程不同，責任預算是由總括到具體，責任報告是由具體到總括。責任報告應能突出產生差異的重要影響因素，為此應遵循「例外管理原則」，突出重點，使報告的使用者能把注意力集中到少數嚴重脫離預算的因素或項目上來。

（四）責任報告的編製程序及會計核算工作的組織方式

責任中心是逐級設置的，責任報告也必須逐級編製，但通常只採用自下而上的程序逐級編報。

為了編製各責任中心的責任報告，必須以責任中心為對象組織會計核算工作，具體做法包括雙軌制和單軌制兩種。

（1）雙軌制是指將責任會計核算與財務會計核算分別按兩套核算體系組織。在組織責任會計核算時，由各責任中心指定專人把各中心日常發生的成本、收入以及各中心相互間的結算和轉帳業務記入單獨設置的責任會計的編號帳戶內，根據管理需要，定期計算盈虧。

（2）單軌制是指將責任會計核算與財務會計核算統一在一套核算體系中。為簡化日常核算，在組織責任會計核算時，不另設專門的責任會計帳戶，而是在傳統財務會計的各明細帳戶內，為各責任中心分別設戶進行登記、核算。

第四節　業績考核及員工激勵機制

一、業績考核

（一）業績考核的含義

業績考核（Performance Measurement）是指以責任報告為依據，分析、評價各責任

中心責任預算的實際執行情況，找出差距，查明原因，借以考核各責任中心工作成果，實施獎罰，促使各責任中心積極糾正行為偏差，完成責任預算的過程。

（二）業績考核的分類

1. 狹義的業績考核和廣義的業績考核

按照責任中心的業績考核的口徑為分類標誌，可將業績考核劃分為狹義的業績考核和廣義的業績考核兩類。

狹義的業績考核僅指對各責任中心的價值指標，如成本、收入、利潤以及資產占用等責任指標的完成情況進行考評。

廣義的業績考核除這些價值指標外，還包括對各責任中心的非價值責任指標的完成情況進行考核。

2. 年終的業績考核與日常的業績考核

按照責任中心的業績考核的時間為分類標誌，可將業績考核劃分為年終的業績考核與日常的業績考核兩類。

年終的業績考核通常是指一個年度終了（或預算期終了）對責任預算執行結果的考評，旨在進行獎罰和為下一年（或下一個預算期）的預算提供依據。

日常的業績考核通常是指在年度內（或預算期內）對責任預算執行過程的考評，旨在通過信息反饋，控制和調節責任預算的執行偏差，確保責任預算的最終實現。業績考核可根據不同責任中心的特點進行。

（三）成本中心業績考核

成本中心沒有收入來源，只對成本負責，因而也只考核其責任成本。由於不同層次成本費用控制的範圍不同，計算和考評的成本費用指標也不盡相同，越往上一層次計算和考評的指標越多，考核內容也越多。

成本中心業績考核是以責任報告為依據，將實際成本與預算成本或責任成本進行比較，確定兩者差異的性質、數額以及形成的原因，並根據差異分析的結果，對各成本中心進行獎罰，以督促成本中心努力降低成本。

（四）利潤中心業績考核

利潤中心既對成本負責，又對收入和利潤負責，在進行考核時，應以銷售收入、貢獻毛益和息稅前利潤為重點進行分析、評價。特別是應通過一定期間實際利潤與預算利潤進行對比，分析差異及其形成原因，明確責任，借以對責任中心的經營得失和有關人員的功過做出正確評價、獎罰分明。

在考核利潤中心業績時，也只是計算和考評本利潤中心權責範圍內的收入和成本。凡不屬於本利潤中心權責範圍內的收入和成本，儘管已由本利潤中心實際收進或支付，仍應予以剔除，不能作為本利潤中心的考核依據。

（五）投資中心業績考核

投資中心不僅要對成本、收入和利潤負責，還要對投資效果負責。因此，投資中心業績考核，除收入、成本和利潤指標外，考核重點應放在投資利潤率和剩餘收益兩

項指標上。

從管理層次看，投資中心是最高一級的責任中心，業績考核的內容或指標涉及各個方面，是一種較為全面的考核。考核時通過將實際數與預算數的比較，找出差異，進行差異分析，查明差異的成因和性質，一併據以進行獎罰。由於投資中心層次高、涉及的管理控制範圍廣、內容複雜，考核時應力求原因分析深入、依據確鑿、責任落實具體，這樣才可以達到考核的效果。

二、員工激勵機制

(一) 激勵機制的含義及意義

激勵機制是現代企業制度的重要組成部分，它包括績效評價系統和相應的獎勵制度。激勵是指運用各種有效手段激發人的熱情，啓動人的積極性、主動性，發揮人的創造精神和潛能，使其行為與組織目標保持一致。激勵機制是通過一套理性化的制度來反應激勵主體與激勵客體相互作用的方式。

(1) 激勵機制是企業對員工進行業績考核的手段。對於組織而言，運用激勵機制的終極目標就是提高組織績效。建立獎勵績效掛勾的完善制度體系，是保證激勵有效性的重要前提。企業內部激勵制度是在業績考核結果出來後對業績考核結果中表現突出的員工給予激勵，而這種內部激勵不僅僅是純粹意義上的完善內部業績考核，更在於激勵機制的最終目標是通過激勵制度激勵員工，讓他們對自己的企業產生信任感，培養員工的忠誠度；同時激勵業績比較優秀的員工會為企業帶來積極的企業文化氛圍，讓員工知道只要為企業目標做出自己的貢獻就會有收穫。企業內部業績考核是一個過程，而企業內部激勵制度是將業績考核作用發揮出來的手段。

(2) 企業內部業績考核與激勵制度的實施相互促進，有助於工作改進和業績提高。通過企業內部業績考核來掌握員工的業績，再通過行之有效的激勵制度激勵員工業績持續改進。良好的激勵制度會給員工帶來努力完成業績計劃的動力。企業內部業績考核與激勵制度是企業人力資源管理的一個核心內容，很多企業已經認識到考核的重要性，並且在業績考核工作上投入了較大的精力來完善；與此同時，也制定出相應的機制，而且在指定企業內部激勵制度時考慮到員工個體業績差別。這就意味著良好的業績考核與行之有效的激勵制度配套實施相互促進，形成良性循環。只有好的激勵制度，而企業內部業績考核不能公平公正的實施，或者只有好的業績考核制度而沒有有效的激勵制度與之配套，企業整體的業績計劃都將難以實現。

企業內部業績考核是對員工工作結果的客觀反應，企業內部激勵制度是對這個結果的完善處理方式，從而使業績考核的結果能夠說明問題並產生影響。在執行業績管理的過程中，如果只做業績考核而忽視了激勵制度的激勵作用以及企業內部人力資源管理的其他環節，企業面臨的結果必將失敗。因此，在企業內部業績考核後，應有合理的企業內部激勵制度使之完善，二者相互依存、缺一不可。

(二) 激勵機制的形式

為更好地發揮激勵機制的作用，企業應制定一系列制度，如薪酬制度、晉升制度、

獎懲制度、員工參與管理制度等，並採取多方面的激勵途徑和方式與之相適應，在「以人為本」的員工管理模式基礎上建立企業的激勵機制。

（1）行政激勵。它是指按照公司的規章制度及規定給予的具有行政權威性的獎勵和處罰。

（2）物質激勵。它是指公司按照規章制度及規定以貨幣和實物的形式給予員工良好行為的一種獎勵方式，或者對其不良行為給予的一種處罰的方式。

（3）升降激勵。它是指公司按照規章制度及規定通過職務和級別的升降來激勵員工的進取精神。

（4）調遷激勵。它是指公司按照規章制度及規定通過調動幹部和員工去重要崗位、重要部門擔負重要工作或者去完成重要任務，使幹部和員工有一種信任感、尊重感和親密感，從而調動其積極性，產生一種激勵作用。

（5）榮譽激勵。它是指公司按照規章制度及規定對幹部和員工或單位授予的一種榮譽稱號，或是對幹部和員工或單位在一段時間工作的全面肯定，或是對幹部和員工或單位在某一方面的突出貢獻予以表彰。

（6）示範激勵。它是指公司按照規章制度及規定通過宣傳典型，樹立榜樣而引導和帶動一般的激勵方式。

（7）尊重激勵。它是指尊重各級員工的價值取向和獨立人格，尤其尊重企業的小人物和普通員工，達到一種知恩必報的效果。

（8）參與激勵。它是指建立員工參與管理、提出合理化建議的制度和職工持股計劃提高員工主人翁參與意識。

（9）競爭激勵。它是指提倡企業內部員工之間、部門之間的有序平等競爭以及優勝劣汰。

（10）日常激勵。它是指公司按照規章制度及規定程序通過經常地、隨時地對幹部和員工的行為做出是與非的評價，或進行表揚與批評、讚許與制止，以激勵幹部和員工的一種方法。

（三）激勵機制應遵循的原則

1. 激勵要因人而異

由於不同員工的需求不同，所以，相同的激勵政策起到的激勵效果也會不盡相同。即便是同一位員工，在不同的時間或環境下，也會有不同的需求。由於激勵取決於內因，是員工的主觀感受，所以，激勵要因人而異。在制定和實施激勵政策時，首先要調查清楚每個員工真正需要的是什麼。將這些需要整理、歸類，然后來制定相應的激勵政策幫助員工滿足這些需求。

2. 獎勵適度

獎勵和懲罰不適度都會影響激勵效果，同時增加激勵成本。獎勵過重會使員工產生驕傲和滿足的情緒，失去進一步提高自己的慾望；獎勵過輕會起不到激勵效果，或者使員工產生不被重視的感覺。懲罰過重會讓員工感到不公，或者失去對公司的認同，甚至產生怠工或破壞的情緒；懲罰過輕會讓員工忽視錯誤的嚴重性，從而可能還會犯

同樣的錯誤。

3. 公平性

企業在選拔、評定職稱和任用的過程中，在實施獎勵的過程中，要做到公開、公平、公正，不憑主管意志、主觀偏見、個人好惡判斷一個人的工作表現、得失成敗，而是「憑政績論英雄，靠能力坐位置」，建立一套科學公正的制度化、規範化的測評標準，切實做到人盡其才。公平性是員工管理中一個很重要的原則，員工感到的任何不公的待遇都會影響他的工作效率和工作情緒，並且影響激勵效果。取得同等成績的員工，一定要獲得同等層次的獎勵；同理，犯同等錯誤的員工，也應受到同等層次的處罰。如果做不到這一點，管理者寧可不獎勵或者不處罰。

管理者在處理員工問題時，一定要有一種公平的心態，不應有任何的偏見和喜好。雖然某些員工可能讓你喜歡，有些你不太喜歡，但在工作中，一定要一視同仁，不能有任何不公的言語和行為。

4. 以人為本

員工是企業最寶貴的資源。為此，不論對組織還是對人，有利於人力資源開發和管理的激勵機制必須體現以人為本的原則，把尊重人、理解人、關心人、調動人的積極性放在首位。機制的設計不是束縛手腳禁錮思想，而必須是承認並滿足人的需要，尊重並容納人的個性，重視並實現人的價值，開發並利用人的潛能，統一併引導人的思想，把握並規範人的行為，獎勵並獎賞人的創造，營造並改善人的環境。

5. 靈活性與穩定性統一

一個激勵機制的確定是有一個過程的，因此其發揮作用也應有一段時間，如果激勵措施內容、方法變動頻繁，則被激勵人難以適應，激勵效果反而不好。因此，激勵機制應有一定的穩定性，同時也應考慮到環境的不斷變化，因此必須要求有靈活性，以適應激勵機制環境的變化。

本章小結

責任會計是指以企業內部建立的各級責任中心為主體，以責、權、利的協調統一為目標，利用責任預算為控制的依據，通過編製責任報告進行業績評價的一種內部會計控製制度。其主要內容包括：劃分責任中心、規定權責範圍、編製責任預算、制定內部轉移價格、建立健全記錄和報告系統、制定獎懲制度、評價和考核實際工作業績、定期編製業績報告。

責任中心，是指承擔一定經濟責任，並擁有相應管理權限和享受相應利益的企業內部責任單位的統稱。責任中心分為成本中心、利潤中心和投資中心三個層次類型。成本中心是指只對其成本或費用承擔責任的責任中心，處於企業的基礎責任層次；利潤中心是指對利潤負責的責任中心，往往處於企業內部的較高層次，是對產品或勞務生產經營決策權的企業內部部門；投資中心是指對投資負責的責任中心，處於企業最高層次的責任中心。它具有最大的決策權，也承擔最大的責任。

內部轉移價格，是指企業內部各責任中心之間轉移中間產品或相互提供勞務而發

生內部結算和進行內部責任結轉所使用的計價標準。內部轉移價格主要包括市場價格、協商價格、雙重價格和成本轉移價格四種類型。責任預算是以責任中心為主體，以其可控的成本、收入、利和投資等為對象所編製的預算。責任報告，是指根據責任會計記錄編製的反應責任預算實際執行情況，揭示責任預算與實際執行差異的內部會計報告。責任報告是對各個責任中心責任預算執行情況的系統概括和總結，促使各個責任中心根據自身特點，開展有關活動以實現責任預算。

業績考核，是以責任報告為依據，分析、評價各責任中心責任預算的實際執行情況，找出差距，查明原因，借以考核各責任中心工作成果，實施獎罰，促使各責任中心積極糾正行為偏差，完成責任預算的過程。考核時，成本中心只考核其責任成本；利潤中心既考核成本又考核收入和利潤；投資中心不僅考核成本、收入和利潤負責，還考核投資效果。激勵機制，是通過一套理性化的制度來反應激勵主體與激勵客體相互作用的方式。它是企業對員工進行業績考核的手段，有助於工作改進和業績提高。激勵包括行政激勵、物質激勵、升降激勵、調遷激勵、榮譽激勵、示範激勵、尊重激勵、參與激勵、競爭激勵、日常激勵等形式。

關鍵術語

責任會計；責任中心；責任成本；內部轉移價格；責任預算；責任報告；業績考核；激勵機制

綜合練習

一、單項選擇題

1. 下列項目中，不屬於責任會計核算原則的是（   ）。
   A. 責任主體原則　　　　　　B. 可控性原則
   C. 反饋原則　　　　　　　　D. 重要性原則
2. 下列項目中，關於成本中心的說法不準確的是（   ）。
   A. 成本中心的範圍最廣
   B. 成本中心只考評成本費用不考評收益
   C. 成本中心既考評成本費用又考評收益
   D. 成本中心只對可控成本承擔責任
3. 某利潤中心本期實現內部銷售收入為 600,000 元，變動成本為 360,000 元，該中心負責人可控固定成本為 50,000 元，中心負責人不可控，但應由該中心負擔的固定成本為 80,000 元。則該利潤中心可控利潤總額是（   ）元。
   A. 240,000　　　　　　　　　B. 110,000
   C. 190,000　　　　　　　　　D. 160,000
4. 關於協商價格，以下說法中正確的是（   ）。

A. 協商價格的下限為單位變動成本　　B. 可以節省談判成本
C. 協商價格的下限為標準變動成本　　D. 客觀性較強

5. 下列項目中，不屬於成本轉移價格類型的是（　　）。
   A. 標準成本　　　　　　　　　　B. 標準成本加成
   C. 標準變動成本　　　　　　　　D. 單位變動成本

6. 公司按照規章制度及規定程序通過經常地、隨時地對幹部和員工的行為做出是與非的評價，並據此進行表揚與批評、讚許與制止。此激勵機制屬於（　　）。
   A. 行政激勵　　　　　　　　　　B. 示範激勵
   C. 榮譽激勵　　　　　　　　　　D. 日常激勵

二、多項選擇題

1. 下列項目中，屬於責任會計內容的有（　　）。
   A. 劃分責任中心、規定權責範圍
   B. 編製責任預算，制定內部轉移價格
   C. 建立健全記錄和報告系統、制定獎懲制度
   D. 評價和考核實際工作業績、定期編製業績報告

2. 下列項目中，屬於責任中心特徵的有（　　）。
   A. 責任中心是一個責、權、利結合的實體
   B. 責任中心具有承擔經濟責任的條件
   C. 責任中心所承擔的責任和行使的權力都應是可控的
   D. 責任中心具有相對獨立的經營業務和財務收支活動

3. 可控成本必須同時具備（　　）。
   A. 可以預計　　　　　　　　　　B. 可以計量
   C. 可以施加影響　　　　　　　　D. 可以落實責任

4. 以下投資利潤率的計算公式正確的有（　　）。
   A. 投資利潤率＝利潤/投資額
   B. 投資利潤率＝總資產週轉率×銷售利潤率
   C. 投資利潤率＝總資產週轉率×銷售成本率×成本費用利潤率
   D. 投資利潤率＝總資產週轉率×權益乘數

5. 內部轉移價格一般包括（　　）。
   A. 市場價格　　　　　　　　　　B. 協商價格
   C. 雙重價格　　　　　　　　　　D. 成本轉移價格

6. 責任預算自上而下編製程序的優點是（　　）。
   A. 便於充分調動各基層責任中心的積極性
   B. 可以實現一元化領導
   C. 便於統一指揮和調度
   D. 節省編製的時間

7. 編製責任報告的具體做法包括（　　）。

A. 雙軌制　　　　　　　　B. 單軌制
C. 結合制　　　　　　　　D. 並軌制

8. 對投資中心業績考核的指標有（　　）。
A. 收入、成本　　　　　　B. 利潤
C. 投資利潤率　　　　　　D. 剩餘收益

三、判斷題

1. 由於成本中心不會形成可以用貨幣計量的收入，因而不應當對收入、利潤或投資負責。（　）
2. 技術性成本中心一般不形成實物產品，不需要計算實際成本。（　）
3. 人為利潤中心是只對內部責任單位提供產品或勞務而取得「內部銷售收入」的利潤中心。（　）
4. 投資中心可以是也可以不是獨立法人。（　）
5. 用剩餘收益指標考核投資中心可以避免本位主義。（　）
6. 以市場價格作為內部轉移價格，企業的中間產品應該有完全競爭的市場的市場價格為參考。（　）
7. 自上而下的責任預算編製程序，是由各責任中心自行列示各自的預算指標、層層匯總，最後由專門機構或人員進行匯總和協調，進而編製出企業總預算的一種程序。（　）
8. 激勵機制的以人為本原則，就是把尊重人、理解人、關心人、調動人的積極性放在首位。（　）

四、實踐練習題

實踐練習 1

已知：某企業的第二車間是一個人為利潤中心。本期實現內部銷售收入 500,000 元，變動成本為 300,000 元，該中心負責人可控固定成本為 40,000 元，中心負責人不可控，但應由該中心負擔的固定成本為 60,000 元。

要求：計算該利潤中心的實際考核指標，並評價該利潤中心的利潤完成情況。

實踐練習 2

某公司有 A、B 兩個投資中心。A 投資中心的投資額為 1,000 萬元，營業利潤 70 萬元；B 投資中心的投資額為 2,000 萬元，營業利潤為 320 萬元。該公司最低投資報酬率為 10%。現在 A 投資中心有一投資項目，需要投資 500 萬元，項目投產后年營業利潤為 40 萬元。該公司將投資報酬率作為投資中心業績評價唯一指標。

要求：從 A 投資中心和總公司兩個角度考察，來決定是否接受該投資項目。

實踐練習 3

某公司有 A、B 兩個投資中心，平均營業資產、年營業利潤和該公司可要求的最低投資報酬率分別如表 8-8 所示。

要求：計算兩個投資中心的剩餘收益，並對其進行分析。

表 8-8　　　　　　　　　　A、B 兩個投資中心資料　　　　　　　　單位：萬元

	A 投資中心	B 投資中心
營業資產	10,000	100,000
營業利潤	2,000	12,000
最低投資報酬率	10%	10%
剩余收益	1,000	2,000

實踐練習 4

某公司下設 A、B 兩個投資中心，該公司要求的平均最低投資收益率為 10%。公司擬追加 30 萬元的投資。有關資料如表 8-9 所示。

要求：根據表 8-9 中的資料，分別採用投資利潤率和剩余收益兩項指標計算 A、B 兩個投資中心的經營業績，並做出追加投資的決策。

表 8-9　　　　　　　　　　投資中心考核指標計算　　　　　　　　單位：萬元

項目		投資額	利潤	投資利潤率	剩余收益
追加投資前	甲投資中心	40	2		
	乙投資中心	60	9		
	公司	100	11		
甲投資中心追加投資 30 萬元	甲投資中心	40+30	2+2.2		
	乙投資中心	60	9		

第九章　人力資源管理會計

【知識目標】
- 瞭解人力資源管理會計的含義及發展及產生的背景
- 理解建立人力資源管理會計的必要性和原則
- 掌握人力資源管理會計的內容

【能力目標】
- 掌握人力資源管理會計的計量方法

第一節　人力資源管理會計概述

一、人力資源管理會計的含義

人力資源管理會計是從管理會計角度研究人力資源會計問題而產生的一個新領域，是利用現有的人力資源會計理論，對企業人力資源進行預測、決策、規劃、控製、考核、評價和報告，為管理和決策提供人力資源方面的會計信息，以滿足企業經營管理的需要，最大限度地提高企業人力資源價值的一個信息系統。

二、人力資源管理會計產生的背景

「人力資源管理會計」並不是一個新名詞。它起源於20世紀60年代的美國。中國的人力資源管理會計研究始於20世紀80年代初期。1980年，上海《文匯報》發表了著名會計學家潘序倫先生的文章，提出中國必須開展人力資源管理會計研究。到20世紀80年代中後期，中國會計界出現了人力資源管理會計研究熱潮。20世紀90年代後期，與世界經濟環境相適應，中國會計界再度掀起人力資源管理會計研究的熱潮。1997年以來，人力資源管理會計受到各種學術刊物的關注，許多刊物都相繼刊登這方面論文，其中涉及較多的是人力資源管理會計的一般概念和實施的必要性、人力資源管理會計目標、基本假設以及人力資源管理會計的確認、計量、計價模式和報告等問題。此外，還有一些專著問世。但從總體上看，對人力資源管理會計的研究依然局限於「就會計論會計」。

三、建立人力資源管理會計的必要性

(一) 它是經濟理論進一步發展的結果

人力資本理論的產生，為人力資源會計奠定了理論基礎。人力資本理論的創始人是美國著名的經濟學家舒爾茨。他在對農業經濟問題的長期研究中發現，從20世紀50年代起，促使美國農業生產產量迅速增加和農業生產率提高的重要原因不再是土地、勞動力數量、資本存量的增加，而是農業工人知識和技術水平的提高。他認為，傳統經濟理論的經濟增長必須依賴於物質資本和勞動力數量增加的理論是沒有根據的，人的知識、能力、健康等人力資本的提高對知識經濟增長的貢獻比物質資本、勞動力數量的增加重要得多。

(二) 它是企業進一步發展的要求

目前許多企業的管理者們也深刻地體會到，假如企業利潤由1億元增長到4億元，那麼其中由於人力資源的原因佔60%~80%，而在這60%~80%中有80%~90%是由於職工培訓而來的。由此可見，以人為本的管理理論已逐漸在企業管理中成為主導思想。一些富有創新精神的企業在經營實踐中的大膽探索，也為人力資本理論形成提供了現實依據。

在企業內部開展人力資源會計的計算，有利於管理者更全面地把握企業的真實財務狀況和經營成果，能夠為企業的決策者提供信息。傳統會計將企業在人力資源方面的支出不加區別地看做成本，因此在企業的人力資源投資比較多時企業會表現出比較低的會計收益；而在大量消耗前期的人力資源投資時卻表現為比較高的會計收益。這與增加人力資源投資投入使企業的未來獲利能力提高，而消耗人力資源使企業未來獲利能力降低的事實相違背，因此無法正確地反應企業的真實財務狀況和經營業績。人力資源會計則能正確地區分人力資源的投資與消耗，使企業在人力資源方面的成本和收益之間建立起更加合理的配比關係，因而能夠提供真正符合企業真實情況的財務狀況和經營成果信息。同時，人力資源是企業的重要資源，如果不能正確地計量人力資源的成本和價值，不能對企業在人力資源方面的投資和收益情況進行客觀的反應，就無法合理、高效地開展企業的人力資源管理活動。

(三) 它是維護會計核算基本原則的要求

現行會計方法對人力資源的處理也有諸多不妥：一是將人力資源投資計入當期費用，違背了權責發生制的原則。企業在人力資源投資上的投資支出，其收益期往往超過一個會計期間以上，屬於資本性支出，按照權責發生制的原則，應先予以資本化，然後在各收益期內分期攤銷，而現行會計的做法卻是將其全部費用化，作為當期費用入賬。二是人力資源投資支出的受益期不易辨認，其受益程度更是難以計量。但在知識經濟時代，人力資源投資比重日益增大的今天，再將人力資源支出全部計入當期費用，勢必導致會計信息嚴重失真。三是將人力資源投資支出費用化，必然使各期盈虧報告不實，導致決策失誤。將人力資源支出全部作為當期費用，必然導致低估當期盈

利，造成決策失誤；同時，當企業大量裁員時，尚未攤銷的人力資源投資支出應作為人力資源流動的損失，計入當期費用，但現行會計並不能反應出這種損失，不利於經營者進行正確決策。所以，從遵循會計原則的角度而言，實行人力資源會計也很有必要。

(四) 它是財務信息使用者的需要

在人力資源會計提供的會計信息，能夠更確切地分析人力資源、物質資源投資比例和投資效果，能夠更真實地反應出企業總資產中人力資產、物質資產的比例，為投資者和債權人提供正確的決策依據。但是，在傳統會計報表中，並不需要向投資人和債權人提供企業人力資源的變化情況，以及對企業財務狀況和經營成果的影響。在損益表中，傳統會計將人力資源的投資成本列為本期費用，而未將資本列為資產，未在預期使用年限內按期攤銷，從而歪曲和低估了本期收益。在資產負債表中，傳統會計在企業資產總額中並未包括人力資產，從而歪曲和低估了企業實際擁有的人力和物力資產總額，以及企業的未來盈利能力。在知識經濟時代，投資者和債權人更關注企業員工素質、構成，特別是企業的技術隊伍和管理隊伍、知識創新與技術創新能力等人力資源方面的信息。

(五) 它是滿足企業管理者及其他相關機構對人力資源信息的要求的需要

在知識經濟時代，企業管理者十分關心人力資源投資的效能和效益，並加以追蹤評估。在現代企業管理過程中，專業人才是從外界招聘還是在內部培訓？在經濟蕭條時期，企業應當裁減還是保持其人力資源？如何進行人力資源管理決策？投資者關注的不再是單一的、關於財務資本的財務信息，而要求企業披露其所擁有的軟資產如人力資源、知識產權等有利於保持企業長期戰略性競爭優勢的信息。顯然，傳統會計是無法解決的，必須依靠人力資源會計。作為一個信息系統，人力資源會計應該能夠及時進行調整，提供有關人力資源的信息來滿足決策者的需要。人力資源會計提供的會計信息，能夠更確切地分析人力資源、物質資源投資比例和投資效果，能夠更真實地反應出企業總資產中人力資產、物質資產的比例，為投資者和債權人提供正確的決策依據。

(六) 它是企業履行社會責任的需要

企業作為社會經濟生活中的一個細胞，政府主管部門和社會公眾不僅要求企業披露財務狀況和經營成果，還要求企業披露其履行社會責任的狀況。中國人口眾多，在人力資源管理中又存在人才浪費和人才短缺並存的局面，存在教育收益率和教育投資比重十分低下、知識分子收入水平偏低、人才流動困難等問題，企業社會責任的一個重要內容是對人力資源安排方面的貢獻。因此，建立和推行人力資源會計為企業履行社會責任提供了一個主要信息來源。

另外，通過在人力資源系統中引入會計管理理念，也可以有效地控製成本，減少企業支出，提高員工的滿意度和忠誠度，為企業帶來直接利益。例如，從員工的薪酬管理來看，在中國現有制度下，僅僅通過調整員工年收入在月薪和年終獎之間的分配比例，就能合理避稅。尤其是對於員工數量眾多，而且由企業承擔員工個人所得稅的

公司來說，這將能夠在相當程度上降低人事成本。因此，知識經濟的興起，科學地確認、計量和報告企業的人力資源，合理開發人力資源，對適應知識經濟發展的需要具有十分重要的現實意義。

四、人力資源管理會計的職能

人力資源管理會計是以管理會計的方法為主要手段，為企業內部提供人力資源財務會計信息為主要目的，主要是進行人力資源的計劃、評價、控制及報告等。

（一）計劃

計劃是對企業未來經濟活動的規劃。它以預測、決策為基礎，以數字、文字、圖表等形式將人力資源管理會計目標落實下來，以協調各單位的工作，控制各單位的經濟活動，考核各單位的工作業績。

（二）評價

在對未來經濟活動進行計劃的過程中，人力資源管理人員應提供預測、決策的備選方案以及相關的消息，並準確判斷歷史信息和未來事項的影響程度，以便選擇最優方案。

（三）控制

控制是對企業經濟活動按計劃要求而進行經濟的監督和協調。在人力資源方面要求企業應監督人力資源計劃的執行過程，確保人力資源的經濟活動按照計劃進行，同時企業人力資源活動又要與整個企業的各類活動協調運轉。

（四）分析

分析職能是根據人力資源供給和需求預測、生產發展規劃等信息，對人力資源投資進行效益分析和評價。通過分析確定人力資源投資效益，進行人力資源的投資決策。

（五）報告

向有關的管理層匯報人力資源管理工作的進行情況和結果，是信息反饋的重要內容，其目的就是使管理者能進行有效的控制。

五、人力資源管理會計的目標

（1）為企業制定經營管理決策提供人力資源方面的會計信息。人力資源是企業最重要的資源，正確地計量人力資源投資和損耗，為合理利用人力資源制定經營管理決策；同時又要考慮對人力資源損耗的補償，對人力資源的投資與補償都需要在定量和定性的基礎上做出分析。

（2）為企業各級部門合理開發和利用人力資源提供會計信息。現代企業管理要求將企業人力資源作為經濟資源管理，用人力資源的會計信息作為控制和監督企業人力資源正常流轉手段。

（3）為正確評價各部門業績提供人力資源方面的會計信息。

六、人力資源管理會計的原則

　　人力資源管理會計的一般指導性原則是指人力資源管理會計工作及其所產生的信息應該達到什麼樣的質量標準才符合人們對它的要求，才能發揮它的作用。其目的在於保證企業的各個責任單位對相同的經濟業務，用統一的方法處理、計算和分析，使會計信息達到應有的質量水平。

　　對於人力資源管理會計來說，它是管理會計的一個子系統，除了應具備管理會計的一般原則（如相關性、可靠性、及時性、靈活性、成本和效益等原則）之外，它也有自己的個性。因此，人力資源管理會計的質量特徵還有一些獨特的原則，如群眾性原則、激勵性原則、與企業價值一致原則。

　　群眾性原則，是指人力資源管理會計應該在人力資源部門和會計部門的帶領下，充分發動群眾來完成每一項人力資源的管理工作。因為各項管理活動都是為了提高企業的經濟效益，而效益是綜合性很強的指標，它涉及企業的各個部門及全體職工的工作實績。要想提高效益，就必須鼓勵每個職工參與管理，人人獻計獻策，充分調動每位職工降低成本、提高質量的積極性。

　　激勵性原則，是指企業的人力資源管理活動是針對人的活動，目的是為了激發企業各個員工的潛力而為企業增加效益。要求人力資源管理者要用長遠眼光來實施人力資源的管理活動，每項人力資源管理決策都應帶有一定的激勵性。

　　與企業價值一致原則，是指人力資源管理活動應該以企業價值理念為導向，將企業的價值理念貫穿在人力資源管理活動中，以引導企業員工的行為向實現企業目標的方向發展。

第二節　人力資源管理會計的內容及計量

一、人力資源管理會計的內容

　　作為一門學科，人力資源管理會計應具備人力資源預測會計、人力資源決策會計、人力資源全面預算、人力資源責任會計和人力資源會計信息披露等幾部分內容。

（一）人力資源預測會計

　　預測是決策的基礎，為決策提供科學依據。企業在分析現有人力資源狀況的基礎上，對未來人力資源的需求和供給狀況進行預測，可以保證物質資源和人力資源的合理配置，實現企業的戰略目標。人力資源的預測可分為需求預測和供給預測。

　　1. 人力資源需求預測

　　人力資源需求預測是指以企業戰略目標、發展計劃和工作任務為出發點，運用各種科學方法並綜合考慮各種因素的影響，對企業未來人力資源的需求數量、質量和時間等進行的預計和推測。

　　人力資源需求預測可以在綜合考慮人力資源特性的基礎上，對現有的各種經營預

測方法稍加改變即可應用，包括定性預測方法和定量預測方法兩大類。定性預測主要是依靠預測人員的實踐經驗和知識以及主觀分析判斷能力，考慮政治經濟形勢、市場變化、經濟政策等因素，對人力資源的需求狀況進行預測的分析方法。它主要包括專家會議法、德爾菲法等。定量預測則主要是應用數學方法，對與預測對象有關的各種經濟信息進行科學的加工處理，建立相應的數學模型，充分揭示有關變量和人力資源需求之間的規律性聯繫並做出預測結論的分析方法。它主要包括趨勢分析法、迴歸分析法、因果分析法、轉換比率分析法等。需要說明的是，無論企業選用何種預測方法，預測結果也只能是大體準確，並非完全準確。

對人力資源需求的預測應遵循以下程序：

(1) 選擇預測因子

預測因子是對企業人力資源需求產生影響的主要因素，如業務量是基本業務人員需求預測的主要影響因子。在選擇預測因子時，要充分考慮企業的生產經營特點，並與人力資源需求成一定比例關係。現實中影響企業人員需求的因素很多，要根據具體情況分析後才能確定。

(2) 測算人力資源的基本需求狀況

企業選定了預測因子之後，要先瞭解預測因子與人員配備狀況之間的歷史比率關係，然後運用趨勢分析法或迴歸分析法計算企業過去若干年（如6年）的業務量與基本業務人員配備狀況的平均比率關係。在此基礎上，根據企業綜合經營計劃中制定的業務量，計算出所需基本業務人員，即所需基本業務人員＝業務量/平均比率。

(3) 根據相關變化因素調整所需基本業務人員

現實中，由於生產方式的改進和管理水平的提高而引起的勞動生產率的變化，使得企業對人力資源的需求數量發生變化。同時，企業提高產品和服務質量的要求也對基本業務人員的質量要求發生了一定的變化。企業在預測人力資源需求狀況時要綜合考慮這些因素，據此對人員需求進行調整，才能使預測結果基本符合企業的實際狀況。

(4) 考察現有人力資源狀況及其預期流動率，確定所需外部補充人員

為了確定所需外部補充人員，企業必須對現有人力資源狀況進行瞭解，包括現有人力資源的數量、技術水平、能否勝任現在的職務，是否需要做出調整或進行培訓等。在此基礎上，還要根據企業人員歷史流動狀況預測未來流動率，包括由於辭職、解聘、離退休、病休、調離等原因引起的職位空缺，據此對預測結果進行調整，最終確定所需外部補充人員。

(5) 確定其他崗位人員數

預測出所需基本業務人員需求狀況後，企業可以根據基本業務人員與其他崗位人員的歷史配比狀況，考慮以上變化因素，採用轉換比率法或人員比例法預測其他崗位的人員需求狀況。如基本業務人員與技術人員的比例為10：1，則可以根據業務人員的數量估算出技術人員的需求量，同理可推算出管理人員、研發人員等的需求量。

2. 人力資源供給預測

確定了企業的人力資源需求後，就要從企業的內外部環境來綜合考察人力資源的供給狀況。人力資源供給預測包括企業內部供給預測和外部供給預測兩部分。一般說

來，企業對於低層次、技術含量較低或通用型崗位的員工需求通常直接從外部招聘，經簡單培訓后即可上崗；而對於技術型、專用型和管理層員工的需求往往是先考慮從內部晉升、培訓獲得，這些內部員工熟悉企業規章制度、文化氛圍、工藝流程，能夠很快進入角色，取得成本較低，只有在內部供給無法滿足需求時才考慮從外部引進。

（1）人力資源內部供給預測

人力資源內部供給預測就是通過對企業內現有人力資源的考察、分析、調整、測算出未來某一時期內企業內部人力資源的供給狀況。在人力資源內部供給分析中，首先要考察企業現有人力資源的存量，包括現有人力資源的數量和經驗、技能、學歷層次、培訓狀況、身體狀況等質量因素，這些信息的瞭解可以從企業的人力資源信息庫中提取；其次，對未來人力資源供給數量進行預測。預測中要充分考慮企業內部的晉升、降職、調職和員工的辭職、下崗、退休、解聘等因素的影響。通過對人力資源內部供給的分析，可以瞭解現有員工填充企業中預計崗位空缺的能力。

人力資源內部供給預測可以採用人員核查法、人力接續計劃法和轉換矩陣法等幾種方法。

①人員核查法，即通過對企業現有人力資源的數量、質量、結構和在各職位上的分佈狀況進行核查，從而掌握企業可供調配的人力資源擁有量及其利用潛力。這些信息可以通過人力資源技能清單獲得，包括培訓背景、以前的經歷、持有證書、主管人員的評價等，這是對員工競爭力的一個反應，可以用來估計現有員工調換工作崗位的可能性的大小，決定哪些員工可以補充企業當前的空缺。

②人力資源接續計劃。該方法的關鍵是根據工作分析信息明確工作崗位對員工的具體要求，然后確定一位顯然可以達到這一工作要求的候選員工或者確定哪位員工具有潛力，經過培訓后能勝任這一工作。

③轉換矩陣法，也稱為馬爾科夫法，其實質是轉換概率矩陣。這一矩陣描述的是組織中員工內部流動的整體形勢，基本思路是確定過去人事變動的規律，以此來推測未來的人事變動趨勢。這種方法的第一步是做一個人員變動矩陣表，表中的每一個元素表示從一個時期到另一個時期在兩個工作崗位之間調動的員工數量的歷史平均百分比。第二步，將計劃期初每種工作的人員數量與每一種工作的人員變動概率相乘，縱向相加，即可得到組織內部未來勞動力的淨供給量。

（2）人力資源外部供給預測

當企業內部人力資源供給無法滿足需求時，企業就要考慮從外部引進所需員工。影響企業外部人力資源供給的因素很多，主要包括宏觀經濟形勢、人口和社會體制背景、國家就業政策、地方勞動力供給狀況、職業市場狀況、就業者心理等因素。與人力資源內部供給預測分析一樣，外部供給分析也要考察潛在員工的數量和技能、經驗等質量因素，以保證企業從外部引進的員工適合企業需求。外部預測可以為企業提供一個瞭解新員工的可能來源和他們進入企業方式的分析框架，為招募決策奠定基礎。

由於人力資源的需求和供給預測不可能完全準確，因此在企業現實經營過程中，往往會發現按照人力資源需求和供給預測引進人力資源後，仍然會出現供需不一致的狀況。此時，就需要考慮出現問題的關鍵所在，建立彌補的措施和標準，最為重要的

是分析預測與實際出現較大差異的癥結所在，為以後的預測提供改善途徑。

(二) 人力資源決策會計分析

「管理的重心是經營，經營的重心是決策」，決策的正確與否對企業的生存與發展會產生重大影響。人力資源決策會計分析是人力資源部門提出各項備選方案後，會計人員在綜合分析人力資源信息的基礎上，運用會計、經濟數學、統計等方法對每一個方案的預期收益和支出進行估計，從中選擇最符合企業利益的方案。人力資源決策是人力資源開發、利用和管理的重要依據，對企業的其他決策有重大影響。

人力資源決策分析的內容包括取得決策、開發決策、替代決策和激勵決策。借助於管理會計決策方法，人力資源決策可以採用差量分析法、投資回收期法、淨現值分析法、期望理論、效用理論等。科學的人力資源決策首先要確定決策目標，在此基礎上尋求達到決策目的的可能途徑和方法，提出各項備選方案，通過對各項方案成本—收益的計量分析，最終選出最優方案。

1. 人力資源取得決策

人力資源取得是指企業通過人力資源招募活動，把具有一定技術、能力和其他特徵的人力資源吸引到企業空缺崗位上的過程。人力資源的取得是人力資源管理活動的起點和關鍵，目的在於選擇最有利於企業發展的人員。在進行人力資源取得決策時，首先，確定人力資源的來源和取得方式，考慮是從企業外部招聘還是內部提拔，外部招聘是通過仲介機構（如人才中心、職業介紹機構、獵頭公司等）招聘還是通過媒體向社會公開招聘，以何種方式選拔應聘人員以及如何安置錄用人員等。其次，根據人力資源需求和供給預測，提出可能的取得方案。由於人力資源的取得主要涉及的是成本支出，因此在決策時可以通過對各項取得方案的成本計量與分析，運用差量分析法從中選出取得成本最低的方案作為最優方案。

2. 人力資源開發決策

人力資源開發是為了使新聘用的員工達到具體工作崗位要求的業務水平，或為了提高在崗人員的技能和素質而開展的教育培訓活動，是企業人力資源投資的主要組成部分，關係到企業的長遠發展和持續競爭力。常用的人力資源開發方式有崗前指導、自我提高、在職培訓、脫產培訓等，各種開發方式的成本和效果差別很大。進行人力資源開發決策時，企業人力資源部門應根據人力資源需求預測，認真研究是否需要開發、各種開發方式的效果及可行性，制訂出多種可供選擇的開發方案，由會計人員對各種開發方式進行費用預算和效益評估，從中選擇最經濟合理的開發方式。

3. 人力資源替代決策

人員發生替代可能是因為員工離職造成了職位空缺，也可能是因為企業人員配置不當、員工不適合現任崗位而發生辭職、解雇或是崗位轉換造成的。人力資源替代決策包括是否替代、替代者的選擇和替代方案的確定三部分，它們是相互制約的三個方面，是否替代要看是不是有更合適的替代者以及替代成本、收益的高低，只有替代所得到的淨收益大於原來的收益，替代才是經濟合理的。替代者的選擇、開發與人力資源的取得、開發的道理基本一致，需要單獨考慮的是被替代者如何安置、替代是否發

生負面影響（如打擊員工的士氣）等一系列問題。

4. 人力資源激勵決策

在知識經濟時代，人力資源和智力資本成為企業在激烈的市場競爭中獲勝的法寶。企業要想更好地生存和發展、保持持久的競爭力，就必須實施適當的激勵政策，充分調動人力資源的積極性和創造性，設法留住人才、吸引人才。就其手段來說，激勵有物質激勵（獎金、住房等）、精神激勵（嘉獎、晉升等）和知識激勵（提供進修和知識更新的機會等）三種。在具體實施時，又要根據不同對象（如普通員工、管理人員和企業經營者）和不同年齡階段（如青年、中年和老年），分別就其不同特點採用不同的激勵方式。不管使用哪種方式，只要實施激勵所帶來的收益大於發生的成本，則認為方案是可行的，而淨收益最大的方案就是最優方案。

（三）人力資源全面預算

預算實質上是計劃工作的成果，它既是決策的具體化又是控製生產經營活動的依據，是「使企業的資源獲得最佳生產率和獲利率的一種方法」。全面預算是以貨幣等形式展示的、未來某一期間內企業全部經營活動的各項目標及其資源配置的定量說明。

傳統的全面預算包括銷售預算、生產預算、現金預算和各種預計財務報表，不包括人力資源的預算。只有作為產品成本組成部分的直接人工成本在生產預算中有所體現。至於其他人力資源的成本支出，如人力資源的取得成本、使用成本、開發成本、重置成本等，只是被籠統地包括在銷售費用、管理費用預算中，無法單獨體現出來。在人力資源日益被重視的今天，企業人力資源成本支出在全部支出中所占的比重越來越高。尤其是知識、技術含量較高的企業，人力資源成本支出事實上已經占了支出的絕大部分。如果不將人力資源的預算納入到預算體系中，為企業管理提供的預算信息會與企業發生的實際支出形成相當大的偏差。因此，應單獨編製一個人力資源預算表，內容涉及人力資源取得、開發、替代和激勵所可能發生的成本，並將其納入全面預算當中。這樣才能更加全面和真實地反應出企業未來的可能支出，並對企業的人力、物力和財力做出更合理的配置，為各部門的控製和考核提供依據。

（四）人力資源責任會計分析

責任會計是會計核算與會計管理向企業縱深方向發展而出現的一種服務於企業內部的會計制度，它要求企業內部以可控責任為目標劃分責任中心，以各個責任中心作為會計主體進行成本控製和業績考核。

企業內部各個部門按照責任對象的特點和責任範圍的大小，通常可以劃分為成本（費用）中心、利潤中心和投資中心。在傳統的部門劃分中，人力資源部門通常歸屬於成本中心中的費用中心，企業把人力資源方面的支出當成期間費用核算。同時，也不核算人力資源的收益，將一切經營業績歸功於物質資本的投入，只注重分析物質資本投資的效率和效果。這可能導致經營者的短期行為，減少或推遲人力資源的投資，損害企業的長遠利益。因此，企業應建立人力資源投資中心，讓投資形成的人力資源成為企業收益的主要創造者，並且和物質資本一起分享企業剩餘收益。此外，通過對人力資源投資風險的分析、人力資源投資成本—效益分析和人力資源投資中心績效考核

指標分析、人力資源成本控製等，旨在使管理當局認識到人力資源投資的重要性，重視人力資源投資，解決人力資源管理中存在的問題，以真正提高企業的人力資源管理水平和經濟效益。

(五) 人力資源會計信息披露

人力資源會計信息披露的主要作用在於滿足企業內外有關各方對人力資源會計信息的需求，有利於促進管理當局重視企業人力資源的形成和累積及做出正確的人力資源管理決策，促進企業人力資源的優化配置，提高人力資源利用效率和效果；有利於企業外界有關各方瞭解企業人力資源的狀況，對企業未來發展潛力做出正確的分析、評價；有利於國家加強對人力資源開發利用工作的宏觀調控，提高人力資源投資效益。

由於人力資源會計尚未形成統一的核算準則和信息披露原則，因此管理會計人員採用非正式形式披露企業人力資源的相關信息更具有靈活性和實用性。企業應披露的人力資源會計相關信息包括以下四個方面：

1. 人力資源基本情況表

人力資源基本情況表主要列示企業擁有或控製的人力資源的數量、質量和結構分佈等方面的總體信息，數量方面包括員工總數、各個層次的員工數量、特殊人才的數量等；質量方面包括身體狀況、年齡大小、工齡長短、文化程度、職稱高低等。

2. 人力資源流動狀況表

人力資源流動狀況表主要反應當期人力資源的變動情況，包括本期留用、晉升、增聘、解聘、退休和死亡等人數。通過人力資源流動狀況表的編製和披露，不僅能使外部報表使用人瞭解企業人力資源的流動狀況，還可以為企業以後各期人力資源的需求預測提供資料。

3. 人力資源成本表

人力資源成本表主要列示企業取得、開發、使用人力資源的實際成本支出額，編製時可合併列示，也可按部門分開列示。為使會計信息具有可比性，可同時提供上期同類項目的支出數額及其占企業稅前收益的比例，以利於信息使用者判斷本期的成本支出水平是否合理。對於某些重要的事項，如引進特殊人才支付的高額安置費，員工離職支付的一次性補償費用等大額支出，應該在備註中予以說明。

4. 人力資源效益表

人力資源效益表主要反應企業當期對人力資源的利用狀況，包括企業勞動生產率、勞動時間利用率、生產定額完成情況、人均利潤、人力資源投資產出率、投資占用率、投資效益系數以及投資系數等。

除披露上述能夠定量化的人力資源信息外，企業還應該披露重要的非定量化信息，如企業人才發展戰略（計劃）、人力資源競爭優勢與劣勢、高級管理人員的激勵機制、員工持股比例等，對於某些高成本引入的重要人員，還應單獨分析、披露其成本和創造的收益。

二、人力資源管理會計的計量方法

根據中國會計準則規定：「資產是指過去交易、事項形成並由企業擁有或控製的資

源，該資源預期會給企業帶來經濟利益。」可見，一種資源能否構成企業的資產必須符合以下三個條件：一是由企業過去的交易或事項形成的資源。人力資源管理會計只有受聘於企業，方能在企業發揮作用。二是企業擁有或行使控製權。人力資源管理會計在受聘合同期內為企業所擁有並受企業控製，企業享有聘用、分配、培訓、調動、解聘人力資源管理會計的權利。三是能夠為企業帶來未來經濟效益。作為企業人力資源管理會計，其創造的新價值總是大於人力資源管理會計本身的價值，具有服務績效潛力，肯定會給企業帶來經濟利益。由此可見，人力資源管理會計必須列為企業的資產，作為企業資產的重要組成部分，單獨列帳進行登記，並在有關報表中加以反應。

(一) 人力資源管理會計成本的計量方法

關於人力資源，主要是用貨幣或其他量度單位計算人力資源事項和結果的過程，即人力資源管理會計這項經濟業務事項在會計上「反應多少」的問題。依據人力資源管理會計目標的實現程度和計量對象的界定範圍，成本信息的計量方法主要採用的是成本法，即以人力資源的支出來計量人力資源的價值。又由於計量基礎的不同，在成本法的具體運用上形成了以下幾種觀點：

1. 歷史成本法

按照歷史成本計價的原則，將人力資源的取得、開發或培訓等實際發生的支出予以資本化，並進行相應的會計處理。其優勢在於它具有客觀性和可驗證性，但缺點也很多。隨著時間的推移，經濟環境的變化，可能使歷史成本信息嚴重偏離現實。譬如，在中國，企業獲取優秀人才可以通過組織上的人事調動，幾乎沒有投資成本。但現代知識型企業往往通過高工資、高福利來網羅人才。這樣，不同時期的人力資源取得成本就有了較大的不同，歷史成本信息相關性就很低。

2. 重置成本法

以在當前物價水平條件下重新錄用達到現有水平的全體員工所需的全部支出作為企業人力資源的價值，其優勢在於它的決策相關性。因為它力求提供一種與現時環境同步的信息，以便於內部信息使用者做出企業人力資源管理的正確決策。但這種相關性可能會受到一些因素的影響。如重置成本法有一定的主觀性，各種人才來源渠道不同，成才方式不同及未來實際能力的差異，因而很難找到一個社會公允的重置成本。例如，企業自己培養一名碩士生，可能要支付 2～3 萬元的培訓費；而從外單位調入一名碩士研究生，可能不用培訓費，而要用高薪或住房來吸引；或者在本單位刻苦鑽研業務自學成才者，雖然沒有碩士學位，但具有同樣的工作能力，對於這種人才企業可能除工資福利以外很少投入。所以說，即使能計算出一個企業人力資源的重置成本，也很難反應企業的確切投資成本，並以此為企業人力資源管理服務。

3. 機會成本法

以職工離職使組織蒙受的經濟損失作為人力資源計價的依據。這種方法的優點在於其對管理決策具有重要參考價值，因為它計算的人力資源價值更接近於其實際的經濟價值。當然，它也有缺點，比如，距離傳統會計模式較遠，不可靠，而且人力資源的機會成本既不代表企業的投入成本，又不代表人力資源的創造價值，因而對外部信

息使用者來說並無相關性。

由此可見，理論上的計量方法是多樣化的，但實際在應用上的選擇確實很難兩全。所以比較實際的做法是以歷史成本作為人力資源的主要計量方法，因為它客觀真實，確實是企業已經支付的成本代價，任何信息使用者都必然要求獲得這些真實的信息。同時，企業可以提供按重置或機會成本計量的輔助人力資源信息，以滿足對此類信息有特殊要求的信息使用者。

就中國企業現狀而言，企業在其人力資源上發生的成本主要有：①取得成本，包括招募成本、選拔成本、雇傭和安置成本等；②維持成本，包括雇員的薪金及各種福利支出；③開發成本，包括定向培訓、在職培訓、脫產培訓的費用；④治理成本，包括人力資源治理部門開支的各項治理費用等。這些與人力資源相關的成本，應當按其性質分別確認為人力資產、相關成本和期間費用。

人力資源的取得成本和開發成本應當確認為人力資產，因為它們符合會計要素確認的基本標準。即人力資源管理會計的取得與開發成本是由過去交易或事項所形成並由企業所擁有或控制的資源，該資源能夠給企業帶來經濟效益，可以用貨幣計量，其實際成本是可靠的。

至於人力資源的維持成本和治理成本則不宜將其資本化。①這些成本是在持續經營期間分期發生的且金額具有不確定性；②這些成本屬於收益性支出。因此，人力資源的維持成本和治理成本應當在其發生時分別作為製造成本和期間費用處理。

(二) 人力資源管理會計收益的計量方法

對人力資源管理會計收益的計量採用了價值法。人力資源價值是人力資源所具有的經濟價值，主要有貨幣計量和非貨幣計量兩方面。從會計研究角度看，貨幣計量模式是主體，非貨幣計量是一種輔助模式，但它可以向信息使用者提供貨幣計量無法表示的重要信息，具有特殊的決策價值。所以，在實踐中應將兩者結合起來，以全面反應出人力資源的經濟價值。

貨幣計量模式目前有未來工資報酬折現法、未來收益折現法、調整的未來工資報酬折現法或未來收益法、非購入商譽法、經濟價值法、指數法等多種方法。上述幾種計量方法都帶有一定的片面性，其計量結果不能涵蓋人力資源價值的全部，應該針對不同的人力資源管理活動的特點選用不同的計量方法。

本章小結

人力資源管理會計是從管理會計角度研究人力資源會計問題而產生的一個新領域，是利用現有的人力資源會計理論，對企業人力資源進行預測、決策、規劃、控製、考核、評價和報告，為管理和決策提供人力資源方面的會計信息，以滿足企業經營管理的需要，最大限度地提高企業人力資源價值的一個信息系統。人力資源管理會計的產生是經濟理論進一步發展的結果、是企業進一步發展的要求、是維護會計核算基本原則的要求、是財務信息使用者的需要、是滿足企業管理者及其他相關機構對人力資源

信息的要求的需要、是企業履行社會責任的需要。一般包括計劃、評價、控制、分析和報告職能。作為一門學科，人力資源管理會計具備人力資源預測會計、人力資源決策會計、人力資源全面預算、人力資源責任會計和人力資源會計信息披露等幾部分內容。人力資源管理會計成本的計量方法有歷史成本法、重置成本法、機會成本法。對人力資源管理會計收益的計量採用了價值法。人力資源價值是人力資源所具有的經濟價值，主要有貨幣計量和非貨幣計量兩方面。

關鍵術語

人力資源管理會計；預測；決策；規劃；控制；考核；評價；報告

綜合練習

一、單項選擇題

1. 下列項目中，（　　）職能是根據人力資源供給和需求預測、生產發展規劃等信息，對人力資源投資進行效益分析和評價。
   A. 控制職能　　　　　　　　B. 計劃職能
   C. 分析職能　　　　　　　　D. 評價職能

2. 中國的人力資源管理會計研究始於（　　）。
   A. 20世紀60年代初期　　　　B. 20世紀70年代初期
   C. 20世紀80年代初期　　　　D. 20世紀90年代初期

3. 下列項目中，（　　）是決策的基礎，為決策提供科學依據。
   A. 控制　　　　　　　　　　B. 預測
   C. 實施　　　　　　　　　　D. 計劃

4. 人力資源投資計入當期費用，違背了（　　）原則。
   A. 收入費用配比原則　　　　B. 權責發生制原則
   C. 謹慎性原則　　　　　　　D. 實質重於形式原則

5. 人力資源需求預測包括（　　）和定量預測方法兩大類。
   A. 定性預測　　　　　　　　B. 趨勢預測
   C. 目標預測　　　　　　　　D. 供給預測

6. 因果分析法屬於（　　）法。
   A. 定性分析　　　　　　　　B. 定量分析
   C. 趨勢分析　　　　　　　　D. 統計分析

7. （　　）就是通過對企業內現有人力資源的考察、分析、調整、測算出未來某一時期內企業內部人力資源的供給狀況。
   A. 人力資源需求預測　　　　B. 人力資源內部供給預測
   C. 人力資源外部供給預測　　D. 人力資源決策

8. 科學的人力資源決策首先要（　　）。
    A. 確定決策目標　　　　　　　　B. 提出各項備選方案
    C. 尋求可能途徑和方法　　　　　D. 規劃藍圖
9. 責任會計是（　　）與會計管理向企業縱深方向發展而出現的一種服務於企業內部的會計制度，它要求企業內部以可控責任為目標劃分責任中心，以各個責任中心作為會計主體進行成本控製和業績考核。
    A. 會計核算　　　　　　　　　　B. 會計監督
    C. 會計預算　　　　　　　　　　D. 會計決策
10. 人力資源的維持成本和治理成本在其發生時應該（　　）。
    A. 放入製造成本和期間費用處理　B. 直接放入生產成本
    C. 不做處理　　　　　　　　　　D. 放入待攤費用處理
11. 對人力資源管理會計收益的計量採用了（　　）。
    A. 分析法　　　　　　　　　　　B. 價值法
    C. 估值法　　　　　　　　　　　D. 測量法
12. 以在當前物價水平條件下重新錄用達到現有水平的全體員工所需的全部支出作為企業人力資源的價值屬於人力資源管理會計成本中的（　　）。
    A. 歷史成本法　　　　　　　　　B. 重置成本法
    C. 機會成本法　　　　　　　　　D. 公允價值法
13. 人力資源價值是人力資源所具有的經濟價值，主要有（　　）和非貨幣計量兩方面。
    A. 貨幣計量　　　　　　　　　　B. 實物計量
    C. 外幣計量　　　　　　　　　　D. 本位幣計量

二、多項選擇題

1. 人力資源管理會計的職能包括（　　）。
    A. 計劃　　　　　　　　　　　　B. 評價
    C. 控製及報告　　　　　　　　　D. 監督
2. 人力資源管理會計的質量特徵有以下（　　）獨特原則。
    A. 群眾性原則　　　　　　　　　B. 激勵性原則
    C. 與企業價值一致性原則　　　　D. 適用性原則
3. 在企業內部開展人力資源會計的計算，有利於管理者（　　）。
    A. 更全面地把握企業的真實財務狀況
    B. 更全面地把握企業的真實經營成果
    C. 能夠為企業的決策者提供信息
    D. 更全面地把握企業的發展方向
4. 人力資源的預測可分為（　　）。
    A. 供給預測　　　　　　　　　　B. 目標預測
    C. 需求預測　　　　　　　　　　D. 市場預測

5. 人力資源需求預測是指以（　　）為出發點，運用各種科學方法並綜合考慮各種因素的影響，對企業未來人力資源的需求數量、質量和時間等進行的預計和推測。
　　A. 企業戰略目標　　　　　　　B. 發展計劃
　　C. 工作任務　　　　　　　　　D. 員工技能
6. 定量分析法主要包括（　　）。
　　A. 趨勢分析法　　　　　　　　B. 因果分析法
　　C. 迴歸分析法　　　　　　　　D. 轉換比率分析法
7. 人力資源供給預測包括企業（　　）兩部分。
　　A. 內部供給預測　　　　　　　B. 內部需求預測
　　C. 外部供給預測　　　　　　　D. 外部需求預測
8. 人力資源內部供給預測可以採用（　　）方法。
　　A. 人員核查法　　　　　　　　B. 人力接續計劃法
　　C. 轉換比率法　　　　　　　　D. 轉換矩陣法
9. 人力資源決策分析的內容包括（　　）。
　　A. 取得決策　　　　　　　　　B. 開發決策
　　C. 替代決策　　　　　　　　　D. 激勵決策
10. 人力資源決策分析可以採取（　　）方法
　　A. 差量分析法　　　　　　　　B. 投資回收期法
　　C. 淨現值分析法　　　　　　　D. 期望理論
11. 在進行人力資源取得決策時，要（　　）。
　　A. 確定人力資源的來源和取得方式
　　B. 確定決策目標
　　C. 根據人力資源需求和供給預測，提出可能的取得方案。
　　D. 對每一個方案的預期收益和支出進行估計
12. 企業內部各個部門按照責任對象的特點和責任範圍的大小，通常可以劃分為（　　）。
　　A. 費用中心　　　　　　　　　B. 利潤中心
　　C. 投資中心　　　　　　　　　D. 績效中心

三、判斷題

1. 人力資本理論的創始人是美國著名的經濟學家舒爾茨。　　　　（　　）
2. 將人力資源投資計入當期費用，違背了收付實現制的原則。　　（　　）
3. 計劃是對企業未來經濟活動的規劃，它以預測、決策為基礎，以數字、文字、圖表等形式將人力資源管理會計目標落實下來，以協調各單位的工作，控制各單位的經濟活動，考核各單位的工作業績。　　　　　　　　　　　　　　　　（　　）
4. 對於人力資源管理會計來說，它不是管理會計的一個子系統。　（　　）
5. 人力資源會計是一種信息管理系統。　　　　　　　　　　　　（　　）
6. 定性預測方法主要應用數學方法，對與預測對象有關的各種經濟信息進行科學

的加工處理，建立相應的數學模型，充分揭示有關變量和人力資源需求之間的規律性聯繫並做出預測結論的分析方法。（　）

7. 人力資源需求預測無論選擇何種分析方法都能獲得完全準確的預測結果。（　）

8. 轉換矩陣法也稱為馬爾科夫法，其實質上是轉換概率矩陣。（　）

9. 人力資源的取得是人力資源管理活動的起點和關鍵，目的在於選擇最有利於企業發展的人員。（　）

10. 傳統的全面預算包括銷售預算、生產預算、現金預算和各種預計財務報表，人力資源的預算。（　）

11. 全面預算是以貨幣等形式展示的、未來某一期間內企業全部經營活動的各項目標及其資源配置的定量說明。（　）

12. 由於人力資源會計尚未形成統一的核算準則和信息披露原則，因此管理會計人員採用非正式形式披露企業人力資源的相關信息更具有靈活性和實用性。（　）

13. 人力資源管理會計必須列為企業的資產，作為企業資產的重要組成部分，單獨列帳進行登記，但不用在有關報表中加以反應。（　）

14. 年齡大小不屬於人力資源基本情況表的質量方面。（　）

15. 人力資源的取得成本和開發成本應當確認為人力資產。（　）

四、思考題

1. 為什麼要建立人力資源管理會計？
2. 人力資源需求的預測應遵循哪些程序？
3. 企業應披露的人力資源會計相關信息包括哪四個方面？

第十章　戰略管理會計

【知識目標】
- 瞭解企業戰略管理會計的定義、特徵、目標和原則
- 理解戰略管理會計的主要方法
- 理解和掌握戰略管理會計的應用體系

【能力目標】
- 理解戰略管理會計主要方法的應用環境
- 熟悉企業價值鏈分析和作業成本管理的核心內容和應用程序
- 掌握平衡計分卡和經濟增加值的核心內容和應用程序

第一節　戰略管理會計概述

一、戰略管理會計的概念

(一) 企業戰略和戰略管理的內涵

1. 企業戰略的內涵

「戰略」原為軍事用語。顧名思義，戰略就是作戰的謀略。《辭海》中對「戰略」一詞的定義是：「指導戰爭全局的方略，泛指工作中帶全局性的指導方針。」將戰略思想運用於企業經營管理之中，便產生了企業戰略這一概念。目前尚無一個大家一致公允的企業戰略定義，定義眾多。

安德魯斯（K. Andrews）：美國哈佛商學院教授安德魯斯的戰略定義是，通過一種模式把企業的目的、方針、政策和經營活動有機地結合起來，使企業形成自己的特殊戰略屬性和競爭優勢，將不確定的環境具體化，以便較容易地著手解決這些問題。

魁因（J. B. Quinn）：美國達梯萊斯學院管理學教授魁因的戰略定義是，通過一種模式或計劃將一個組織的主要目的、政策與活動按照一定的順序結合成一個緊密的整體。企業組織運用戰略根據自身的優勢和劣勢、環境中的預期變化，以及競爭對手可能採取的行動而合理地配置自己的資源。

安索夫（H. I. Ansoff）：美國著名的戰略學家安索夫的戰略定義是，企業通過分析自身的「共同的經營主線」把握企業的經營方向，同時企業正確地運用這條主線，恰當地指導自己的內部管理。

亨利‧明茨伯格（H. Mintzberg）：加拿大麥吉爾大學管理學教授亨利‧明茨伯格借鑑市場營銷學中的產品、價格、地點、促銷四要素，認為戰略至少應有五種定義：①戰略是一種計劃。即戰略是一種有意識的、有預謀的行動，一種處理某種局勢的方針，具有事前制定和有意識有目的地制定兩個本質屬性。②戰略是一種計策。指在特定的環境下，企業把戰略作為威懾和戰勝競爭對手的一種手段或計策。③戰略是一種模式。即戰略反應企業的一系列行動。③戰略是一種定位。即一個組織在自身環境中所處的位置。⑤戰略是一種觀念。戰略體現組織中人們對客觀世界固有的認識方式。

通過以上分析，亨利‧明茨伯格的企業戰略五種定義是相輔相成的，不是相互矛盾的。這說明了企業戰略應包括戰略背景、戰略內容和戰略過程三個方面。戰略背景是指企業所處的環境狀況；戰略內容是指「企業做什麼」，是作為企業在市場上所處地位的戰略；戰略過程是指戰略內容決定產生的方式，即「企業怎樣決定做什麼」，說明戰略作為企業內部的決策和控制方法。因此，本書可以綜合地對企業戰略做以下定義：企業戰略是指企業根據自身所處的環境狀況，運用一定計策或手段，對自身的目標進行定位，以及為實現該目標所採取的一系列的一致性行動。

2. 企業戰略管理的內涵

關於企業戰略管理的含義，國外管理學界形成了10個流派：①設計學派：將戰略形成看成一個概念作用的過程；②計劃學派：將戰略形成看成一個正式的過程；③定位學派：將戰略形成看成一個分析的過程；④企業家學派：將戰略形成看成一個預測的過程；⑤認識學派：將戰略形成看成一個心理的過程；⑥學習學派：將戰略形成看成一個應急的過程；⑦權力學派：將戰略形成看成一個協商的過程；⑧文化學派：將戰略形成看成一個集體思維的過程；⑨環境學派：將戰略形成看成一個反應的過程；⑩結構學派：將戰略形成看成一個變革的過程。

其中①②③為說明型學派，④⑤⑥⑦⑧⑨為實際制定與執行過程型學派，⑩為綜合型學派。上述10個流派雖然探討的是同一事物和過程，但由於學派根基、預期要點、戰略內容和戰略過程、戰略應用環境等方面的差異，導致看問題的視角不同，因而對戰略形成的見解和揭示也就存在著差異。

如果從廣義和狹義的兩個方面對企業戰略管理的內涵進行界定。廣義的企業戰略管理是指運用戰略管理思想對整個企業進行管理；狹義的企業戰略管理是指對企業戰略的選擇和實施和評價進行管理。大部分書籍所研究的戰略管理，通常是指一般意義上的狹義戰略管理，本書也是如此。戰略管理包括戰略選擇、戰略實施和戰略評價三個主要元素。

（二）戰略管理會計的產生

戰略管理思想產生後，管理會計學家們將這種思想引入到了管理會計研究之中，由此產生了戰略管理會計理論。西蒙茲教授將戰略管理會計定義為「收集跟分析企業及其競爭者管理會計數據」。從這個定義可以看出，戰略管理會計與傳統管理會計最大的區別在於它不再只是關注企業自身的問題，而是將視野擴展到企業與競爭者之間的相互對比，收集競爭者信息的同時，對比發現自身需要改進的地方。

(三) 戰略管理會計的內涵

戰略管理會計是以取得企業長期競爭優勢為主要目標，以戰略管理觀念審視企業外部和內部信息，強調財務與非財務信息、並重數量與非數量信息，為企業戰略戰術的制定、執行和考評，提供全面、相關和多元化信息而形成的管理會計與戰略管理融為一體的一門學科。戰略管理會計是傳統管理會計在新的市場環境和企業管理環境下的發展，是管理會計與戰略管理相結合的產物，是戰略管理的管理會計。它的出現使會計從服務於企業內部管理擴展到內部、外部的全方位管理，進一步發揮了會計在企業管理中的能動作用。但是戰略管理會計並沒有改變管理會計的性質和職能，而只是其觀念和方法的更新、拓展。

(四) 戰略管理會計的外延

首先，這是由戰略管理會計的內涵決定的。戰略管理會計的核心意義在於運用一系列的識別工具尋找顧客真正需要的價值所在，進而改進企業自身發展戰略。因此，企業在運用戰略管理會計理論時，最重要的一個環節就是發現顧客真正的需求，顧客的需求也就是顧客真正需要的價值。由此，當戰略管理會計的外延拓展到顧客價值時，我們發現原來這正是企業苦心想要解決的問題的癥結所在，這樣我們就真正把基於傳統管理會計發展而來的戰略管理會計與營銷學中的顧客價值理論結合在一起了。

其次，戰略管理會計可以用於分析競爭者、金融環境、市場環境等，做如此多準備工作的目的都是希望不斷的優化企業自身，使企業不斷提供符合顧客價值需要的產品和服務，因此戰略管理會計的觸角自然就延伸到了研究和分析顧客偏好和價值需求問題上來。

戰略管理會計包含的內容十分豐富，它主要用於分析競爭者、市場環境、供應商和顧客等利益相關者，所有的分析都圍繞著一個核心概念，這就是價值。企業希望自己提供的產品價值優於競爭對手，希望以更低的價格從供應商那裡獲得更有價值的原材料供應，希望提供給顧客更多的價值。這些都是戰略管理會計的重要內容。

二、戰略管理會計的特徵

戰略管理會計的發展並沒有改變管理會計的性質及職能，但其觀念和方法得以更新。這些新的觀念和方法使戰略管理會計具有不同於傳統管理會計的基本特徵。

(一) 戰略管理會計著眼於長遠目標、注重整體性和全局利益

現代管理會計以單個企業為服務對象，著眼於有限的會計期間，在「利潤最大化」的目標驅使下，追求企業當前的利益最大化。它注重的是單個企業價值最大和短期利益最優。

戰略管理會計適應形勢的要求，超越了單一會計期間的界限，著重從多種競爭地位的變化中把握企業未來的發展方向，並且以最終利益目標作為企業戰略成敗的標準，而不在於某一個期間的利潤達到最大。它的信息分析完全基於整體利益，有時更為了顧全大局而支持棄車保帥的決策。戰略管理會計放眼長期經濟利益，在會計主體和會

計目標方面進行大膽的開拓，將管理會計帶入了一個新境界。戰略管理是制定、實施和評估跨部門決策的循環過程，要從整體上把握其過程，既要合理制定戰略目標，又要求企業管理的各個環節密切合作，以保證目標實現。相應地，戰略管理會計應從整體上分析和評價企業的戰略管理活動。

（二）戰略管理會計重視企業和市場的關係，具有開放系統的特徵

傳統的管理會計主要針對企業內部環境，如提供的決策分析信息主要依據企業內部生產經營條件、業績評價主要考慮本身的業績水平等，因此構成了一個封閉的內部系統。而戰略管理會計要考慮到市場的顧客需求及競爭者實力，正宗市場觀念一方面表現為管理會計信息收集與加工涉及面的擴大及控製角度的擴展，市場觀念使管理會計的視角由企業內部轉向企業外部；另一方面，戰略管理會計倡導的市場觀念的核心是以變應變，在確定的戰略目標要求下，企業的經營和管理要適應動態市場的需要及時調整。這種「權變」管理的思想對管理會計的方法體系同樣產生了深遠的影響，它要求戰略管理會計在變動的外部環境下進行各項決策分析。

（三）戰略管理會計重視企業組織及其發展，具有動態系統特徵

企業戰略目標的確定是和特定的內外部環境相適應的，在環境發生變化時還要做出調整，所以戰略管理是一種動態管理。處於不同發展階段的企業，必然要採取不同的企業組織方式和不同的戰略方針，並且要根據市場環境及企業本身實力的變化做出調整。例如，比較處於發展期和處於成熟期的企業，前者可能注重營銷戰略、以迅速佔領擴大中的市場，企業組織相應較為簡單，內部控製較為鬆散；而後者一般規模較大，組織結構複雜，面對的是成熟的市場，因此必須通過加強內部控製來降低成本、增強競爭優勢，同時注重新產品的開發。這種和企業組織發展階段相對應的戰略定位又必然隨著企業由發展期向成熟期過渡而做出調整。

（四）戰略管理會計拓展了管理會計人員的職能範圍和素質要求

在傳統管理會計下，由於信息範圍狹小，數據處理方法有限，使管理會計人員難以從戰略的高度提出決策建議，只能是計算財務指標、傳遞財務數據，跳不出單個企業財務分析的範圍。

在戰略管理會計下，管理會計人員不止於財務信息的提供，而是要求他們能夠運用多種方法，對包括財務信息在內的各種信息進行綜合分析與評價，向管理層提供全部信息的分析結論和決策建議。在戰略管理會計中，管理會計人員將以提供具有遠見的管理諮詢服務為其基本職能。隨著職能的發展，管理會計人員就總體素質而言，不僅應熟悉本企業所在行業的特徵，而且更要通曉經濟領域其他各個方面，具有戰略眼光的頭腦、開闊的思路以及準確的判斷力，善於抓住機遇，從整體發展的戰略高度認識和處理問題，是一種具有高智能、高創造力的人才。

三、戰略管理會計的目標

戰略管理會計的目標，又可以分為基本目標和具體目標兩個層次。

(一) 長期、持續地提高整體經濟效益是戰略管理會計的基本目標

戰略管理會計目標是在戰略管理會計網絡體系中，起主導作用的目標。它是引導戰略管理會計行為的航標，是戰略管理會計系統運行的動力和行為標準。戰略管理會計的基本目標是長期持續提高企業整體經濟效益，從概念和性質上它與會計基本目標相一致，從內容上又有別於會計基本目標。它從自身體系的角度提出了更具體、更符合自身發展要求的基本目標，這使它從本質上有別於財務會計、管理會計、社會責任會計等分支體系。戰略管理會計基本目標的定義，就決定了戰略管理會計研究的方向、研究內容，並在此基礎上奠定了戰略管理會計的行為準則。根據這個基本目標，戰略管理會計的宗旨就是要為企業獲得長期、持續的整體經濟效益服務。

(二) 提供內外部綜合信息是戰略管理會計的具體目標

具體目標是在其基本目標的制約下，體現會計本質屬性的目標。會計具體目標具有如下特徵：①直接有用性。它是會計管理最直接的目標。②可測性。它是指作為具體目標的經濟和社會信息必須在量上能測度，能夠用一定的會計方法加工、製造出來。③相容性。會計的具體目標應該與基本目標密切相關，具體目標是基本目標的具體體現，它受制於基本目標，它是基本目標得以實現的基礎。④可傳輸性。會計是為內部和外部決策服務的，它必須用一定的形式，通過一定的途徑傳輸給服務對象。

綜合戰略管理會計的基本目標和會計具體目標的特徵，戰略管理會計的具體目標可以概述如下：①通過統計、會計方法，收集、整理、分析涉及企業經營的內外部環境數據、資料；②提供盡可能多的有效的內外部信息幫助企業做好戰略決策工作。戰略管理的會計基本目標和具體目標二者之間的關係是相輔相成的。基本目標對具體目標起著指導與制約作用，具體目標服從於基本目標；具體目標體現了戰略管理會計具體的職能作用。

四、戰略管理會計的原則

戰略管理會計的原則可以概括為戰略原則，具體又分為基本原則和一般原則。

(一) 基本原則

戰略管理會計的基本原則貫穿於戰略管理會計的始終，具體包括：

(1) 全局性原則。一是每個責任中心的目標、決策、計劃，既要實現本責任中心的效益，也要協調與相關責任中心有關指標的關係，更要與企業總體目標一致。二是當前利益要服從於長遠利益。

(2) 外向性原則。不僅考察企業自身的信息，而且注重考察企業外部的相關信息，特別是市場信息、競爭對手的有關信息等。

(3) 信息的成本效益原則。根據信息成本和信息收益的比較結果來確定是否要加工輸出信息。因為任何成本大於收益的行為都是不可取的。

(4) 相關性原則。注重提供與企業戰略目標密切相關的非財務指標，以及提供超出本企業範圍、聯繫競爭者對本企業的競爭優勢產生影響等的信息。

（5）及時性原則。根據企業內外部環境的變化，及時加工和傳輸各種與企業管理相關的信息。時間就是金錢，在知識經濟時代表現得尤其突出。

（二）一般原則

（1）規劃與決策會計所遵循的一般原則，即目標管理原則、價值實現原則、合理使用資源原則。

（2）控制與業績評價會計所遵循的一般原則，即權責利相結合原則、例外管理原則、反饋性原則等。

五、戰略管理會計的基本內容

戰略管理會計是戰略管理的管理會計，其內容與其目標密切相關。由於戰略管理會計注重企業未來的發展，因此，戰略管理會計的內容不能局限於企業內部，還要研究企業的外部環境；同時，戰略管理會計的內容不能局限於企業的價值信息，也要考慮一些非價值方面的信息對企業戰略管理產生的影響。基於此，戰略管理會計的內容是對企業戰略決策和戰略實施有重要影響的各種信息資源，即戰略管理會計不僅要對企業內部經營環境進行研究，還要考慮外部市場及其競爭對手的情況。

戰略管理會計的研究內容應按照戰略管理循環，劃分為戰略選擇階段的戰略管理會計、戰略實施階段的戰略管理會計和戰略評價階段的戰略管理會計。

企業戰略選擇階段是企業確定經營宗旨和經營目標，分析內、外部環境及本企業的業務組合，並選擇具體戰略的階段，在這一階段應結合企業內外部的各種財務和非財務數據，對企業目前狀況進行詳細的分析，選擇相應的戰略，以保持企業的競爭力；戰略實施階段是戰略方案轉化為企業戰略性績效的重要過程，這一階段的任務就是根據企業已經選定的戰略，實施選定的戰略並進行控制，以確保戰略目標的實現；戰略的評價階段是戰略管理中的一個重要環節，在這一階段，企業可以運用科學的戰略業績評價系統對其戰略實施效果進行評價，及時發現戰略的實際執行情況與戰略目標的差異，一併採取有效措施，保證戰略目標的實現。

第二節　戰略管理會計的主要方法

戰略管理會計的方法有很多，本書在此僅簡單介紹戰略定位分析、價值鏈分析、成本動因分析、競爭對手分析、作業成本管理、產品生命週期分析、平衡計分卡、經濟增加值八種主要方法。

一、戰略定位分析

（一）戰略定位的定義

戰略定位就是將企業的產品、形象、品牌等在預期消費者的頭腦中佔據有利的位置，它是一種有利於企業發展的選擇，也就是說它指的是企業如何吸引人。對企業而

言，戰略是指導或決定企業發展全局的策略。它需要回答以下四個問題：①企業從事什麼業務；②企業如何創造價值；③企業的競爭對手是誰；④哪些客戶對企業是至關重要的，哪些是必須要放棄的。

企業戰略定位的核心理念是遵循差異化。差異化的戰略定位，不但決定著能否使你的產品和服務同競爭者的區別開來，而且決定著企業能否成功進入市場並立足市場。著名的戰略管理學專家邁克爾·波特早在其多年前的名著《競爭戰略》中就指出了差異化戰略是競爭制勝的法寶，他提出的三大戰略——成本領先、差異化、專注化都可以歸結到差異化上來。差異化就是如何能夠做到與眾不同，並且以這種方式提供獨特的價值。這種競爭方式為顧客提供了更多的選擇，為市場提供了更多的創新。

(二) 戰略定位分析的核心內容

1. 企業內外環境的分析

企業的內外環境在一定的意義上對企業的經營起著決定作用，所以，在成本戰略規劃子系統構建之前，必須對企業所處的環境做較為詳細的瞭解。企業的外部環境通常包括政治、法律、經濟、技術、社會、文化等宏觀環境和規模、吸引力、細分市場、競爭者、替代品、潛在進入者、顧客、供應商等行業環境；企業的內部環境包括戰略、生產、財務、營銷、人力資源、組織、信譽等。企業管理當局通過選擇 PEST 分析法、腳本法和 SWOT 分析法等工具對企業的內外部環境進行分析，主要從成本方面找出企業的威脅、機會、優勢和劣勢，為成本戰略規劃子系統構建提供支持。

2. 行業層面的戰略定位

通過對企業內外部環境的分析，特別是對企業的宏觀環境和行業環境的分析，從行業層面對戰略進行選擇。在選擇時，採用價值鏈、成本動因、行業生命週期等分析工具，進行行業的選擇。通過對行業所處的生命週期階段的分析，以及現有和潛在的競爭對手、客戶、供應商、替代品、價值鏈和成本動因的分析，可以瞭解自身在行業中的成本優勢，以決定自己是否進入或固守或退出某個行業，以及根據總體競爭戰略（發展型的競爭戰略、穩定型的競爭戰略和緊縮型的競爭戰略）採用什麼樣的行業競爭戰略，在行業層面為戰略定位提供支持。

3. 市場層面的戰略定位

在確定了自身應該進入或固守的行業以後，通過對企業產品所處的市場環境和自身能力的分析，對市場層面的戰略進行選擇，即對企業將要生產的產品進行市場定位。只有對產品進行正確的定位，才能正確地制定出產品的市場競爭戰略。在選擇時，採用 BCG 矩陣分析法、GE 矩陣分析法和產品壽命週期分析法等工具對某個產品進行市場定位，比如：用 BCG 法可以分析出產品屬於明星產品或問題產品或金牛產品或瘦狗產品；用 GE 法或產品壽命週期分析法可以分析出產品在市場上的地位，在市場層面為戰略定位提供支持。

4. 產品層面的戰略定位

任何企業都是「在一個特定產業內的各種活動的組合」，是「用來進行設計、生

產、營銷、交貨以及對產品起輔助作用的各種活動的組合」①。所以，在行業和市場定位以後，通過對企業產品所處的市場環境、產品的生命週期以及自身能力的分析，對產品層面的戰略進行選擇，即對某種產品的具體競爭戰略進行抉擇。進而從生產的角度對生產作業系統進行戰略決策，即制定生產作業系統的目標、產品決策、生產作業戰略方案的確定以及產品的設計。從產品生產的層面看，這些決策是產品的決策和設計；從成本的層面看，這些決策是對產品成本的決策和設計。在設計時：①採用價值鏈和成本動因分析法對企業自身和競爭對手進行分析；②採用成本企劃和作業成本管理確定產品的目標成本；③採用預算管理和責任成本管理對成本進行有效控製。在產品層面為戰略定位提供支持。

二、價值鏈分析

（一）價值鏈分析的定義

價值鏈分析法是由美國哈佛商學院教授邁克爾·波特提出來的，是一種尋求確定企業競爭優勢的工具。企業有許多資源、能力和競爭優勢，如果把企業作為一個整體來考慮，又無法識別這些競爭優勢，這就必須把企業活動進行分解，通過考慮這些單個的活動本身及其相互之間的關係來確定企業的競爭優勢。價值鏈分析具有以下特點：

（1）價值鏈分析的基礎是價值，其重點是價值活動分析。各種價值活動構成價值鏈。價值是買方願意為企業提供給他們的產品所支付的價格，也代表著顧客需求滿足的實現。價值活動是企業所從事的物質上和技術上的界限分明的各項活動。它們是企業製造對買方有價值的產品的基石。

（2）價值活動可以分為基本活動和輔助活動兩種。基本活動是涉及產品的物質創造及其銷售、轉移給買方和售後服務的各種活動；輔助活動是輔助基本活動並通過提供外購投入、技術、人力資源以及各種公司範圍的職能以相互支持。

（3）價值鏈列示了總價值。價值鏈除包括價值活動外，還包括利潤，利潤是總價值與從事各種價值活動的總成本之差。

（4）價值鏈的整體性。企業的價值鏈體現在更廣泛的價值系統中。供應商擁有創造和交付企業價值鏈所使用的外購輸入的價值鏈（上游價值），許多產品通過渠道價值鏈（渠道價值）到達買方手中，企業產品最終成為買方價值鏈的一部分，這些價值鏈都在影響企業的價值鏈。因此，獲取並保持競爭優勢不僅要理解企業自身的價值鏈，而且也要理解企業價值鏈所處的價值系統。

（5）價值鏈的異質性。不同的產業具有不同的價值鏈。在同一產業，不同的企業的價值鏈也不同。這反應了他們各自的歷史、戰略以及實施戰略的途徑等方面的不同，同時也代表著企業競爭優勢的一種潛在來源。

（二）價值鏈分析的核心內容

（1）把整個價值鏈分解為與戰略相關的作業、成本、收入和資產，並把它們分配

---

① 邁克爾·波特. 競爭戰略 [M]. 陳小悅, 譯. 北京：華夏出版社, 1997：36.

到「有價值的作業」中。

（2）確定引起價值變動的各項作業，並根據這些作業，分析形成作業成本及其差異的原因。

（3）分析整個價值鏈中各節點企業之間的關係，確定核心企業與顧客和供應商之間作業的相關性。

（4）利用分析結果，重新組合或改進價值鏈，以更好地控制成本動因，產生可持續的競爭優勢，使價值鏈中各節點企業在激烈的市場競爭中獲得優勢。

三、成本動因分析

(一) 成本動因的定義

成本動因是指引起成本發生的原因，是作業成本法的前提。多個成本動因結合起來便決定一項既定活動的成本。企業的特點不同，具有戰略地位的成本動因也不同。因此，識別每項價值活動的成本動因，明確每種價值活動的成本地位形成和變化的原因，為改善價值活動和強化成本控制提供有效途徑。20世紀80年代中後期以來，由美國著名會計學教授卡普蘭等所倡導的作業成本計算法，在美國、加拿大的許多先進製造企業成功應用，結果發現這一方法不僅解決了成本扭曲問題，它提供的相關信息也為企業進行成本分析與控制奠定了很好的基礎。雖然，成本動因是作業成本計算法的核心概念，但並不專屬於作業成本計算法模式。因為從戰略成本管理的高度來看，成本動因不僅包括這一模式下圍繞企業的作業概念展開的、微觀層次上的執行性成本動因，而且包括決定企業整體成本定位的結構性成本動因。分析這兩個層次的成本動因，有助於企業全面地把握其成本動態，並發掘有效路徑來獲取成本優勢。

(二) 成本動因分析的核心內容

1. 執行性成本動因分析

執行性成本動因分析包括對每項生產經營活動所進行的作業動因和資源動因分析。作業動因是指作業貢獻於最終產品的方式與原因，如購貨作業動因是發送購貨單數量。可通過分析作業動因與最終產出的聯繫，來判斷作業的增值性：為生產最終產品所需的且不可替代的作業或為最終產品提供獨特價值的作業為增值作業；反之，則為非增值作業。一般企業的購貨加工、裝配等均為增值作業，而大部分的倉儲、搬運、檢驗，以及供、產、銷環節的等待與延誤等，由於並未增加產出價值，為非增值作業，應減少直至消除，以使產品成本在保證產出價值的前提下得以降低。資源動因是指資源被各作業消耗的方式和原因，它是把資源成本分配到作業的基本依據。如購貨作業的資源動因是從事這一活動的職工人數。對資源動因的分析，有利於反應和改進作業效率。在確定作業效率高低時，可將本企業的作業與同行業類似作業進行比較；然後通過資源動因的分析與控制，尋求提高作業效率的有效途徑，尤其應注意分析與控制在總成本中佔有重大比例或比例正在逐步增長的價值活動的資源動因。如可以通過減少作業人數、降低作業時間、提高設備利用率等措施來減少資源消耗，提高作業效率，降低產品成本。

2. 結構性成本動因分析

結構性成本動因分析，當我們將視角從企業的各項具體活動轉向企業整體時，就會發現大部分企業成本在其具體生產經營活動展開之前就已被確定，這部分成本的影響因素即稱為結構性成本動因。波特認為，影響企業價值活動的 10 種結構性成本驅動因素分別是：規模經濟、學習、生產能力利用模式、聯繫、相互關係、整合、時機選擇、自主政策、地理位置和機構因素。結構性成本動因從深層次上來影響企業的成本地位，如產業政策、規模是否適度、廠址的選擇、關於市場定位、工藝技術與產品組合的決策等，將會長久地決定其成本地位。為了創建長期成本優勢，應比競爭對手更有效地控製這類成本動因。如美國西南航空公司為了應對激烈的競爭，將其服務定位在特定航線而非全面航線的短途飛行，避免從事大型機場業務，採取取消用餐、訂座等特殊服務，以及設立自動售票系統等措施來降低成本。結果其每日發出的眾多航班與低廉的價格吸引了眾多的短程旅行者，成本領先優勢得以建立。

四、競爭對手分析

(一) 競爭對手的界定

任何一個企業都難以有足夠的資源和能力，也沒有必要與行業內企業全面為敵、四面出擊，它必須處理好主要的競爭關係，即與直接競爭對手的關係。直接競爭對手是指那些向相同的顧客銷售基本相同的產品或提供基本相同的服務的競爭者。競爭的激烈程度是指為了謀求競爭優勢各方採取的競爭手段的激烈程度。與市場細分相類似，行業也可以細分為不同的戰略群組。戰略群組（也稱戰略集團）就是一個行業中沿著相同的戰略方向，採用相同或相似的戰略的企業群。只有處於同一戰略群組的企業才是真正的競爭對手。因為他們通常採用相同或相似的技術、生產相同或相似的產品，提供相同或相似的服務，採用相互競爭性的定價方法，因而其間的競爭要比與戰略群組外的企業的競爭更直接、更激烈。

(二) 競爭對手分析的核心內容

在確立了重要的競爭對手以後，就需要對每一個競爭對手做出盡可能深入、詳細的分析，揭示出每個競爭對手的長遠目標、基本假設、現行戰略和能力，並判斷其行動的基本輪廓，特別是競爭對手對行業變化，以及當受到競爭對手威脅時可能做出的反應。

1. 競爭對手的長遠目標

對競爭對手長遠目標的分析可以預測競爭對手對目前的位置是否滿意，由此判斷競爭對手會如何改變戰略，以及他對外部事件會採取什麼樣的反應。

2. 競爭對手的戰略假設

每個企業所確立的戰略目標，其根本是基於他們的假設之上的。這些假設可以分為三類：①競爭對手所信奉的理論假設；②競爭對手對自己企業的假設；③競爭對手對行業及行業內其他企業的假設。實際上，對戰略假設，無論是對競爭對手，還是對自己，都要仔細檢驗，這可以幫助管理者識別對所處環境的偏見和盲點。可怕的是，

許多假設是尚未清楚意識到或根本沒有意識到的，甚至是錯誤的；也有的假設過去正確，但由於經營環境的變化而變得不那麼正確了，但企業仍在沿用過去的假設。

3. 競爭對手的戰略途徑與方法

戰略途徑與方法是具體的多方面的，應從企業的營銷戰略、產品策略、價格戰略等各個方面去分析。

4. 競爭對手的戰略能力

目標也好，途徑也好，都要以能力為基礎。在分析研究了競爭對手的目標與途徑之后，還要深入研究競爭對手是否具有能力採用其他途徑實現其目標。這就涉及企業如何規劃自己的戰略以應對競爭。如果較之競爭對手本企業具有全面的競爭優勢，那麼則不必擔心在何時何地發生衝突。如果競爭對手具有全面的競爭優勢，那麼只有兩種辦法：或是不要觸怒競爭對手、甘心做一個跟隨者，或是避而遠之。如果不具有全面的競爭優勢，而是在某些方面、某些領域具有差別優勢，則可以在自己具有的差別優勢的方面或領域把文章做足，但要避免以己之短碰彼之長。

五、作業成本管理

（一）作業成本管理的定義

作業成本管理（Activity-Based Costing Management，ABCM）是指以提高客戶價值、增加企業利潤為目的，基於作業成本法的新型集中化管理方法。它通過對作業及作業成本的確認、計量，最終計算產品成本，同時將成本計算深入到作業層次，對企業所有作業活動追蹤並動態反應，進行成本鏈分析，包括動因分析、作業分析等，為企業決策提供準確信息；指導企業有效地執行必要的作業，消除和精簡不能創造價值的作業，從而達到降低成本，提高效率的目的。作業成本管理涉及的四大核算要素是：資源、作業、成本對象、成本動因。其中：資源、作業和成本對象是成本的承擔者，是可分配對象，在企業中資源、作業和成本對象往往具有比較複雜的關係；成本動因則是導致生產中成本發生變化的因素。只要能導致成本發生變化，就是成本動因。

（二）作業成本管理的核心內容

1. 分析累積顧客價值的最終商品的各項作業，建立作業中心

既然企業最終商品的顧客價值均由作業鏈創造，那麼 ABCM 的著眼點就應放在這條作業鏈上，對構成作業鏈的各項作業進行分析，確認主要作業和作業中心。一個作業中心即是生產程序的一部分，按照作業中心匯集和披露成本信息，便於管理當局控制作業、考評績效。

2. 歸類匯總企業相對有限的各種資源，並將資源合理分配給各項作業

企業的生產經營活動消耗作業，作業則消耗資源，而企業的資源總是有限的。因此，ABCM 強調要對企業的各種資源分類匯總，建立資源庫，根據需要科學合理地對各項作業進行資源配置，並對各項作業資源耗費所創造的顧客價值大小進行跟蹤的動態分析，盡可能降低必要作業的資源消耗，杜絕不必要作業的資源浪費。

3. 對生產經營的最終商品或勞務分類匯總，明確成本對象

成本對象的確定必須包括所有的最終商品或勞務，不能遺漏某種商品或勞務；否則，其他商品或勞務就會承擔過高的成本，從而造成成本信息的失真。但是，ABCM並不是直接以最終商品或勞務為成本管理的對象，而是將其相關的作業、作業中心、顧客和市場納入成本管理體系，這樣就抓住了資源向成本對象流動的關鍵。

4. 發掘成本動因，加強成本控製

發掘成本動因，就是擯棄傳統的狹隘的成本分析方式，代之以寬廣的與戰略相結合的方式進行成本動因分析，並以成本動因為標準，將各項成本聚集到終極商品或勞務。加強成本控製，主要強調兩個方面：①控製成本動因，只有瞭解了主要價值鏈活動的成本動因，才能真正控製成本；②通過改造和優化企業的主要作業鏈活動，如商品設計與研製開發、生產、營銷等，來取得成本競爭優勢。

5. 建立健全業績評價體系，加強成本管理的績效考評

實施ABCM，必須結合責任會計制度建立健全成本管理的績效評價體系，將作業中心的確立與責任中心的劃分銜接一致，明確經濟責任和權限範圍。通過使用合適的成本動因，保證成本指標和經營績效的真實性與可靠性，從而有助於管理當局從非財務的角度進行業績評價，進一步從理論上完善責任會計。

六、產品生命週期分析

(一) 產品生命週期的定義

產品生命週期（Product Life Cycle，PLC），是產品的市場壽命，即一種新產品從開始進入市場到被市場淘汰的整個過程。雷蒙德・弗農（Raymond Vernon）認為：產品生命是指市場的營銷生命，產品和人的生命一樣，要經歷形成、成長、成熟、衰退這樣的週期。就產品而言，也就是要經歷一個開發、引進、成長、成熟、衰退的階段。而這個週期在不同的技術水平的國家裡，發生的時間和過程是不一樣的，期間存在一個較大的差距和時差，正是這一時差，表現為不同國家在技術上的差距，它反應了同一產品在不同國家市場上的競爭地位的差異，從而決定了國際貿易和國際投資的變化。產品生命週期理論是美國哈佛大學教授雷蒙德・弗農1966年在其《產品週期中的國際投資與國際貿易》一文中首次提出的。

(二) 產品生命週期分析的內容

1. 引入期

引入期是指產品從設計投產直到投入市場進入測試階段。新產品投入市場，便進入了介紹期。此時產品品種少，顧客對產品還不瞭解，除少數追求新奇的顧客外，幾乎無人實際購買該產品。生產者為了擴大銷路，不得不投入大量的促銷費用，對產品進行宣傳推廣。該階段由於生產技術方面的限制，產品生產批量小，製造成本高，廣告費用大，產品銷售價格偏高，銷售量極為有限，企業通常不能獲利，反而可能虧損。

2. 成長期

成長期是當產品進入引入期，銷售取得成功之后，便進入了成長期。成長期是指

產品通過試銷效果良好，購買者逐漸接受該產品，產品在市場上站住腳並且打開了銷路。這是需求增長階段，需求量和銷售額迅速上升。生產成本大幅度下降，利潤迅速增長。與此同時，競爭者看到有利可圖，將紛紛進入市場參與競爭，使同類產品供給量增加，價格隨之下降，企業利潤增長速度逐步減慢，最後達到生命週期利潤的最高點。

3. 成熟期

成熟期是指產品走入大批量生產並穩定地進入市場銷售，經過成長期之後，隨著購買產品的人數增多，市場需求趨於飽和。此時，產品普及並日趨標準化，成本低而產量大。銷售增長速度緩慢直至轉而下降，由於競爭的加劇，導致同類產品生產企業之間不得不加大在產品質量、花色、規格、包裝服務等方面加大投入，在一定程度上增加了成本。

4. 衰退期

衰退期是指產品進入了淘汰階段。隨著科技的發展以及消費習慣的改變等原因，產品的銷售量和利潤持續下降，產品在市場上已經老化，不能適應市場需求，市場上已經有其他性能更好、價格更低的新產品，足以滿足消費者的需求。此時成本較高的企業就會由於無利可圖而陸續停止生產，該類產品的生命週期也就陸續結束，以至於最后完全撤出市場。

七、平衡計分卡

(一) 平衡計分卡的定義

平衡計分卡，源自哈佛大學教授 Robert Kaplan 與諾朗頓研究院的執行長 David Norton 於 20 世紀 90 年代所從事的未來組織績效衡量方法一種績效評價體系，是從財務、客戶、內部營運、學習與成長四個角度，將組織的戰略落實為可操作的衡量指標和目標值的一種新型績效管理體系。設計平衡計分卡的目的就是要建立「實現戰略指導」的績效管理系統，從而保證企業戰略得到有效的執行。因此，人們通常稱平衡計分卡是加強企業戰略執行力的最有效的戰略管理工具。

(二) 平衡計分卡的核心內容

平衡記分卡的設計包括四個方面：財務角度、顧客角度、內部經營流程、學習和成長。這幾個角度分別代表企業三個主要的利益相關者：股東、顧客、員工。每個角度的重要性取決於角度的本身和指標的選擇是否與公司戰略相一致。其中每一個方面，都有其核心內容：

1. 財務層面

財務業績指標可以顯示企業的戰略及其實施和執行是否對改善企業盈利做出貢獻。財務目標通常與獲利能力有關，其衡量指標有營業收入、資本報酬率、經濟增加值等，也可能是銷售額的迅速提高或創造現金流量。

2. 客戶層面

在平衡記分卡的客戶層面，管理者確立了其業務單位將競爭的客戶和市場，以及

業務單位在這些目標客戶和市場中的衡量指標。客戶層面指標通常包括客戶滿意度、客戶保持率、客戶獲得率、客戶盈利率，以及在目標市場中所占的份額。客戶層面使業務單位的管理者能夠闡明客戶和市場戰略，從而創造出出色的財務回報。

3. 內部經營流程層面

在這一層面上，管理者要確認組織擅長的關鍵的內部流程，這些流程幫助業務單位提供價值主張，以吸引和留住目標細分市場的客戶，並滿足股東對卓越財務回報的期望。

4. 學習與成長層面

它確立了企業要創造長期的成長和改善就必須建立的基礎框架，確立了未來成功的關鍵因素。平衡記分卡的前三個層面一般會揭示企業的實際能力與實現突破性業績所必需的能力之間的差距。為了彌補這個差距，企業必須投資於員工技術的再造、組織程序和日常工作的理順，這些都是平衡記分卡學習與成長層面追求的目標。如員工滿意度、員工保持率、員工培訓和技能等，以及這些指標的驅動因素。

最好的平衡記分卡不僅僅是重要指標或重要成功因素的集合。一份結構嚴謹的平衡記分卡應當包含一系列相互聯繫的目標和指標，這些指標不僅前後一致，而且互相強化。

八、經濟增加值

（一）經濟附加值的定義

經濟附加值（Economic Value Added，EVA）是經濟增加值的英文縮寫，是指從稅后淨營業利潤中扣除包括股權和債務的全部投入資本成本后的所得。其核心是資本投入是有成本的，企業的盈利只有高於其資本成本（包括股權成本和債務成本）時才會為股東創造價值。EVA 是一種全面評價企業經營者有效使用資本和為股東創造價值能力，體現企業最終經營目標的經營業績考核工具，也是企業價值管理體系的基礎和核心。

（二）經濟附加值的核心內容

EVA = 稅后營業淨利潤 - 資本總成本
　　 = 稅后營業淨利潤 - 資本 × 資本成本率

經濟增加值的計算由於各國（地區）的會計制度和資本市場現狀存在差異，經濟增加值的計算方法也不盡相同。主要的困難與差別在於：一是在計算稅后淨營業利潤和投入資本總額時需要對某些會計報表科目的處理方法進行調整，以消除根據會計準則編製的財務報表對企業真實情況的扭曲；二是資本成本的確定需要參考資本市場的歷史數據。根據國內的會計制度結合國外經驗具體情況如下：

1. 會計調整

稅后淨營業利潤（NOPAT）= 營業利潤 + 財務費用 + 當年計提的壞帳準備 + 當年計提的存貨跌價準備 + 當年計提的長短期投資減值準備 + 當年計提的委託貸款減值準備 + 投資收益 + 期貨收益 - EVA 稅收調整

EVA 稅收調整＝利潤表上的所得稅＋稅率×（財務費用＋營業外支出－固定資產/無形資產/在建工程準備－營業外收入－補貼收入）

債務資本＝短期借款＋一年內到期長期借款＋長期借款＋應付債券

股本資本＝股東權益合計＋少數股東權益

約當股權資本＝壞帳準備＋存貨跌價準備＋長短期投資/委託貸款減值準備＋固定資產/無形資產減值準備

EVA 的資本＝債務資本＋股本資本＋約當股權資本－在建工程淨值

2. 加權平均資本成本的計算

加權平均資本成本＝債務資本成本率×債務資本/（股本資本＋債務資本）＋股本資本成本率×［股本資本/（股本資本＋債務資本）］

3. 無風險收益率的計算

比如，上海證券交易所交易的當年最長期的國債年收益率（20 年，3.25%），市場風險溢價按 4%計算。

4. BETA 系數的計算

BETA 系數可以通過公司股票收益率對同期股票市場指數（上證綜指）的收益率迴歸計算得來。

第三節　戰略管理會計的應用體系[1]

戰略管理會計的研究內容應按照戰略管理循環，劃分為戰略選擇階段的戰略管理會計、戰略實施階段的戰略管理會計和戰略評價階段的戰略管理會計，其應用體系包括戰略選擇、戰略實施與戰略業績評價三部分。

一、戰略選擇階段的戰略管理會計

企業戰略的選擇，決定了企業資源配置的取向和模式，影響著企業經營活動的行為與效率。企業戰略的選擇必須著眼於企業的地位、競爭對手、生命週期等影響企業生存和發展的關鍵因素，及時地對企業戰略進行調整，以保持企業的競爭優勢。

（一）基於管理會計視角的戰略定位分析

戰略分析就是企業通過調查分析，瞭解其所處的外部環境以及自身條件，做到知己知彼，並取得競爭優勢的過程。知己知彼的基本要求就是，企業要認真審視其內外部環境。

企業的外部環境是處於企業之外但對企業發生影響的因素，主要包括宏觀環境、產業環境以及經營環境。這些因素彼此關聯、相互影響，決定了企業面臨的主要機會和威脅。對企業外部環境的分析，最主要的是對其競爭對手和顧客的分析。其中，對

---

[1] 維維. 戰略管理會計學科體系的構建［D］. 大連：東北財經大學，2010，(12)：25-32.

競爭對手的分析，可以明確企業與競爭對手相比的成本態勢、資本結構、經營決策、投資決策等；對顧客的分析，可以明確其已有和潛在顧客的偏好、信用、經濟實力等，從而有針對性地採取戰略，以利用外部環境的機會，並盡可能消除環境威脅對企業的影響。

內部環境是指企業自身資源及其經營活動，其中企業自身資源是企業所擁有或控製的有效因素的總和，如專有技術、人力資源等，通過對這些資源的構成、數量和特點的分析，可以識別企業在資源方面的優勢和劣勢；而企業的經營活動可以被看成原材料供應、生產、產品出售以及售後服務等一連串相關活動的總和，通過本量利分析，可以對經營的保本點、保利點、產品定價、企業利潤與價格的關係等方面加以考察並找出企業經營中的優勢及劣勢。針對這些優勢和劣勢，企業可以採取相應的戰略，利用優勢，化解劣勢，從而為企業股東和相關利益者創造更多的財富。

內外部的環境分析對於企業而言是必不可少的，它有助於企業清楚地看到自己所面臨的優勢、劣勢、機會和威脅，並幫助企業選擇相匹配的管理戰略，通過不同類型的戰略組合，如發展戰略、分散戰略、退出戰略和防禦戰略，最大限度地利用企業的內部優勢和環境機會，降低企業內部劣勢和環境威脅的影響。

(二) 基於管理會計視角的競爭對手分析

與競爭對手進行比較是當代競爭戰略建立的基礎。只有準確地判斷競爭對手，才能制定出可行的競爭戰略。競爭對手分析則可以通過重點分析競爭對手的財務信息，如價格信息、成本信息等以及一定的非財務信息，判斷競爭對手的經營策略、優勢劣勢，最後選擇能使企業保持相對競爭優勢，獲取超額利潤的戰略。

對競爭對手的分析，可以通過估計競爭者成本、監測競爭者地位以及評價競爭者的財務報告進行。估計競爭者成本是指企業通過定期地評估競爭者的生產設備、規模經濟性、政府關係、技術、產品設計、供應商、客戶以及員工等方面的情況，判斷競爭者產品的單位成本；監測競爭者地位是通過估計和監視競爭者的銷售額、市場份額、產量、單位成本和價格等指標的變化趨勢，分析行業中競爭者的地位；評價競爭者財務報告是指通過對競爭者利潤水平、現金收支水平以及資產負債結構的監視，分析競爭者競爭優勢的來源。

(三) 基於管理會計視角的產品生命週期分析

生命週期這種劃分方法在一定程度上解決了傳統會計掩蓋了企業發展不同階段、不同產品對企業價值增值所做的貢獻這一問題，並從戰略的角度、用全局性的眼光、以企業整體最優為原則整合企業的各種資源，制定和完善企業的經營戰略和財務戰略。

在產品初創期，由於產品剛剛投入市場，缺乏知名度，導致此階段實際購買產品的人較少，生產成本與費用通常較高，企業通常不能獲利，現金淨流量基本上為負值。因此，在該階段，企業可以採取奪取和滲透的經營策略；並盡量避免負債融資，以降低相應的財務風險，將總風險控製在可接受的範圍。在企業成長期，企業的現金流入量和流出量趨於平衡，經營風險雖有所降低但仍然很高，因此，企業可以通過改進產品質量、進行市場細分以及適當降低價格等策略提高競爭力；並通過維持較高的收益

留存比率和吸收新的權益資本進行籌資，從而使企業能抓住現有的成長機會，維持高速的市場增長率。在企業成熟期，企業盈利能力達到最大，獲利水平相對穩定，經營風險大大降低，企業有足夠的實力進行債務融資，以利用財務槓桿達到節稅和提高權益報酬率的目的，因此，企業可以通過發展產品的新用途、開闢新市場，提高產品的銷售量和利潤率、改良產品的特性，以滿足消費者的需求，延長企業成熟期。在企業衰退期，科技的發展、新產品和替代品的出現以及消費習慣的改變導致產品的銷售量迅速下降，產品已無利可圖，再投入大量的資金以維持其規模是不明智的，因此處於該階段的產品常採用立刻放棄策略、逐步放棄策略和自然淘汰策略陸續停止該產品的生產，使其退出市場。

(四) 基於管理會計視角的結構性戰略成本動因分析

結構性成本動因是指與企業基礎經濟結構有關的成本驅動因素，一般包括構成企業的規模、業務範圍、經驗累積、技術和廠址等。在此僅從企業規模及經驗累積兩個角度，研究企業戰略的選擇。

從企業規模角度看，當企業規模在某一臨界點以下時，規模越大，由於分攤固定成本的業務量較大，產品的單位成本越低。當企業規模較小時，由於企業很難形成規模效應，降低單位成本，導致其競爭力較弱；同時，小企業擁有的資源、獲利機會以及資金有限，所以，從企業發展的角度來看，小企業多通過盈利再投入、增加債務、募集資本等方式實現企業的發展。當企業規模擴大時，企業極容易實現規模效應，降低產品成本，並且企業有足夠的資本和實力進行擴張，因此，大企業可以通過市場行為擁有或控製其他法人企業，從而實現企業發展。

從經驗累積角度看，經驗累積越多，操作越熟練，成本降低的機會就越多。對於企業戰略的選擇而言，經驗的累積來自於企業的決策次數。企業持續發展的關鍵是企業有一個不斷完善的慣域，從這一角度說，企業在完成了數次相似的決策之後，在以後制定決策的過程中，也更傾向於採用相似的決策。也就是說，如果企業曾經選擇過多次相同決策，由於企業對該種決策方式比較熟悉，因此，在沒有較強的外界衝突的情況下，企業的決策是很難發生變化的。

二、戰略實施階段的戰略管理會計

制定戰略只是企業戰略管理的開始，將戰略構想轉化為戰略行動才是最關鍵的階段。戰略實施是戰略管理會計過程的行動階段，在這個轉化過程之前，企業除了要考慮建立與戰略相適應的組織結構外，還要對企業資源進行合理的配置，使企業戰略真正進入企業日常的經營管理活動中，以保證戰略的順利實施。

(一) 基於目標成本分析的成本控製

目標成本分析是指在保證目標利潤的基礎上，通過各種途徑實現目標成本的一種方法。其本質是一種對企業未來利潤進行戰略性管理的技術。實施目標成本分析通常要經過三個步驟：一是確定目標成本；二是運用價值工程識別降低產品成本的途徑；三是通過改善成本和經營控製進一步降低成本。由於目標成本是企業目標體系的一個

重要組成部分，且其與企業的其他目標是相互依存、相互制約、相互影響、相互促進的，因此確定目標成本是企業進行目標成本分析的基礎。企業只要將待開發產品的預計售價扣除期望利潤，即可得到目標成本。目標成本確定后要分解到各部門，各部門通過制定相應營運標準，並通過考核和監督來保證該標準得到貫徹和實施。

(二) 基於全面質量管理的成本控製

質量管理是指導和控製一個組織的與質量有關的相互協調的活動。全面質量管理的本質在於以最經濟的方法生產出用戶最滿意的產品，以盡可能少的消耗，創造出盡可能大的使用價值。全面質量管理關注的是預防成本、鑒定成本、內部故障成本和外部故障成本四種成本。質量和成本的關係是相輔相成的，必要的預防成本、鑒定成本的支出，可以減少故障成本所造成的損失，確保產品或服務的質量，維護企業及其品牌的聲譽。因此，企業在質量方面追求的目標應該是盡可能做到防患於未然，縮小故障成本的支出，力求以盡可能低的成本，確保質量的要求，為企業開拓和占領市場奠定基礎。

(三) 基於價值鏈以及成本動因分析的成本控製

企業價值鏈中的每一項活動都是相互影響的，通過瞭解企業有哪些增值活動，處於什麼樣的分佈狀態，就可以找出能降低企業成本的作業活動，並最大限度地消除不增值作業，減少浪費，降低成本，優化企業經營過程。

(1) 企業需要確定其價值鏈。企業無論選擇何種決策，總是要在一定的行業內進行生產經營的，而任何行業都是由一系列具有顯著特徵的作業組成的。所以，要對企業生產經營決策進行管理，就要先定義行業的價值鏈，將企業生產經營過程中的成本、收入和資產分配到各種作業上。

(2) 找出統御每個作業成本的動因。我們已經知道成本動因可以分為結構性成本動因以及執行性成本動因，而影響各個價值作業的主要是執行性成本動因。對於企業而言，影響其作業的執行性成本動因主要包括能力利用、時機等因素。其中，能力利用是指企業生產經營過程中，其員工、機器和管理能力是否得到充分利用，以及各種能力的組合是否最優；時機的選擇會影響企業的生產經營成本，如率先將新產品投放市場的行動者可以獲得許多優勢。所以，恰當選擇時機可以帶給企業短期甚至持久的成本優勢，從而改變企業的成本地位。

總而言之，價值鏈分析不僅能為信息使用者提供較為客觀、真實的成本信息，而且能動態地跟蹤和反應所有作業活動，以便有效地控製企業擴張過程中發生的成本。這樣，就可以使管理者更好地根據企業戰略目標實施戰略，從而降低企業成本，改善經營效率，提高企業的競爭地位。

三、戰略評價階段的戰略管理會計

隨著戰略管理理論的發展，戰略業績評價成為戰略管理會計中的重要環節。管理者可以用戰略業績評價的信息來激勵員工，制定和修訂戰略，是連接戰略目標和日常經營活動的橋樑。平衡計分卡為管理者提供了全面的框架，它以企業的戰略為中心，

從財務、顧客、內部流程以及學習和成長四個維度評價企業的戰略業績，也就是說要獲得組織最終目標——財務上的成功，必須使顧客滿意，使顧客滿意只能優化內部價值創造過程，優化內部過程，只能通過學習和提高員工個人能力。

由於企業的戰略目標仍然是價值最大化，這就要求我們在評價企業價值時充分考慮企業的權益資本成本，而經濟附加值則滿足這一要求。因此，我們可以將經濟附加值作為平衡計分卡財務層面的主要評價指標，以此建立一個基於經濟附加值作為平衡計分卡的綜合戰略業績評價體系。該綜合業績評價體系以企業戰略目標——企業價值最大化為出發點，以平衡計分卡為框架，將企業的戰略分解為財務、顧客、內部流程、學習和成長四個維度，最后與經濟附加值結合選擇恰當的業績指標對企業擴張前后的成果進行評價。

(一) 財務維度的戰略業績評價

財務維度是評價企業戰略業績的一個重要組成部分，由於企業戰略的目標是價值最大化，因此該層面需要反應企業過去可計量業務的經營狀況，反應企業的經營戰略、經營業績對實現企業價值最大化的影響，以及企業的經營戰略是否能為企業的價值增值做出貢獻，並且體現股東及利益相關者的利益。這樣，也許經濟附加值就是最合適的績效評價指標。除此之外，企業可以根據企業生命週期的不同階段選擇其他財務指標。例如：處於成長期的企業各方面的資金需求比較大，而由於市場和銷售渠道還處於初始狀態，此時的投資回報會比較低，因此該階段可以選取的財務指標主要有收入增長率、新產品收入占總收入的比率等；成長期企業的銷售額迅速增加，成本大幅度降低，利潤增加，因此該階段可以將市場佔有率、投資週轉率、研發費占銷售額百分比等作為其財務指標。成熟期企業主要致力於收穫利潤，無需擴大生產能力，不需要進行大量投資，因此主要的財務指標可以是現金流量、營運資本、市場佔有率、銷售利潤率等。衰退期企業的財務指標可選擇單位成本、現金淨流入、投資回收期等。

(二) 顧客維度的戰略業績評價

顧客維度關注的是顧客價值的實現。這就需要我們致力於如何吸引客戶、保留客戶和加深顧客關係等問題，以此增加顧客價值。提高顧客價值可以通過經營優勢、顧客關係和產品領先三方面進行。追求經營優勢的企業需要在定價、產品質量、訂單完成速度、及時送貨等方面取勝；並通過充分和額外的服務加強與顧客之間的關係。而可以衡量顧客價值的典型指標通常包括顧客滿意程度、顧客保持程度、市場份額、新客戶的獲得、客戶獲利能力等。

(三) 內部流程維度的戰略業績評價

內部流程維度影響顧客需求的滿足，關係到企業的業績狀況。一般而言，企業中一般有三個流程：創新流程、經營流程和售後流程。創新流程是整個內部流程的關鍵，它主要負責開發新產品和服務，並深入新的市場和客戶群；經營流程關注產品的成本、質量、週轉時間、效率、資產利用、能力管理等，保證企業能夠為顧客提供卓越的產品和服務；售後服務是很重要的輔助流程，企業通過完美的售後服務，為客戶使用產

品和服務提供更高的價值。這個層面的衡量指標可以包括新產品占銷售額的比率、專利產品占總收入的比率、新產品開發週期、成本指標等。

(四) 學習和成長維度的戰略業績評價

學習和成長維度是企業成長和進步的基礎。在全球競爭日趨激烈的情況下，企業只有不斷學習與創新，才能創造持久的競爭力。在該層面的指標主要有新產品開發、研究與開發能力與效率、培訓支出、員工滿意程度、員工流動率、信息傳遞和反饋所需時間、員工受激勵程度、企業文化、信息系統的更新程度等。

通過對上述四個層面的評價，該戰略評價體系兼顧了戰略和戰術業績、短期和長期目標、財務和非財務信息、內部和外部指標之間的平衡。這樣，一些看似不相關的指標有機地結合在一起，提高了管理效率，為企業未來的成功奠定了堅實的基礎。

本章小結

企業戰略是指企業根據自身所處的環境狀況，運用一定計策或手段，對自身的目標進行定位，以及為實現該目標所採取的一系列的一致性行動；企業戰略管理是指對企業戰略的選擇、實施和評價進行管理，戰略管理包括戰略選擇、戰略實施和戰略評價三個主要元素；戰略管理會計是戰略管理的管理會計，內容與其目標密切相關。由於戰略管理會計注重企業未來的發展，因此，戰略管理會計的內容不能局限於企業內部，還要研究企業的外部環境；同時，戰略管理會計的內容不能局限於企業的價值信息，也要考慮一些非價值方面的信息對企業戰略管理產生的影響；戰略管理會計的研究內容應按照戰略管理循環，劃分為戰略選擇階段的戰略管理會計、戰略實施階段的戰略管理會計和戰略評價階段的戰略管理會計。同時，戰略管理會計的方法有很多，戰略定位分析、價值鏈分析、成本動因分析、競爭對手分析、作業成本管理、產品生命週期分析、平衡計分卡、經濟增加值等是其主要的方法。

關鍵術語

戰略；戰略管理；戰略管理會計；戰略定位；價值鏈分析；成本動因分析；競爭對手分析；作業成本管理；產品生命週期分析；平衡計分卡；經濟增加值

綜合練習

一、單項選擇題

1. 下列項目中，不屬於戰略管理會計特徵的是（　　）。
   A. 戰略管理會計著眼於長遠目標、注重整體性和全局利益
   B. 重視企業和市場的關係，具有開放系統的特徵

C. 重視企業組織及其發展，具有動態系統特徵
D. 重視生產管理和客戶管理，具有時效系統的特徵

2. 下列項目中，不屬於戰略管理會計基本原則的是（　　）。
   A. 全局性原則　　　　　　　　B. 重要性原則
   C. 信息的成本效益原則　　　　D. 相關性原則

3. 邁克爾·波特在《競爭戰略》中指出，（　　）戰略是競爭制勝的法寶。
   A. 成本領先　　　　　　　　　B. 差異化
   C. 專注化　　　　　　　　　　D. 顧客至上

4. 下列項目中，不屬於價值鏈分析特點的是（　　）。
   A. 價值鏈分析的基礎是價值　　B. 價值鏈的整體性
   C. 價值鏈的異質性　　　　　　D. 價值鏈的特殊性

5. 涉及產品的物質創造及其銷售、轉移給買方和售後服務的各種活動，是屬於（　　）。
   A. 生產活動　　　　　　　　　B. 銷售活動
   C. 基本活動　　　　　　　　　D. 輔助活動

6. 下列項目中，關於成本動因分析錯誤的是（　　）。
   A. 是作業成本法的前提
   B. 成本動因分析的內容之一為執行性成本動因分析
   C. 不同企業具有相同的成本動因
   D. 成本動因分析內容包括結構性成本動因分析

7. 下列項目中，不屬於行業環境內容的是（　　）。
   A. 細分市場　　　　　　　　　B. 潛在進入者
   C. 顧客和供應商　　　　　　　D. 人力資源

8. 下列項目中，關於產品成長期的說法，錯誤的是（　　）。
   A. 市場需求趨於飽和　　　　　B. 需求量和銷售額迅速上升
   C. 生產成本大幅度下降　　　　D. 利潤迅速增長 2. 成長期

9. 下列項目中，不屬於產品生命週期分析的初創期應該採取的策略或特點的是（　　）。
   A. 採取奪取和滲透的經營策略　B. 盡量採用負債融資
   C. 盡量避免負債融資　　　　　D. 現金淨流量基本上為負值

10.「銷售增長速度緩慢直至轉而下降，企業在產品質量、花色、規格、包裝服務等方面加大投入，在一定程度上增加了成本。」這一特徵反應企業處於（　　）階段。
   A. 引入期　　　　　　　　　　B. 成長期
   C. 成熟期　　　　　　　　　　D. 衰退期

二、多項選擇題

1. 下列項目中，屬於戰略管理會計具體目標特徵的有（　　）。
   A. 直接有用性　　　　　　　　B. 可測性

C. 相容性　　　　　　　　　　D. 可傳輸性
2. 企業進行戰略定位分析的內容有（　　）。
   A. 企業內外環境的分析　　　　B. 行業層面的戰略定位
   C. 市場層面的戰略定位　　　　D. 產品層面的戰略定位
3. 企業進行外部環境分析時常用的工具包括（　　）。
   A. PEST 分析法　　　　　　　B. 腳本法
   C. 產品壽命週期分析法　　　　D. SWOT 分析法
4. 價值鏈分析的核心內容是（　　）。
   A. 把整個價值鏈分解為與戰略相關的作業、成本、收入和資產，並把它們分配到「有價值的作業」中
   B. 確定引起價值變動的各項作業，並根據這些作業，分析形成作業成本及其差異的原因
   C. 確定核心企業與顧客和供應商之間作業的相關性
   D. 利用分析結果，重新組合或改進價值鏈
5. 競爭對手分析的核心內容包括（　　）。
   A. 競爭對手的長遠目標　　　　B. 競爭對手的戰略假設
   C. 競爭對手的戰略途徑與方法　D. 競爭對手的戰略能力
6. 產品生命週期一般包括（　　）階段。
   A. 引入期　　　　　　　　　　B. 成長期
   C. 成熟期　　　　　　　　　　D. 衰退期
7. 平衡計分卡分析具體包括（　　）。
   A. 財務層面　　　　　　　　　B. 客戶層面
   C. 內部經營流程層面　　　　　D. 學習和成長層面
8. 下列項目中，關於企業外部環境分析說法正確的有（　　）。
   A. 企業外部環境分析主要包括宏觀環境、產業環境以及經營環境分析
   B. 對企業外部環境的分析，最主要的是對其競爭對手和顧客的分析
   C. 對競爭對手的分析可以明確企業與競爭對手相比的優勢和劣勢
   D. 對顧客的分析，可以明確其已有和潛在顧客的相關情況
9. 下列項目中，屬於作業成本管理的核心內容的有（　　）。
   A. 分析累積顧客價值的最終商品的各項作業，建立作業中心
   B. 歸類匯總企業相對有限的各種資源，並將資源合理分配給各項作業
   C. 對生產經營的最終商品或勞務分類匯總，明確成本對象
   D. 發掘成本動因，加強成本控制
10. 基於管理會計視角的產品生命週期分析中，要延長成熟期，企業可以採取的措施包括（　　）。
    A. 發展產品的新用途　　　　　B. 開闢新市場
    C. 提高產品的銷售量和利潤率　D. 改良產品的特性
11. 實施目標成本分析通常要經過的步驟有（　　）。

  A. 確定目標成本   B. 識別降低產品成本的途徑
  C. 降低成本   D. 成本評價
12. 全面質量管理關注的成本包括（　　）。
  A. 預防成本   B. 鑒定成本
  C. 內部故障成本   D. 外部故障成本

三、判斷題

1. 廣義的企業戰略管理是指對企業戰略的選擇和實施和評價進行管理。（　　）
2. 戰略管理會計的核心意義在於運用一系列的識別工具尋找顧客真正需要的價值所在，進而相應地改進企業自身發展戰略。（　　）
3. 企業戰略定位的核心理念是遵循專注化。（　　）
4. 價值鏈分析的基礎是價值，其重點是價值活動分析。（　　）
5. 為生產最終產品所需的且不可替代的作業或為最終產品提供獨特價值的作業為非增值作業。（　　）
6. 戰略群組競爭競爭要比與戰略群組外的企業的競爭更直接、更激烈。（　　）
7. 作業成本管理（ABCM）是以提高客戶價值、增加企業利潤為目的，基於作業成本法的新型集中化管理方法。（　　）
8. 對企業外部環境的分析，最主要的是對其競爭對手和顧客的分析。（　　）
9. 企業處於成熟階段的產品常採用逐步放棄策略和自然淘汰策略陸續停止該產品的生產，使其退出市場。（　　）
10. 從企業規模角度看，當企業規模在某一臨界點以下時，規模越大，由於分攤固定成本的業務量較大，產品的單位成本越低。（　　）
11. 制定戰略是企業戰略管理的是最關鍵的階段。（　　）
12. 成本動因可以分為結構性成本動因以及執行性成本動因，而影響各個價值作業的主要是結構性成本動因。（　　）
13. 成熟期企業主要致力於收穫利潤，無需擴大生產能力，不需要進行大量投資，因此主要的財務指標可以是現金流量、營運資本等。（　　）
14. 企業中一般有三個流程：創新流程、經營流程和售后流程。創新流程是整個內部流程的關鍵。（　　）

四、思考題

1. 什麼是戰略管理會計？解釋其特徵。
2. 簡述戰略管理會計的基本內容。
3. 價值鏈分析的核心內容是什麼？
4. 什麼是平衡計分卡？其內容有哪些？
5. 闡述基於管理會計視角的產品生命週期分析的內容。
6. 基於價值鏈以及成本動因分析的成本控製的內容是什麼？

國家圖書館出版品預行編目(CIP)資料

管理會計 / 馬英華 主編. -- 第一版.
-- 臺北市：崧博出版：財經錢線文化發行，2018.10
　面；　公分
ISBN 978-957-735-576-8(平裝)
1.成本會計
494.74　　　107017089

書　　名：管理會計
作　　者：馬英華 主編
發 行 人：黃振庭
出 版 者：崧博出版事業有限公司
發 行 者：財經錢線文化事業有限公司
E-mail：sonbookservice@gmail.com
粉絲頁　　　　　　網　　址：
地　　址：台北市中正區延平南路六十一號五樓一室
8F.-815, No.61, Sec. 1, Chongqing S. Rd., Zhongzheng Dist., Taipei City 100, Taiwan (R.O.C.)
電　　話：(02)2370-3310　傳　　真：(02) 2370-3210
總 經 銷：紅螞蟻圖書有限公司
地　　址：台北市內湖區舊宗路二段 121 巷 19 號
電　　話：02-2795-3656　傳真：02-2795-4100　網址：
印　　刷：京峯彩色印刷有限公司（京峰數位）

　　本書版權為西南財經大學出版社所有授權崧博出版事業有限公司獨家發行電子書及繁體書繁體版。若有其他相關權利及授權需求請與本公司聯繫。
定價：450元
發行日期：2018 年 10 月第一版
◎ 本書以POD印製發行